# Água
## FUTURO AZUL

# Água
## FUTURO AZUL

*Como proteger a água potável para o futuro das pessoas e do planeta para sempre*

**MAUDE BARLOW**

m.Books

M.Books do Brasil Editora Ltda.
Rua Jorge Americano, 61 - Alto da Lapa
05083-130 - São Paulo - SP - Telefones: (11) 3645-0409/(11) 3645-0410
Fax: (11) 3832-0335 - e-mail: vendas@mbooks.com.br
www.mbooks.com.br

**Dados de Catalogação na Publicação**

Barlow, Maude
Água – Futuro Azul. Como proteger a água potável para o futuro das pessoas e do planeta para sempre / Maude Barlow.
2015 – São Paulo – M.Books do Brasil Editora Ltda.
ISBN: 978-85-7680-244-0
1. Meio Ambiente Político-Econômico    2. Ecologia    3. Política e Economia Internacional

Do original: Blue Future – Protecting water for people and the planet forever
©2013 by Maude Barlow
©2015 by M.Books do Brasil Editora Ltda.
Original em inglês publicado por Anansi Press Inc.

EDITOR
Milton Mira de Assumpção Filho

Tradução
Jorge Ritter

Produção Editorial
Lucimara Leal

Coordenação Gráfica
Silas Camargo

Editoração
Crontec

Capa
Zuleika Iamashita

2015
Proibida a reprodução total ou parcial.
Os infratores serão punidos na forma da lei.
Direitos exclusivos cedidos à
M.Books do Brasil Editora Ltda.

Para Miguel d'Escoto Brockmann e Pablo Sólon que nunca perderam a fé de que poderíamos tornar o direito à água real.

# SUMÁRIO

*Introdução* ..................................................................................... 13

## PRINCÍPIO 1 – A ÁGUA É UM DIREITO HUMANO

**1.  EM DEFESA DO DIREITO À ÁGUA** ........................................ **19**
Injustiça da Água ......................................................................... 20
Terminando ................................................................................. 23
Refugiados da Água ..................................................................... 27

**2.  A LUTA PELO DIREITO À ÁGUA** ........................................ **29**
ODMs – Medidas Paliativas ........................................................ 30
Adversários Poderosos ................................................................. 31
Amigos Persistentes ..................................................................... 34
Estratégia Interna ........................................................................ 35
Colocando a Questão de Maneira Correta .................................. 38

**3.  IMPLEMENTANDO O DIREITO À ÁGUA** ........................... **40**
Obrigações dos Governos ............................................................ 42
Cobrando a Responsabilidade dos Governos .............................. 44
Usando os Tribunais .................................................................... 48
Próximos Passos Cruciais ............................................................ 50
Colocando os Mais Vulneráveis no Centro .................................. 52

**4.  PAGANDO PELA ÁGUA PARA TODOS** ............................... **54**
Financiando a Ajuda ao Desenvolvimento .................................. 55
Financiando Serviços Hídricos Domésticos ................................ 58
Fixação de Preços Orientada pelo Mercado ................................ 60
Estabelecendo Regras para Taxas de Serviços ............................. 61
Cobrando os Grandes Usuários ................................................... 62
Armadilhas Potenciais ................................................................. 64
Estabelecendo Prioridades Baseadas em Princípios .................... 66

# PRINCÍPIO 2 – A ÁGUA É UM PATRIMÔNIO COMUM

5. ÁGUA – PROPRIEDADE PÚBLICA OU MERCADORIA? ......................69
   Definindo Propriedade Pública e Patrimônio Público ....................69
   O Cerco à Propriedade Pública ...............................................72
   Cerco à Propriedade Pública da Água .......................................76
   Ameaça à Propriedade Pública da Água .....................................78
   Fundo Público, Não Comércio de Água.......................................84

6. FOCO NOS SERVIÇOS PÚBLICOS DE ÁGUA .................................88
   Transformando os Serviços Hídricos em Mercadorias .....................88
   Fabricando o Consentimento ..................................................92
   Nestlé Estabelece Política de Água Global ...............................96

7. A PERDA DA PROPRIEDADE PÚBLICA DA ÁGUA DEVASTA
   COMUNIDADES .................................................................101
   O Estado de Karnataka na Índia: uma Placa de Petri para a Privatização da
   Água ...........................................................................101
   Lucrando com a Crise Hídrica da Nigéria ..................................104
   Plano de Austeridade Coloca as Populações e a Água da Europa em Risco106
   O Legado de Margaret Thatcher ..............................................109
   Chile Entrega sua Água inteiramente para as Corporações ................111

8. RECUPERANDO A PROPRIEDADE PÚBLICA DA ÁGUA .................115
   Um Movimento Chega à sua Maturidade ......................................116
   Recuperando a Água Pública .................................................117
   Parcerias Público-Públicas .................................................119
   Europa..........................................................................121
   Canadá .........................................................................123
   Estados Unidos ...............................................................125

# PRINCÍPIO 3 – A ÁGUA TAMBÉM TEM DIREITOS

9. O PROBLEMA COM A ÁGUA ATUAL ..........................................131
   Botsuana e seu Experimento Moderno.......................................133
   Represas Grandes Destroem Rios Vivos ....................................135
   Turquia ........................................................................136
   China...........................................................................137
   América do Sul ...............................................................139
   A Dessalinização Aumenta a Crise da Água................................140
   Ficando Sem Água no Oriente Médio ........................................141
   A Riqueza do Petróleo Esconde a Crise ....................................142

# ÁGUA – FUTURO AZUL

**10. O CONTROLE CORPORATIVO DA AGRICULTURA ESTÁ EXTIN-GUINDO A ÁGUA** ................................................................ 146

Lições da *Dust Bowl* Esquecidas .................................................. 147

Corporações de Alimentos Controlam o Sistema nos Estados Unidos ...... 149

A *Algal Bowl* ................................................................................ **152**

Comércio na Água Virtual: a História Oculta .................................. 155

**11. AS DEMANDAS DE ENERGIA TORNAM-SE UM FARDO INSUSTEN-TÁVEL PARA A ÁGUA** ....................................................... 160

Eletricidade Gerada a Carvão Aumenta a Demanda pela Água ........... 161

Os Biocombustíveis Desperdiçam uma Água Preciosa ...................... 162

Brasil na Liderança ...................................................................... 164

Explorando e se Sujando nas Areias Betuminosas ........................... 166

O Crescimento do Fraturamento Hidráulico ................................... 169

Energia Nuclear ........................................................................... 172

Energia Renovável ....................................................................... 173

**12. COLOCANDO A ÁGUA NO CENTRO DAS NOSSAS VIDAS** ............. 175

Uma Nova Ética da Água ............................................................... 176

Restaurar as Bacias Hidrográficas É Crucial para a Recuperação ........ 178

Reconhecendo o Direito a um Meio Ambiente Saudável ................... 183

Honrando Pachamama .................................................................. 186

Será que É Tarde Demais? ............................................................. 188

## PRINCÍPIO 4 – A ÁGUA PODE NOS ENSINAR A VIVER JUNTOS

**13. CONFRONTANDO A TIRANIA DO 1%** ..................................... 193

Corporações Governam o Mundo ................................................... 195

Corporações Escrevem as Regras para o Comércio ........................... 197

Zeladores da Terra e da Água São Banidos ...................................... 200

A Tomada de Terras e da Água ....................................................... 203

Enquadramento Global para o Colapso da Água .............................. 207

**14. Criando uma Economia Justa** ............................................... **208**

Comércio para as Pessoas e o Planeta ............................................. 208

Comércio que Protege a Água ........................................................ 213

Refreando a Especulação Desenfreada ............................................ 215

Resistindo à Financialização da Natureza ....................................... 217

Dizendo Não à Especulação da Água .............................................. 220

Desafiando a Privatização da Ajuda Estrangeira .............................. 222

**15. PROTEGENDO A TERRA, PROTEGENDO A ÁGUA** ............................ 225

Promovendo a Produção Agrícola Local, Orgânica e Sustentável ............ 226

Rejeitando o Roubo de Terras e Água ......................................................... 228

Cultivando Alimentos para Proteger a Água ........................................... 231

Confrontando os Donos da Comida ........................................................... 234

Apoiando a Resistência à Mineração por Toda Parte .............................. 237

**16. UM MAPA PARA O CONFLITO OU A PAZ?** ................................... 245

Tensões Crescentes na Ásia ........................................................................ 246

A Água como uma Arma no Oriente Médio .............................................. 248

Compartilhando Bacias Hidrográficas ..................................................... 251

Criando Paz Através da Água ..................................................................... 253

Construindo a Interdependência para Compartilhar a Água ................... 255

Fazendo a Governança das Bacias Hidrográficas Funcionar .................... 257

Confiando a Água para as Pessoas ............................................................. 261

*Notas* ................................................................................................................ 263

*Leitura Adicional* ........................................................................................... 285

*Agradecimentos* .............................................................................................. 287

*Índice* ............................................................................................................... 289

Nosso mundo jaz em estupor;
Contudo, em toda parte,
Pontos irônicos de luz
Brilham sempre que os Justos
Trocam suas mensagens.

— W. H. Auden, "*1º de setembro de 1939*" *

---

\* "*Our world in stupor lies;*
*Yet, dotted everywhere,*
*Ironic points of light*
*Flash out wherever the Just*
*Exchange their messages*".

# INTRODUÇÃO

NO DIA 28 DE JULHO DE 2010, a Assembleia Geral das Nações Unidas adotou uma resolução histórica, reconhecendo o direito humano à água potável segura e limpa e ao saneamento como algo "essencial para a fruição integral do direito à vida". O ambiente era tenso para aqueles entre nós no balcão da Assembleia Geral aquele dia. Uma série de países poderosos havia se alinhado para se opor à resolução, de maneira que ela teve de ser colocada em votação. O embaixador boliviano da ONU, Pablo Sólon, apresentou a resolução lembrando à assembleia que os seres humanos são compostos de aproximadamente dois terços de água e que nosso sangue flui como uma rede de rios para transportar nutrientes e energia ao longo de nossos corpos. "A água é vida", ele disse.

Então ele expôs a história de uma série de povos mundo afora que estavam morrendo por falta de acesso à água limpa e citou um novo estudo da Organização Mundial da Saúde sobre a diarreia, mostrando que, a cada três segundos e meio no mundo em desenvolvimento, uma criança morre por doença transmitida pela água. O embaixador Sólon então estalou calmamente os dedos três vezes e levantou sua mão por alguns segundos. A Assembleia Geral das Nações Unidas caiu no silêncio. Momentos mais tarde, ela votou esmagadoramente em prol do reconhecimento dos direitos humanos à água e ao saneamento. O recinto irrompeu em celebração.

O reconhecimento pela Assembleia Geral desses direitos representava um tremendo avanço na luta pela justiça sobre a água no mundo. Isso se seguiu a anos de trabalho duro e foi uma plataforma fundamental do nosso movimento global de justiça pela água por pelo menos duas décadas. Para mim, pessoalmente, foi o ponto culminante de muitos anos de trabalho, senti-me orgulhosa e grata por todos que haviam ajudado a tornar isso uma realidade.

Contudo, nosso trabalho está longe do fim. Reconhecer um direito é simplesmente o primeiro passo para torná-lo uma realidade para os milhões que estão vivendo à sombra da maior crise do nosso tempo. Com nossa demanda insaciável por água, estamos criando a tempestade perfeita para uma crise mundial, sem precedentes: uma população crescente e uma demanda implacável por água pela indústria, agricultura e o mudo desenvolvido; a extração excessiva da água de seu estoque finito no mundo; a mudança climática, a seca que se espalha; e a disparidade de renda entre e dentro dos países, com o fardo maior da corrida pela água caindo sobre os pobres.

"Subitamente é tão claro: o mundo está ficando sem água potável". Essas são as palavras de abertura do meu livro *Ouro Azul: Como as grandes corporações estão se apoderando da água doce no planeta,* em coautoria com Tony Clarke, publicado no Brasil pela editora M.Books, que preveniu a respeito de uma competição poderosa que estava surgindo pelos reduzidos estoques de água doce. À medida que a água tornava-se o petróleo do século XXI, nós previmos, um cartel de água emergiria para reivindicar sua propriedade sobre os recursos de água doce do planeta. Isso se provou verdadeiro, do mesmo modo que nossa previsão de que um movimento global de justiça pela água emergiria para desafiar os "barões da água".

No meu livro de 2007, *Água – Pacto Azul: a crise global da água e a batalha pelo controle da água potável no mundo* (M.Books, 2009), descrevi o crescente cartel da água e seu esforço incansável para assumir o controle dos estoques de água mundiais. Também relatei o trabalho incrível dos ambientalistas, ativistas de direitos humanos, grupos indígenas e de mulheres, pequenos produtores rurais, camponeses e milhares de comunidades de base que formam o movimento de justiça pela água, lutando pelo direito à água e para mantê-la sob o controle público e democrático.

Nos seis anos desde que *Água – Pacto Azul* foi publicado, muita coisa foi conquistada. Reportagens sobre a crise são comuns nos principais veículos de comunicação e nas salas de aula. Livros, filmes e músicas fazem milhões de pessoas se envolverem na questão. As Nações Unidas, assim como outras instituições globais e muitas universidades, estão soando o alarme. Um movimento uniu-se para fornecer água e saneamento para as populações pobres no meio urbano e rural, com resultados variados, mas que geram esperança.

Entretanto, nesses mesmos anos, a crise da água aprofundou-se dramaticamente. Hoje é aceito que, com o crescimento inesperado tanto da população quando das novas classes de consumo em quase todos os países, a demanda global por água em 2030 superará a oferta em 40%. Um relatório das agências de inteligência globais dos Estados Unidos previne que um terço da população mundial viverá em regiões onde o déficit é de mais de 50%. Quinhentos cientistas do mundo todo se reuniram em Bonn em maio de 2013 a convite do secretário geral da ONU, Ban Ki-moon, e tornaram público o alerta de que nosso abuso da água fez o planeta entrar em uma "nova era geológica". Eles compararam essa "transformação do planeta" ao recuo das geleiras mais de 11 mil anos atrás. Dentro do espaço de duas gerações, a maioria das pessoas no planeta enfrentará séria escassez de água, e os sistemas hídricos do mundo alcançarão um ponto crítico que poderia acarretar uma mudança irreversível, com consequências potencialmente catastróficas. De acordo com cientistas renomados no mundo, uma maioria da população mundial já está vivendo a 50 quilômetros de uma fonte de água deteriorada – uma fonte que está secando ou é poluída.

O palco está sendo montado para uma seca em escala sem precedentes, para a fome em massa e a migração de milhões de refugiados, deixando terras ressecadas à procura de água. Toda a justiça e a consciência do mundo não podem protelar esse futuro se a água não estiver ali.

Abra qualquer livro didático sobre o assunto e você verá os números: quantas crianças morrem a cada dia; onde os lençóis freáticos secaram; como os aquíferos estão sendo consumidos. No entanto, nós continuamos a extrair de rios e lagos preciosos e a bombear a nossa água subterrânea, usando a parte final de uma oferta finita de água que será necessária para a sobrevivência de gerações futuras e outras espécies.

Incrivelmente, a maioria dos nossos líderes políticos ignora a crise da água e toma decisões políticas como se não houvesse fim para as nossas reservas de água. Eles continuam a ser cativos de uma estrutura econômica que promove o crescimento ilimitado, o comércio desregulado e de corporações transnacionais maiores e mais poderosas (e cada vez mais autogeridas), que juntas aceleram a destruição das nossas reservas de água doce. Em algum lugar entre as duras verdades a respeito da crise mundial da água e essa negação por parte dos líderes políticos e corporativos que causa perplexidade, milhões – que logo serão bilhões – lutam para lidar com bacias hidrográficas que estão desaparecendo.

A história não precisa terminar em tragédia. Há soluções para a essa crise e um caminho para um mundo justo e seguro em relação à sua água. Para chegar a esse lugar, no entanto, precisamos estabelecer princípios para nos orientar e ajudar a criar políticas, leis e acordos internacionais para proteger a água e a justiça pela água, agora e para sempre.

Este livro expõe quatro princípios para um futuro seguro em termos de água. O primeiro princípio "A água é um direito humano" aborda a realidade atual da desigualdade da água e apresenta um roteiro para corrigir o problema. O segundo princípio "A água é um patrimônio comum" argumenta que a água não é como tênis de corrida ou carros e não se deve ser permitir tornar-se uma mercadoria para ser comprada e vendida no mercado aberto. O terceiro princípio "A água tem direitos também" defende a proteção das fontes de água e governança das bacias hidrográficas, assim como a necessidade de tornar as nossas leis humanas compatíveis com aquelas da natureza para a nossa sobrevivência. O quarto princípio "A água pode nos ensinar a viver juntos" é um apelo do fundo do coração para nos unirmos em torno de uma ameaça comum – o fim da água potável – e encontrar uma maneira de viver sem causar tanto impacto ao planeta.

A disputa pelos recursos naturais cada vez mais escassos é a questão fundamental do nosso tempo. A água não é um recurso colocado aqui somente para nossa conveniência, prazer e lucro; ela é a fonte de toda vida. Urge que esclareçamos os valores e princípios necessários para proteger a água doce do planeta. Ofereço este livro como um guia.

PRINCÍPIO 1

# A ÁGUA É UM DIREITO HUMANO

Este princípio reconhece que negar às pessoas ou comunidades acesso à água potável e ao saneamento é uma violação dos seus direitos humanos. No mundo atual, pessoas ricas e corporações têm acesso total à água de que necessitam enquanto milhões ficam sem, por não poder pagar ou não ter acesso a ela. O direito à água não é um vale-tudo, permitindo que qualquer um use a quantidade que bem entender para qualquer finalidade; em vez disso, ele garante água potável limpa e acessível, assim como saneamento, para uso pessoal e doméstico para todos. O direito humano à água coloca o ônus sobre os governos para providenciar água e saneamento para as suas populações e evitar danos às fontes de água que a fornecem. Fundamentalmente, o direito humano à água é uma questão de justiça, não caridade. Ele exige um desafio às estruturas de poder atuais que dão suporte ao acesso desigual às reservas de água doce do mundo, cada dia mais escassas.

# 1

# EM DEFESA DO DIREITO À ÁGUA

Pequenas batalhas são vencidas mundo afora, mas acho que as pessoas estão perdendo. Vejo o presente e o futuro de nossas crianças como muito sombrios. Contudo, confio na capacidade das pessoas de refletir, se inflamar e se rebelar. — **Oscar Olivera, líder da revolução da água de Cochabamba**[1]

TODOS OS ANOS, MAIS PESSOAS MORREM por causa do consumo de água salobra que por todas as outras formas de violência, incluindo a guerra.

Aproximadamente 3,6 milhões de pessoas, 1,5 milhões delas crianças, morrem todos os anos de doenças relacionadas à água, incluindo diarreia, febre tifoide, cólera e disenteria. Um bilhão de pessoas ainda defecam em lugares inadequados e 2,5 bilhões vivem sem serviços de saneamento básico. Em 2030, mais de 5 bilhões de pessoas – quase 70% da população mundial corre o risco de viver sem saneamento adequado.

Viver sem água limpa e saneamento tem enormes consequências tanto para as famílias quanto para a sociedade. É sempre mais difícil para as mulheres e crianças. A Organização das Nações Unidas relata que as mulheres passam aproximadamente 40 bilhões de horas coletando água todos os anos. Em muitos países, as mulheres passam até cinco ou seis horas por dia em busca de água, e suas filhas as acompanham, dessa maneira perdendo a oportunidade de ir à escola. De acordo com relatório da ONU de 2012 sobre os Objetivos de Desenvolvimento do Milênio, mulheres na África subsaariana passam uma média coletiva de 200 milhões de horas todos os dias buscando água, e mais de dois terços do trabalho relativo à água e ao saneamento recaem sobre as mulheres e as meninas.

Muitas garotas também não frequentam a escola porque não há instalações sanitárias privadas para elas usarem. A Anistia Internacional diz que o direito ao saneamento

> [...] significa que as pessoas não devem ser deixadas sem opção. Defecar na rua, em um balde ou saco plástico não devem ser opções. Mulheres e garotas não deveriam ter de escolher entre ir a um banheiro público ou se arriscar à violência sexual. Elas não deveriam – em razão da falta de banheiros nas escolas – ser forçadas a escolher entre a educação e a dignidade. As crianças não deveriam se expor a uma situação em que a falta de um vaso sanitário adequado ou a falta de informações a respeito da higiene segura as faça correr o risco de morte por diarreia.[2]

## INJUSTIÇA DA ÁGUA

Em todos os casos, se essas famílias tivessem os meios, seus filhos não estariam morrendo, estariam na escola estudando. A falta de acesso à água limpa e ao saneamento, em termos dos números absolutos afetados, considerada individualmente, talvez seja a questão de direitos humanos mais urgente de nosso tempo.

As pessoas que correm o maior perigo são aquelas vivendo em favelas ou comunidades rurais empobrecidas na América Latina, Ásia e África. Favelas nas periferias das cidades circundam a maioria das cidades no mundo em desenvolvimento, onde refugiados do clima e da fome chegam em números alarmantes. Sem conseguirem acesso as suas fontes tradicionais de água porque elas desapareceram ou foram poluídas, e incapazes de pagar as altas taxas estabelecidas pelos serviços de água recentemente privatizados, esses refugiados contam com fontes de água para beber contaminadas por seus próprios dejetos não tratados, assim como venenos industriais.

A crescente transformação da água mundial em uma mercadoria tornou-a cada vez mais inacessível àqueles sem dinheiro. Muitos países pobres foram vigorosamente encorajados pelo Banco Mundial a contratar serviços de água de empresas prestadoras de serviços privados e com fins lucrativos, uma prática que gerou uma resistência feroz daqueles milhões deixados do lado de fora devido à pobreza. Outras disputas estão ocorrendo com empresas de água engarrafada que drenam as reservas de água locais. "Tomadas de terras" por países e fundos de investimento que compram faixas enormes de terras no hemisfério sul para terem acesso à água e ao solo futuramente são frequentes.

Alguns países na realidade leiloam água para interesses globais como empresas de mineração, que agora literalmente são proprietárias da água que costumava pertencer a todos. E muitos países criam mercados e bolsas de água, por meio dos quais licenças de água – muitas vezes de propriedade de empresas privadas ou agronegócios industriais – podem ser acumuladas, compradas, vendidas e comercializadas, às vezes no mercado aberto internacional, para aqueles que têm condições de comprá-las. Em todos esses casos, a água torna-se propriedade privada daqueles com os meios para comprá-la e é cada vez mais negada àqueles desprovidos de recursos. Por toda parte, cidadãos, pequenos agricultores, camponeses, povos indígenas e os pobres veem-se incapazes de enfrentar esses interesses corporativos.

A maior probabilidade é a de que as vítimas venham de países em desenvolvimento. Qualquer aferição aponta que as disparidades de renda globais são as mais severas que já se viu em quase um século, com uma pequena porcentagem da elite mundial sendo proprietária da vasta maioria dos seus ativos. Em um relatório de janeiro de 2013, a Oxfam International diz que a explosão na riqueza e renda extremas está exacerbando a desigualdade e reduzindo a capacidade do mundo de solucionar a pobreza. A renda líquida de US$ 240 bilhões de 2012 dos cem homens mais ricos do mundo seria suficiente para erradicar a pobreza cerca de quatro vezes. O 1% das pessoas mais ricas aumentou a sua renda em 60% nos últimos vinte anos, relata a Oxfam, com a crise financeira, acelerando em vez de desacelerar o processo.

A Oxfam adverte que a riqueza e a renda extremas são economicamente ineficientes, politicamente corrosivas, socialmente divisoras e ambientalmente destrutivas. "A concentração de recursos nas mãos de 1% das pessoas mais ricas deprime a atividade econômica e torna a vida mais difícil para o restante da sociedade – particularmente aqueles na parte de baixo do estrato econômico", diz o diretor executivo Jeremy Hobbs. "Em um mundo onde mesmo os recursos básicos como a terra e a água estão cada vez mais escassos, não podemos nos dar ao luxo de concentrar ativos nas mãos de poucos e deixar que a maioria lute pelo que sobrou", ele acrescenta.[3]

E, no entanto, a concentração de ativos é real. Bilhões mundo afora vivem na pobreza, cercados pela grande riqueza, e isso afeta negativamente o seu acesso à água. Uma criança nascida no hemisfério norte consome de trinta a cinquenta vezes mais água que uma criança nascida no hemisfério sul. O uso de água diário *per capita* na América do Norte e no Japão é de 350 litros, na Europa é de 200 litros, e na África subsaariana é de 10 a 20 litros. Estima-se que 90% dos três bilhões de pessoas que se espera somar à população mundial até 2050 virão do mundo em desenvolvimento.[4]

Mas a crise não é limitada às pessoas que vivem no hemisfério sul. À medida que a desigualdade de renda se aprofunda nos países desenvolvidos, cortes de água estão agora acontecendo aos pobres lá também. Dezenas de milhares de residentes de bairros centrais de Detroit, Michigan, não têm água corrente, pois não conseguem pagar as tarifas mais caras. O desemprego nas comunidades afetadas chega a aproximadamente 50%. Residentes são forçados a instalar mangueiras nas casas vizinhas ou levar recipientes para banheiros públicos para enchê-los de água. Serviços sociais removeram crianças de algumas casas, citando falta de água corrente. Cortes também estão ocorrendo na Europa, onde medidas de austeridade recentes estão elevando o custo de necessidades básicas para um patamar além da capacidade financeira de muitos.

Tampouco toda a riqueza da água está localizada nos países ricos do Norte. O renomado diretor de cinema indiano Shekhar Kapur teme pelo futuro do seu país, no qual coexistem esses extremos de riqueza e pobreza. Ele escreve:

> Em Bombaim, do outro lado da estrada que leva ao subúrbio rico de Vile Parle, todas as pessoas bonitas e estrelas do cinema vivem de frente para uma favela chamada Nehru Nagar. Uma vez por dia, ou talvez até menos que isso, a água chega em caminhões-pipa controlados pela "máfia da água" local e seus capangas. Mulheres e crianças esperam na fila por um balde de água, e lutas ocorrem à medida que os caminhões-pipa começam a secar.
>
> No entanto, literalmente do outro lado da estrada, as "estrelas", após a sua ginástica na academia ou um dia em um *set* de filmagem, podem ficar no chuveiro por horas. A água nunca vai parar de correr. Muitas vezes por metade do custo que os moradores da favela pagam por um único balde de água.[5]

Em muitos países, os riscos têm acesso à toda água que o dinheiro puder comprar, enquanto os pobres – normalmente mulheres e crianças – caminham quilômetros para encontrar água que pode ou não estar limpa o suficiente para beber. Em muitos países, os turistas e as pessoas ricas têm acesso preferencial à água limpa para resorts, campos de golfe e spas, enquanto as favelas locais não têm água encanada. Milhões vivem em "assentamentos informais" não reconhecidos pelos governos, que consequentemente não fornecem os serviços básicos para os seus moradores.

## TERMINANDO

Como regra, a pobreza e as divisões de classe estão na raiz do problema da falta de acesso à água limpa. E cada vez mais a crise ocorre também em razão de um declínio nas fontes de água locais que, por sua vez, força as pessoas a tornarem-se refugiadas. A extração excessiva da água para produção industrial de alimentos, o chamado desenvolvimento econômico, e a extração de recursos naturais dependente da água representam um golpe terrível sobre as reservas de água doce finitas do mundo.

A lição que todos nós aprendemos quando crianças – que não poderemos ficar sem água em virtude do funcionamento interminável do ciclo hidrológico – simplesmente não é verdade. Embora a água ainda esteja no planeta em algum lugar, por causa do nosso manejo das reservas de água mundiais para promover o desenvolvimento industrial, ela não é potável ou não está no lugar certo. Como consequência, muitas comunidades estão ficando sem água limpa acessível. Nós, humanos, estamos administrando e distribuindo mal a água, além de poluí-la em escala alarmante.

As extrações de água globais aumentaram em 50% nas últimas décadas e ainda estão aumentando dramaticamente. Usando a tecnologia de perfuração de poços, que não existia cem anos atrás, estamos agora explorando incansavelmente a água subterrânea. O bombeamento mundial da água subterrânea mais do que dobrou entre 1960 e 2000, e é responsável por aproximadamente 25% da elevação dos níveis do mar.[6] Em 2030, espera-se que a demanda supere a oferta em 40% e quase metade da população mundial estará vivendo em áreas de estresse com a elevação dos mares. Em 2075, o número de afetados poderá ser tão alto quanto sete bilhões de pessoas.[7]

Esse aumento na demanda ocorre em virtude da combinação de industrialização, crescimento exponencial da população e mais pessoas levando um estilo de vida de consumo intensivo de água. A demanda por água é insaciável em um planeta cuja população chegará a 9 ou 10 bilhões de pessoas em 2050. Para acomodar a sua população, somente a China nas próximas duas décadas está planejando construir 500 cidades novas com mais de 100 mil pessoas cada. A Índia vai acrescentar 600 milhões de pessoas à sua população até 2050, tornando-a o país com a maior população no mundo. O Paquistão chegará aos 300 milhões; a Nigéria, 290 milhões e Uganda, 93 milhões. Mesmo agora, por exemplo, Malawi não consegue alimentar a sua população de 13 milhões; em 2050 estima-se que 32 milhões de pessoas estarão vivendo lá.[8]

Peter Gleick, um cientista norte-americano que fundou o Pacific Institute, que realiza pesquisas pioneiras sobre a água e o clima, nos lembra que, enquanto a população está crescendo, a quantidade de água acessível é finita. Em 1950, a população dos Estados Unidos era de 150 milhões; hoje é de mais de 315 milhões. A Jordânia tinha um milhão de pessoas em 1960; hoje tem 6 milhões. O Iraque tinha aproximadamente 7 milhões em 1960, e hoje sua população excede 31 milhões. Todas essas populações novas têm de compartilhar reservas de água finitas que estavam sendo consumidas por populações muito menores décadas atrás.[9]

Em seu livro *Out of Water*, Colin Chartres e Samyuktha Varma estimam o crescimento em nosso uso de água *per capita* globalmente em relação ao crescimento da população. Se nós incluirmos a água usada para produzir o nosso alimento (conhecida como água virtual), então uma pessoa que consome 2.500 calorias por dia consumirá 2.500 litros de água. Multiplicados por 365 dias ao ano, isso chega a um total de quase 1 milhão de litros – um megalitro – por pessoa. Se a população crescer para 9 bilhões em 2050 (a maioria dos números prevê que ela será mais alta), a água necessária será igual à capacidade de pelo menos mais 25 a 50 represas enormes similares à Represa Alta de Assuã do rio Nilo, no Egito. Os autores destacam que essas quantidades enormes de água simplesmente não se encontram disponíveis, ou pelo menos não disponíveis nas áreas onde precisamos delas para produzir alimentos.[10]

Um estudo da Universidade de Twente na Holanda estima uma pegada global média muito mais alta. O especialista em água virtual, professor Arjen Hoekstra, relata que se toda a água usada em nossas vidas cotidianas for contabilizada, o consumo médio de água diário por pessoa é de 4 mil litros.[11]

É claro, a maneira como vivemos determina quanta água usamos e abusamos. Quase metade da população mundial ainda está vivendo no campo, de maneira bastante semelhante às gerações anteriores, usando de modo sustentável e cuidando das fontes de água locais. Isso significa que o resto está usando bem mais do que a sua parte. Por exemplo, estima-se que a produção de carne global vá dobrar em 2050, usando 70% de todas as terras agrícolas e consumindo um terço da produção de grãos mundial. Os ricos consomem a maior parte disso: pessoas no Norte rico consomem três vezes mais carne e quatro vezes mais leite que as pessoas no Sul.

O escritor e jornalista George Monbiot escreveu no *The Guardian* que a economia está crescendo muito mais rápido do que o ritmo da população e que o crescimento econômico é uma ameaça real. O consumo global vai aumentar tanto que ao final do século XXI, nós teremos usado 16 vezes mais recursos econômicos do que os humanos consumiram desde que "descemos das árvores", diz Monbiot.[12] No entanto, é o mantra dos governos em quase toda parte abrir o seu caminho para a prosperidade "crescendo", colocando as reservas de água mundiais em uma situação de risco enorme.

Nós já estamos vendo os resultados da exploração excessiva. Os rios mundo afora – o maior recurso hídrico renovável que contamos e um reduto da biodiversidade aquática – estão em crise devido à poluição e à extração excessiva. Em torno de 1,4 bilhões de pessoas vive em bacias hidrográficas, onde toda a água doce (na superfície e subterrânea) já está comprometida ou excessivamente comprometida. A revista *Nature* relata que quase 80% da população humana mundial vive em áreas onde as águas dos rios estão perigosamente ameaçadas, apresentando um risco para o uso humano.[13]

A desertificação está avançando rapidamente em mais de cem países por causa da extração excessiva dos rios e da água subterrânea e do avanço da mudança climática, mandando milhões de refugiados em busca de santuários seguros. Lester Brow, do *Earth Policy Institute*, um influente escritor e ambientalista norte-americano que fundou o *Worldwatch Institute*, relata que o deserto do Saara está expandindo-se em todas as direções, pressionando as populações da Tunísia, do Marrocos e da Argélia. A faixa saariana de savana que separa a região sul do Saara das florestas tropicais da África central está encolhendo, e o deserto está se deslocando para o sul, invadindo a populosa Nigéria. O lago Chade, um dia o sexto maior lago no mundo, perdeu 90% de sua área original, colocando as vidas e meios de vida de 30 milhões de habitantes da África Ocidental em perigo.[14]

Aproximadamente 600 mil quilômetros quadrados de terra são desertos agora no Brasil, e o México é forçado a abandonar 250 mil quilômetros quadrados de terras produtivas para o deserto todos os anos. Seus refugiados rurais gravitam para as favelas de Buenos Aires, São Paulo e Cidade do México. O Dr.

Kevin Trenberth, que trabalha com o Programa de Pesquisa do Clima Mundial (WCRP – *World Climate Research Programme*) das Nações Unidas, projeta que em 2055 entre 80 e 170 milhões de pessoas na América Latina provavelmente terão água insuficiente para suas necessidades básicas.[15]

Centenas de milhares de "refugiados ambientais" tiveram de fugir das suas casas na Ásia central à medida que o Mar de Aral, um dia o quarto maior lago no mundo, morre por causa da irrigação maciça do algodão na época da União Soviética. O lago Urmia do Irã, o maior lago no Oriente Médio e o terceiro maior lago salgado no mundo, perdeu 60% de sua área e pode secar completamente. O lago costumava fornecer irrigação para as plantações e peixes para dezenas de milhões que vivem dentro de um raio de algumas centenas de quilômetros do lago, mas a seca aumentou a sua salinidade para níveis altos demais para que ele continuasse a ser uma fonte de irrigação e alimento.

Nos últimos cinquenta anos, aproximadamente 24 mil vilarejos no norte e oeste da China foram abandonados inteira ou parcialmente devido à expansão do deserto. (450 vilarejos adicionais foram identificados para evacuação). Lester Brown diz que a China caminha para uma "tempestade de areia" que poderia forçar uma migração que chegaria às dezenas de milhões de pessoas.[16]

Essas condições não são limitadas a países no sul. Durante a onda de calor opressiva do verão de 2012 na região leste do Canadá e nos Estados Unidos, um novo estudo feito por um grupo de cientistas norte-americanos, publicado na revista *Nature Geoscience*, afirmou que a seca vivida pela região oeste da América do Norte durante a última década é a pior em oitocentos anos. A situação vai continuar a piorar, dizem os autores, e as secas que estamos experimentando agora provavelmente serão vistas como o final "úmido" de hidroclima mais seco previsto para o resto do século XXI.[17]

O aquífero Ogallalla, o outrora vasto lago subterrâneo que vai da encosta oriental das Montanhas Rochosas até a região conhecida como *Texas Panhandle* e que forneceu água para o celeiro dos Estados Unidos, está secando. "A água do Ogallala vai acabar, e as Planícies vão se tornar inviáveis economicamente para a produção agrícola", diz David Brauer do Serviço de Pesquisa do Ogallala, uma agência do ministério da agricultura do governo norte-americano. "Não há discussão quanto a isso. Nossa meta agora é reduzir os danos. É tudo que podemos fazer".[18]

Se a retirada de água dos Grandes Lagos da América do Norte for similar à retirada de água subterrânea mundo afora, os Grandes Lagos poderão estar ab-

ÁGUA – FUTURO AZUL

solutamente secos em oito anos, diz Marc Bierkens, professor de hidrologia na Universidade de Utrecht e principal autor de um estudo inovador de 2010 sobre a retirada de água subterrânea. Ele diz que o tamanho da "pegada" global nas águas subterrâneas – a área necessária para sustentar o uso delas, assim como os serviços ambientais que dependem das águas subterrâneas – é atualmente 3,5 vezes maior que a área real dos aquíferos, e que aproximadamente 1,7 bilhões de pessoas vivem em áreas onde recursos de águas subterrâneas e/ou ecossistemas que dependem de águas subterrâneas estão sendo ameaçados.[19]

As secas de 2011 e 2012 na Europa foram as piores em cem anos, com safras ressequidas e o encolhimento de rios e lagos tornando-se algo comum. O Mediterrâneo foi particularmente atingido. A água subterrânea diminuiu em 80% no distrito de Milão na Itália, e na Turquia o lago Aksehir – um dia três vezes maior que Washington, DC – desapareceu. O Fundo Mundial da Vida Selvagem (WWF – *World Wildlife Fund*) relata que mais de 50% das regiões pantanosas do Mediterrâneo secaram e que uma área de terra do tamanho do Reino Unido está sob ameaça de desertificação.[20]

## REFUGIADOS DA ÁGUA

Embora as crises da América do Norte e da Europa talvez não produzam tantos refugiados da água internos quanto outras partes do mundo, será pedido a essas regiões que abram as suas portas para os refugiados da água. Elas serão vistas como um destino para milhões, possivelmente bilhões, de refugiados da água do hemisfério sul. Uma conferência da ONU sobre a desertificação na Tunísia projetou que existe a possibilidade de que em 2020 até 60 milhões tenham migrado da África subsaariana para o Norte da África e da Europa. Outro estudo das Nações Unidas prevê que 2,2 milhões de migrantes chegarão ao mundo rico todos os anos, até 2050. A população da Inglaterra aumentará em quase 16 milhões, praticamente todo esse montante da migração. A divisão de população da ONU diz que essa migração provocará uma convulsão social sem paralelo na história da humanidade.[21]

Alguns especialistas dizem que a bomba populacional vai atingir um pico e não levará necessariamente a uma devastação ambiental. A previsão da ONU de 9 a 10 bilhões em 2050 provavelmente representa o fim do crescimento populacional, diz o escritor e ambientalista inglês Fred Pearce. Em seu livro, *The*

*Coming Population Crash*, Pearce documenta o fato de que as mulheres em quase toda a parte estão tendo menos filhos: metade do número de filhos que suas mães, na realidade. Ele atribui essa tendência à educação e à emancipação das mulheres. Nas próximas duas gerações, diz o autor, isso vai levar a taxas de fertilidade mais baixas e um retorno a populações mais sustentáveis. Pearce concorda que haverá um aumento nas taxas de migração, mas ele diz que isso será em grande parte para o bem. Países com baixas taxas de natalidade precisam de pessoas jovens e trabalhadores novos, e a migração pode ser uma situação que só pode dar certo se planejada e feita de maneira sustentável.[22]

Embora isso seja uma boa notícia, é fundamental que preservemos os recursos da terra através desse período de crescimento intenso na demanda e compartilhemos deles de maneira mais igualitária. Nenhum lugar na terra estará livre das consequências da crise da água que está se desenrolando agora. Mesmo se nós começarmos a reduzir a marcha do dano que criamos, desafiando o imperativo do crescimento e adotando práticas de conservação da água, assim como a proteção de fontes de água, é crucial que estabeleçamos regras de equidade e justiça em torno da questão do acesso. De outra maneira, cada vez mais veremos um mundo profundamente dividido entre aqueles com acesso à água limpa e aqueles sem – literalmente um mundo dividido pelo direito de viver.

# 2

# A LUTA PELO DIREITO
## À ÁGUA

O acesso à água é um direito humano ou apenas uma necessidade? A água é um bem comum como o ar ou uma mercadoria como a Coca-Cola? A quem foi dado o direito ou o poder de abrir ou fechar a torneira – aos povos, aos governos ou à mão invisível do mercado? Quem estabelece o preço para um distrito pobre de Manila ou La Paz – o conselho de água eleito localmente ou o CEO de uma corporação de água transnacional em outro país? — **Rosmarie Bär, Alliance Sud, Suíça.**

A ÁGUA NÃO FOI INCLUÍDA NA Declaração Universal dos Direitos Humanos de 1948 porque, na época, ninguém conseguia conceber um mundo com escassez de água potável. Levaria muitas décadas, no entanto, antes que a falácia desse pensamento ficasse evidente. Acreditando que a água é indestrutível e infinita, as pessoas a davam como certa e temerariamente a poluíram, administraram equivocadamente e levaram para outras partes para nossa conveniência. Nós a usamos para agricultura em desertos e para jogar lixo nos oceanos, assim como a transportamos de regiões pantanosas na forma de exportações de água "virtual", ou embutida, para dar suporte a uma economia de mercado global.

A luta para que as Nações Unidas reconheçam que deve haver um direito humano em relação à água levou pelo menos duas décadas e envolveu muitas pessoas e organizações dedicadas. O apelo veio das lutas de pessoas em milhares de comunidades mundo afora que buscavam a simples dignidade de poderem desfrutar de água limpa para o seu dia a dia e serviços de saneamento básico. Eles também precisavam proteger suas fontes de água locais do abuso corporativo e dos governos.

## ODMS – MEDIDAS PALIATIVAS

Tentativas sérias foram feitas pelas Nações Unidas para lidar com essa crise, mas elas não são suficientes. A Assembleia Geral da ONU adotou um conjunto de Objetivos de Desenvolvimento do Milênio (*MDGs – Millennium Development Goals*) em 2000 como parte de um compromisso de lidar com os aspectos mais flagrantes da pobreza persistente. O compromisso sobre a água e o saneamento é diminuir pela metade a proporção de pessoas vivendo sem acesso sustentável à água potável segura e ao saneamento básico até 2015. A própria ONU admite estar muito distante de alcançar esses objetivos para o saneamento. Avanços em saneamento estão passando ao largo das comunidades pobres e rurais, como relata, observando que as melhorias beneficiam de maneira desproporcional os mais ricos, enquanto o acesso para os 40% dos lares mais pobres melhora muito pouco. Com o ritmo de progresso atual, levaremos até a metade do século para fornecer um saneamento melhor a três quartos da população global.[1]

Ainda assim a ONU alega que ela está mais próxima de atingir as suas metas sobre o acesso à água potável. A Organização Mundial da Saúde relata que desde 1990, 1,3 bilhões de pessoas ganharam acesso à água potável de melhor qualidade, e que a ONU está no "caminho certo" para atender ou exceder sua meta de água potável. Muitos questionam essa afirmação. Uma das principais medidas de acesso à água potável usadas pela ONU é o número de tubulações instaladas em um país. No entanto, só porque há um cano não significa que há água limpa saindo dele, e mesmo se houvesse, ele pode estar distante de onde as pessoas realmente vivem. Além disso, se as tarifas sobre a água são altas demais e não podem ser pagas, tubulações novas são irrelevantes. Eu testemunhei pessoas darem as costas para tubulações novas trazendo água limpa de rios porque o acesso exigia dinheiro para hidrômetros pré-pagos; elas iam então aos rios mesmo sabendo sobre a existência de cólera ao longo de suas margens.

Portanto, mesmo enquanto os governos se viram para cumprir essas metas, os estoques de água globais em declínio estão gerando crises em novas comunidades. O professor Asit Biswas, presidente do Centro do Terceiro Mundo para

Manejo de Água, chama essa alegação de sucesso de "conversa fiada" e prevê que, quando o prazo final da ONU for atingido em 2015, mais pessoas no mundo estarão sofrendo com a crise de água do que quando as metas foram adotadas em um primeiro momento.[2] Diz Catarina de Albuquerque, uma relatora especial assessorando o Conselho de Direitos Humanos sobre o direito humano à água potável segura e ao saneamento: "Eu testemunhei o efeito involuntário, mas perverso, que os ODMs podem ter, fazendo com que os governos sintam-se orgulhosos a respeito de suas conquistas em relação aos ODMs, enquanto infelizmente se esquecem dos pobres, migrantes, favelados e das minorias étnicas que ainda não têm acesso à água.[3]

Além disso, essas asserções de sucesso contrariam abertamente outros relatórios da ONU que sugerem que a crise está se aprofundando. Por exemplo, o UN-HABITAT divulga que em 2030, mais da metade das populações de enormes centros urbanos serão faveladas, sem acesso algum a serviços de água e saneamento. E um relatório compreensivo sobre a África mostra que a disponibilidade de água por pessoa na África está diminuindo cada vez mais e que apenas 26 dos 53 países do continente estão atualmente a caminho de alcançar as metas de água potável dos ODMs.[4]

## ADVERSÁRIOS PODEROSOS

Embora possa parecer lógico que a água é um direito humano, por anos muitas forças poderosas uniram-se para evitar que ele fosse oficialmente reconhecido. Um oponente poderoso é o Conselho de Água Mundial, um grupo internacional de estudos sobre políticas relativas à água. A maioria dos seus mais de trezentos membros é composta de corporações de engenharia e água, associações da indústria da água e bancos de investimentos. O ex-presidente Loïc Fauchon também foi o ex-presidente do Groupe des Eaux de Marseille, de propriedade da Suez e da Veolia, as duas maiores empresas de serviços hídricos no mundo.

A cada três anos, o Conselho de Água Mundial promove um grande e influente encontro de especialistas em água, interesses privados e dirigentes do governo para estabelecer direções para o financiamento e políticas de água globais. Conhecido como Fórum de Água Global, ele agora superou qualquer encontro das Nações Unidas como o simpósio de água global preeminente. Formadores de políticas governamentais e dirigentes do Banco Mundial e das Nações Unidas prestam grande atenção a ele. Em todos os encontros desde a sua criação em 1997, o Fórum Mundial da Água recusou-se diretamente a reconhecer o direito à água na declaração ministerial que é publicada no último dia.

No Fórum realizado em março de 2009 em Istambul, Turquia, e com a audiência de 25.000 delegados de 150 países, os líderes mais uma vez recusaram-se a incluir o direito à água na declaração ministerial oficial, resultando em uma censura incisiva da parte de Miguel d'Escoto Brockmann, então presidente da Assembleia Geral da ONU. Mesmo a declaração ministerial publicada após o Fórum Mundial da Água realizado em Marselha em março de 2012 – quase dois anos após a ONU ter reconhecido os direitos humanos em relação à água e ao saneamento –, mais uma vez deixou de endossar claramente e repetir a resolução, em vez disso usando uma redação que permitiria aos países se esquivarem de suas obrigações legais de preservar esses direitos.

No cerne no debate havia a distinção entre a água ser uma *necessidade* ou um *direito*. Isso não é simplesmente uma distinção semântica. Você não pode negociar ou vender um direito humano ou negá-lo para alguém com base em sua incapacidade de pagar por ele. O Conselho de Água Mundial e o Banco Mundial promovem sistemas de fornecimento de água privados e com fins lucrativos, desse modo encorajando o conceito da água como uma necessidade que pode ser provida por operadores privados, assim como públicos. O *direito* à água, entretanto, denota que a água é um direito básico, independentemente da capacidade das pessoas de pagarem por isso, e reforça os argumentos de que ela deve ser fornecida como um serviço público.

Oponentes importantes da declaração incluem alguns governos do primeiro mundo que se opõe à extensão de direitos novos como os direitos à água e ao saneamento, e se preocupam com o custo e a responsabilidade envolvidos. Ao explicar por que a delegação dos Estados Unidos não apoiou o direito à água, o porta-voz do Departamento de Estado Andy Laine diz: "Estabelecer um direito internacional a qualquer coisa levanta uma série de questões complicadas em relação à natureza desse direito, como esse direito seria executado, e quais partes teriam a responsabilidade de assegurar direitos sejam atendidos".[5]

Os Estados Unidos e o Canadá, dois oponentes históricos do direito à água, têm históricos recentes de recusar-se a reconhecer o que são chamados de direitos humanos de "segunda e terceira gerações". Eles apoiam direitos humanos de "primeira geração" como a liberdade de expressão, o direito a um julgamento justo, liberdade religiosa e direito ao voto – muitas vezes referidos como "direitos negativos" e todos garantidos na Declaração Universal dos Direitos Humanos de 1948. Mas é menos provável que eles promovam a segunda geração mais proativa de direitos, como os direitos ao emprego, moradia, saúde e previdência social. Esses são muitas vezes chamados de "direitos positivos"; alguns são encontrados na Declaração Universal dos Direitos Humanos, mas foram tratados de maneira mais completa no Pacto Internacional de Direitos Econômicos, Sociais e Culturais.

O Canadá e os Estados Unidos apoiam menos ainda os direitos de terceira geração, como os direitos à autodeterminação e ao desenvolvimento econômico e social, direitos coletivos e de grupo, e o direito de proteger recursos naturais locais. Para esses países, os direitos sobre a água e particularmente o saneamento são objetivos políticos disfarçados de direitos humanos que criam um conjunto de responsabilidades subordinadas (e não desejadas).

É importante observar que os países que se opõem mais fortemente à resolução da Assembleia Geral – Canadá, os Estados Unidos, Austrália, Nova Zelândia e o Reino Unido – todos são a favor de uma economia de mercado e adotaram formas diferentes de privatização e mercantilização das suas próprias reservas de água. Esses países promovem o comércio global aberto e direitos de investimento para as corporações, uma filosofia que capacitou empresas comerciais privadas com ferramentas novas poderosas para assegurarem seus interesses próprios em serviços hídricos e água.

"Infelizmente, os desenvolvimentos mais significativos na lei internacional que dizem respeito ao direito humano sobre a água não estão ocorrendo sob os auspícios das Nações Unidas", escreveu o especialista em comércio Steven Shrybman antes de as resoluções serem adotadas, "mas em vez disso sob a Organização Mundial do Comércio, e de maneira mais importante, sob uma miríade de tratados de investimentos estrangeiros. Sob esses regimes, a água é considerada um bem, um investimento e um serviço". Como consequência, os governos são severamente limitados no momento de estabelecer as políticas e as práticas necessárias para proteger os direitos humanos, o meio ambiente e outros objetivos não comerciais da sociedade.[6]

Grande parte da resistência ao direito à água desses países vem do fato de eles apoiarem o conceito da água como um bem de mercado em uma série de negociações comerciais e de investimento internacionais, regionais e bilaterais, e eles percebem (corretamente) um conflito real entre os dois modelos.

## AMIGOS PERSISTENTES

Apesar da resistência dessas forças poderosas, a demanda pelo reconhecimento dos direitos à água e ao saneamento cresce a cada dia que passa, impulsionada por um movimento internacional de justiça pela água dinâmico e apoiado por uma série de países do hemisfério sul, particularmente América do Sul, e por vários países do hemisfério norte. Esse movimento compareceu a todos os Fóruns Mundiais da Água, criticando a influência corporativa por trás dos encontros e ganhando força dentro dos próprios fóruns até que ele teve a capacidade de criar fóruns populares alternativos, pleiteando que a água seja denominada um patrimônio comum, um fundo público e um direito humano. O Fórum Mundial Alternativo da Água teve participação de 5 mil pessoas e rivalizou com o fórum oficial em relação à atenção da mídia.

Um argumento fundamental desse movimento, do qual fiz parte, foi que a falta de acesso à água potável segura e ao saneamento estava impedindo a realização de uma série de outras obrigações de direitos humanos fundamentais já adotadas pela ONU. Lentamente, o direito à água passou a ser reconhecido em uma série de resoluções e declarações internacionais. A mais importante delas foi o Comentário Geral nº 15, adotado em 2002 como uma "interpretação definitiva" do Pacto Internacional de Direitos Econômicos, Sociais e Culturais. Nele, o direto à água é chamado de um pré-requisito para a realização de todos os outros direitos humanos, e "indispensável para se levar uma vida com dignidade".

No entanto, a interpretação de uma convenção existente não é o mesmo que um instrumento em si. Então, em 2006, o Conselho de Direitos Humanos recentemente formado, liderado pela Espanha e a Alemanha, pediu que o especialista em direitos humanos canadense Louise Arbour, então um alto comissário para os direitos humanos, conduzisse um estudo detalhado sobre o alcance e o conteúdo das obrigações de direitos humanos relevantes e fizesse recomendações para medidas futuras. O movimento global de justiça pela água interviu. Anil Naidoo, canadense do Projeto Planeta Azul, enviou uma declaração para o alto comissário assinada por 185 organizações de 48 países, pedindo a indicação de uma relatora especial sobre a água. Na declaração, eles observaram que o fracasso de um compromisso da ONU existente havia permitido que várias nações negassem o direito inerente à água a seus cidadãos.

O relatório do alto comissário, apresentado em outubro de 2007, observou que "a atenção específica, dedicada e continuada à água potável segura e ao saneamento está faltando atualmente em nível internacional" e recomendou que o acesso à água potável segura e ao saneamento seja reconhecido como um direito humano.[7] Em setembro de 2008, o Conselho de Direitos Humanos apontou Catarina de Albuquerque, uma professora de direitos humanos de Portugal, para ser a primeira especialista independente sobre obrigações de direitos humanos relacionadas ao acesso à água potável segura e ao saneamento. Seu mandato foi renovado em 2011 e seu título modificado para Relatora Especial, dando a ela uma autoridade mais clara. Ter alguém nomeado para seguir e promover esse processo foi um passo importante na direção do reconhecimento formal desses direitos.

## ESTRATÉGIA INTERNA

Participei ativamente do movimento global de justiça pela água, comparecendo a todos os Fóruns Mundiais da Água e ajudando a criar o processo de fóruns alternativos. Também estive envolvida na luta pelo reconhecimento do direito à água e ajudei a formar uma organização internacional chamada Amigos do Direito à Água.

Em 2008, tive a honra de trabalhar como conselheira sênior sobre o assunto da água para Miguel d'Escoto Brockmann, o recentemente eleito sexagésimo terceiro presidente da Assembleia Geral da ONU. O presidente Brockmann (ou Pai Miguel, como ele prefere ser chamado) é um padre nicaraguense por formação, com uma longa história de compromisso com questões de justiça social. Ao assumir o cargo, ele declarou publicamente sua preocupação a respeito do impacto da crise global da água sobre os pobres e garantiu o seu apoio para uma resolução da Assembleia Geral reconhecendo os direitos humanos sobre a água e o saneamento. Sem a sua orientação e apoio, duvido que teríamos sido bem-sucedidos.

O presidente d'Escoto Brockmann contatou-me um pouco antes de assumir o cargo e convidou-me para aconselhá-lo e orientar o processo na direção de uma resolução da Assembleia Geral. Era irônico de certa maneira que eu fosse escolhida para essa tarefa, à medida que foi o governo canadense sob o primeiro-ministro Stephen Harper que liderou a oposição para qualquer reconhecimento formal do direito à água nas Nações Unidas. Quando eu falava em comitês e painéis, os representantes canadenses geralmente deixavam a sala.

Logo, eu estava imersa na política complicada das Nações Unidas. Reuni-me com todas as agências que lidam com o tema da água, e muitos dos embaixadores e especialistas em políticas também, e fiquei chocada em descobrir a falta de coordenação e liderança política a respeito da crise da água. Tornou-se claro para mim que havia muitas questões a serem resolvidas na ONU a respeito da água.

Uma delas era que apesar de a Assembleia Geral ser realmente o único órgão adequadamente posicionado para lidar com a crise global da água, a questão não fora especificamente incluída na agenda da Assembleia. Como resultado, havia um grande descompasso entre o muitas vezes excelente trabalho sendo feito pelas agências e a própria Assembleia Geral. A falta de vontade política e de liderança na Assembleia significava que as recomendações de políticas dos profissionais da ONU não estavam sendo traduzidas em ação. Como exemplo disso, a Cúpula da Terra no Rio de Janeiro de 1992 traçou planos de atuação para a água, a mudança climática, a biodiversidade e a desertificação. Quando saiu minha indicação, as Nações Unidas haviam abordado todas essas questões com uma convenção e um plano, exceto a água. A água foi a única deixada de fora.

Outra questão era que as grandes corporações transnacionais de água mantinham posições-chave de influência nas Nações Unidas, e a maioria se opunha ao direito à água. O Acordo da Água da ONU (*CEO Water Mandate*) é uma iniciativa do Pacto Global da ONU, uma parceria entre corporações e a ONU com a intenção de fazer com que as corporações melhorem suas práticas e políticas hídricas. Contudo, muitas das corporações envolvidas no acordo, incluindo Suez, Nestlé, Coca-Cola e Pepsi-Co, são elas mesmas objeto de críticas severas por sua exploração e mercantilização da água. Outras incluem empresas com reputações corporativas ruins, como a Dow Chemical, fabricante do napalm e agente laranja, e Shell Oil, alvo de décadas de protestos por poluir as águas da Nigéria. Recentemente, mesmo a própria sentinela da ONU, a Unidade de Inspeção Conjunta (JIU – *Joint Inspection Unit*), advertiu que algumas grandes corporações estão usando a marca da ONU para beneficiar seus negócios e expandir parcerias público-privadas sem conformidade com os valores e princípios da ONU. A JIU chamou a atenção da Assembleia Geral para controlá-las com firmeza.[8]

ÁGUA – FUTURO AZUL

A pesquisadora ambiental Julie Larsen, ex-delegada juvenil da Associação das Nações Unidas canadense na ONU, hoje em dia trabalha na ONU e colaborou com o Painel de Alto Nível do Secretário Geral sobre Sustentabilidade Global. Em um relatório detalhado sobre a influência do setor privado na política da água da ONU, Larsen expressou a sua profunda preocupação sobre a indefinição dos limites entre os setores público e privado que estão se tornando indistintos, e instou a Assembleia Geral da ONU a priorizar a governança da água e a tornar-se a autoridade tomadora de decisões central, independentemente da influência do setor privado, para políticas e programas da ONU nessa área.[9]

Como conselheira para questões relativas à água, identifiquei aliados dentro da ONU e reuni uma equipe para avançar a agenda. Pai Miguel me apoiou e deu todas as oportunidades para apresentar o meu caso. No dia 22 de abril, em 2009 – Dia da Terra – falei para toda a Assembleia Geral da ONU, ao lado do grande teólogo e filósofo brasileiro Leonardo Boff. Foi um dos momentos que mais senti orgulho de meu trabalho. Apelei para que as nações do mundo vissem a água como um patrimônio público e a protegessem da propriedade privada. E defendi o reconhecimento formal do direito à água no futuro próximo:

O acesso em iguais condições à água também deve ser consagrado de uma vez por todas em um pacto das Nações Unidas e nas constituições de estados-nações. Um pacto de direito à água das Nações Unidas estabeleceria o enquadramento para a água como um ativo social e cultural e estabeleceria a fundação legal indispensável para um sistema justo de distribuição. Ele serviria como um corpo comum e coerente de regras para todas as nações e deixaria claro o direito à água limpa e acessível para todos, independentemente de sua renda. Um pacto de direito à água da ONU estabeleceria de uma vez por todas que ninguém em *lugar algum* deve ser deixado morrer ou ser forçado a ver um filho amado morrer por usar água suja simplesmente porque é pobre.

Nenhum país foi mais forte em seu apoio que a Bolívia e seu presidente, Evo Morales. A Bolívia foi um dos vinte países que desafiou a declaração ministerial do Fórum Mundial da Água de Istambul de 2009 em virtude da recusa de se reconhecer o direito à água. O embaixador da Bolívia para a ONU era Pablo Solón, um apaixonado defensor dos direitos humanos e filho do famoso muralista Latino Americano Walter Solón Romero, que descreve o sofrimento do seu povo por meio de sua arte poderosa. Eu havia trabalhado com Pablo antes de ele ser embaixador da ONU, e em uma de minhas viagens para a Bolívia, ele apresentou-me ao presidente recentemente eleito, Evo Morales. Defendi a minha opinião para ele de que a Bolívia deveria liderar a cruzada na ONU pelo direito à água, e Evo Morales prometeu-me que ele faria isso.

Em junho de 2010, o embaixador Solón apresentou à Assembleia Geral um projeto de resolução sobre os direitos humanos à água e ao saneamento, obtendo fortes críticas. Muitos estados membros repeliram o processo, argumentando que o mundo não estava pronto para dar esse passo. Alguns aconselharam que se esperasse por mais pesquisas. Outros tentaram convencer Solón a enfraquecer a linguagem clara da resolução e deixar de lado a referência ao saneamento. Solón recusou-se, citando acertadamente que a falta de saneamento é uma das principais causas de morte e deve ser incluída. Outros demandaram que ele adicionasse as palavras "acesso à água e ao saneamento", mas mais uma vez Solón recusou-se, observando que mudar o texto para incluir acesso tiraria a responsabilidade dos estados, permitindo que eles argumentassem que as empresas privadas estavam oferecendo esses serviços e, portanto, suas próprias obrigações haviam sido cumpridas.

Pablo Solón não iria ceder. Ele declarou que preferiria ver a resolução derrotada à diluída, e que ele gostaria de ver quais países se apresentariam no Salão da Assembleia Geral das Nações Unidas e votariam contra os direitos humanos à água limpa e ao saneamento que protegia a vida. Enquanto o debate seguia acalorado, eu e minha equipe (Anil Naidoo em particular, que havia se mudado para Nova York dois meses antes do voto a fim de trabalhar pela sua ratificação) e nossos aliados estávamos buscando convencer estados membros individuais para ganhar os votos necessários.

## COLOCANDO A QUESTÃO DE MANEIRA CORRETA

No dia 28 de julho, quase dois meses mais tarde e depois de muita discussão, 39 países, a maioria deles do hemisfério sul, apresentaram a resolução final para a Assembleia Geral. Ela dizia: "A Assembleia Geral declara que o acesso à água potável própria e de qualidade e a instalações sanitárias é um direito do homem, indispensável para o pleno gozo do direito à vida", e apelou a todos os estados membros e às organizações internacionais para auxiliar as nações em desenvolvimento a "fornecer água potável própria, limpa, acessível e com um preço razoável, assim como saneamento para todos".

Cento e vinte e oito países, incluindo China, Rússia, Alemanha, França, Espanha e Brasil, apoiaram a resolução, e muitos daqueles que se abstiveram disseram que reveriam a sua oposição se o Conselho de Direitos Humanos apresentasse uma resolução similar. O apoio que a resolução recebeu aquele dia demonstrou que o mundo estava finalmente se mexendo para lidar com a questão. Os países que votaram a favor representam 5,4 bilhões de pessoas; aqueles que se abstiveram representam 1,1 bilhão.[10]

Os países que se opuseram à questão na realidade não votaram contra ela; em vez disso, eles se abstiveram. Esse foi o melhor sinal ainda de que o debate a respeito desses direitos fundamentais estava finalmente terminando. Apesar disso, os países que se abstiveram fizeram uma série de discursos irados após o voto, acusando a Bolívia de forçar um voto que ninguém estava pronto para fazer. Solón ficou parado com seus braços cruzados no peito e um leve sorriso no rosto, deixando que a amargura passasse ao largo dele como o vento.

No dia 30 de setembro de 2010, os 47 membros do Conselho de Direitos Humanos da ONU adotaram uma segunda resolução afirmando os direitos humanos à água e ao saneamento, tornando-os um dever dos governos e estabelecendo as suas responsabilidades e obrigações. Em uma iniciativa surpreendente e bem-vinda, os Estados Unidos – um novo membro do Conselho de Direitos Humanos – declararam que tinham orgulho de dar o passo significativo de fazer parte do consenso sobre essa resolução.

O círculo foi completo na Rio+20, a conferência das Nações Unidas de junho de 2012 sobre o desenvolvimento sustentável. Após uma campanha vigorosa, os direitos à água e ao saneamento foram incluídos na declaração oficial do encontro *O Futuro Que Queremos*. Mesmo o Canadá, o último bastião de resistência, assinou o documento, sinalizando o fim do debate.

As duas resoluções, junto com a declaração clara do reconhecimento na Rio+20, representaram um avanço extraordinário na luta internacional pelos direitos a uma água potável limpa, segura e ao saneamento, assim como uma marca crucial na luta pela justiça em relação à água. Agora, o trabalho duro para tornar isso realidade estava para começar.

# 3

# IMPLEMENTANDO O DIREITO À ÁGUA

O acesso à água e ao saneamento é um direito humano, igual a todos os outros direitos humanos, o que implica que ele é justificável e executável. Portanto, de hoje em diante nós temos uma responsabilidade ainda maior de concentrar todos os nossos esforços na implementação e realização plena desse direito essencial. **— Catarina de Albuquerque, relatora especial**.

A CONFIRMAÇÃO PELO CONSELHO DE DIREITOS Humanos dos direitos à água e ao saneamento foi um seguimento importante para a resolução da Assembleia Geral. O Conselho avançou mais que a Assembleia Geral, especificando que os direitos à água potável segura e ao saneamento são parte da lei internacional e que esses direitos estão vinculados ao direito a um padrão adequando de vida e relacionados ao direito ao padrão mais elevado possível de saúde física e mental e ao direito à vida e à dignidade humana. De maneira bastante simples, como diz Catarina de Albuquerque, o reconhecimento dos direitos à água e ao saneamento exige que esses serviços estejam disponíveis, sejam acessíveis, seguros, aceitáveis e com um custo razoável para todos, sem discriminação.

O Centro de Direitos à Moradia e Desapropriações (COHRE – *Centre on Housing Rights and Evictions*) por muitos anos tem sido um líder na luta da ONU pelos direitos à água e ao saneamento. O centro argumenta que esses direitos são fundamentais para os excluídos, pois eles dão prioridade às pessoas que não têm acesso à água e colocam o ônus sobre os governos para assegurar serviços hídricos para todos. Em muitos casos, os governos constroem serviços caros que fornecem água e saneamento para uma fração pequena e privilegiada da população, em vez das alternativas de baixo custo que serviriam a maioria.

O acesso à água limpa é agora um direito legal em vez de uma caridade ou uma mercadoria, e os indivíduos e os grupos podem cobrar isso de seus governos. O direito à água evita a discriminação deliberada contra comunidades vulneráveis e marginalizadas e seu abandono por governos ou autoridades locais que poderiam de algum modo agir para excluir tais comunidades que são vistas como indesejáveis. As comunidades empobrecidas podem assumir um papel maior na tomada de decisões porque uma implicação da resolução é a de que os governos têm de consultar as comunidades afetadas pela entrega do serviço de água e promover a conservação dos recursos de água locais. Os governos e a comunidade internacional podem ser responsabilizados agora, e as instituições de direitos humanos da ONU podem monitorar a implementação dos seus compromissos e apontar publicamente quando eles não foram cumpridos.

A respeito do direito ao saneamento, a definição é clara. A relatora especial definiu o saneamento como um "sistema para a coleta, transporte, tratamento e eliminação dos excrementos humanos e higiene associada".[1] Para atender às exigências dos direitos humanos, o saneamento precisa evitar efetivamente o contato humano, animal e de insetos com os excrementos, e as privadas e latrinas têm de proporcionar privacidade e um ambiente seguro e digno para todos. Elas precisam ser fisicamente acessíveis, dentro do alcance ou nas redondezas imediatas de cada lar, instituição educacional ou local de trabalho, e disponíveis para o uso a todos os momentos do dia ou da noite juntamente com os serviços associados como a remoção da água suja e descarga da latrina.

Do mesmo modo, elas precisam ser acessíveis, sem reduzir a capacidade do indivíduo ou do lar de adquirir outros bens e serviços essenciais, como alimento, educação e cuidados médicos. Por fim, elas precisam ser sensíveis às diferenças culturais, usando a tecnologia local apropriada e dando atenção à questão de gênero com instalações públicas masculinas e femininas.

Ativistas da justiça sobre a água preocuparam-se com o fato de que nem a Assembleia Geral, tampouco o Conselho de Direitos Humanos, rejeitou a possibilidade de os governos terceirizarem os serviços de água para o setor privado. Mas Ashfaq Khalfan, advogado de direitos humanos e coordenador de políticas de direitos econômicos, sociais e culturais para a Anistia Internacional, observa que as provisões da resolução do Conselho de Direitos Humanos exigem uma transparência plena, assim como a participação livre e significativa das comunidades locais. Os direitos humanos devem ser inseridos em todas as avaliações de impacto durante o processo de garantia à provisão do serviço.[2]

A Anistia Internacional apoia normas efetivas para todos os provedores de serviços, de acordo com as obrigações de direitos humanos dos estados membros. A delegação da água potável segura e o saneamento para terceiros, como uma empresa de serviços privada, não exime o Estado dessas obrigações. Em outras palavras, a privatização dos serviços hídricos talvez não possa ser banida, mas agora ela passa por um escrutínio como nunca foi feito no passado.

## OBRIGAÇÕES DOS GOVERNOS

Não importa se eles votaram a favor ou contra as duas resoluções, agora todos os países membros das Nações Unidas são obrigadas a aceitar e a reconhecer os direitos humanos à água e ao saneamento. Como consequência, todas as nações membros precisam dar os passos necessários o quanto antes para assegurar que todos tenham acesso à água e ao saneamento, reconhecendo que alguns governos precisarão de mais tempo e auxílio do que os outros para atingir essas metas.

Embora não seja exigido de país algum que compartilhe seus recursos hídricos com outro, há uma obrigação subentendida de que os países mais ricos contribuirão com a assistência internacional necessária para complementar os esforços nacionais nos países em desenvolvimento. E é exigido de cada nação membro que prepare um "Plano Nacional de Ação para a Realização do Direito à Água e ao Saneamento" e informar o Comitê de Direitos Econômicos, Sociais e Culturais (CESCR – *Committee on Economic, Social and Cultural Rights*) da ONU sobre o seu desempenho nessa área.

É esperado de cada país membro que desenvolva as ferramentas e mecanismos apropriados – que podem incluir legislação –, assim como planos e estratégias compreensivos para atender às novas obrigações, particularmente em áreas onde os serviços de água e saneamento não existem ainda. O processo de planejamento e implementação deve ser transparente e aberto à participação das comunidades locais.

ÁGUA – FUTURO AZUL     43

Três obrigações são impostas aos estados como reconhecimento de um direito humano:

1. A primeira é a obrigação de respeitar. Todo governo deve evitar qualquer ação ou política que interfira nos direitos à água e ao saneamento. Isso significa que a nenhuma pessoa devem ser negados serviços hídricos essenciais devido à sua incapacidade de pagar. Nas comunidades onde a água foi privatizada, por exemplo, e o preço da água subir a ponto de a população local não conseguir pagar, o fornecimento de água não pode ser cortado. Em termos de saneamento, a obrigação de respeitar a população local significa que os governos não podem impedir as pessoas de terem acesso ao saneamento interferindo arbitrariamente com arranjos tradicionais e costumeiros para o saneamento, sem proporcionar alternativas aceitáveis.

2. A segunda é a obrigação de proteger. Todo governo é obrigado a evitar que terceiras partes interfiram no gozo do direito humano à água. Os governos agora têm a obrigação de proteger as comunidades locais da poluição e da extração injusta da água por corporações ou governos. Cidadãos e comunidades podem começar agora a responsabilizar os seus governos se empresas de mineração, prospecção de petróleo ou de energia estão destruindo suas fontes locais de água. Em termos do direito ao saneamento, os governos são obrigados a assegurar que indivíduos ou grupos privados não impeçam qualquer um de ter acesso ao saneamento apropriado, por exemplo, cobrando excessivamente pelo uso de sanitários.

3. A terceira é a obrigação de executar. É exigido de todo governo que adote quaisquer medidas adicionais direcionadas para a realização do direito à água. Isso significa que os governos têm de facilitar o acesso, fornecendo serviços hídricos em comunidades onde existem, e eles têm de assegurar que os padrões e as normas apropriados estejam em vigência para auxiliar os indivíduos com a construção e manutenção de sanitários. Onde indivíduos ou grupos são incapazes de fornecer serviços hídricos e de saneamento para si mesmos, os governos têm de providenciar o auxílio necessário, incluindo treinamento para transmissão de informações e acesso à terra.[3]

## COBRANDO A RESPONSABILIDADE DOS GOVERNOS

Os governos têm de reconhecer agora o direito à água e ao saneamento nas suas próprias constituições ou leis; os direitos não serão inteiramente implementados até que sejam reconhecidos na legislação e constituições de cada país. Alguns países já aprovaram emendas às suas constituições. A África do Sul incluiu a água como um direito humano em sua nova constituição quando Nelson Mandela formou o seu governo do ANC, e outros países como Etiópia, Equador, Quênia, Bolívia e República Dominicana seguiram o seu exemplo. Os municípios na África do Sul são obrigados a fornecer um mínimo de 25 litros de água por dia a indivíduos ou 6 mil litros por mês para os lares.

Em 2004, após um referendo bem-sucedido, o Uruguai tornou-se o primeiro país no mundo a votar pelo direito à água. O texto da emenda constitucional que veio em seguida não apenas garantiu a água como um direito humano, como também disse que as considerações sociais precisam ter precedência sobre as econômicas quando o governo formula políticas hídricas. Ele também afirmou que a água é um serviço público a ser fornecido por uma agência estatal em uma base sem fins lucrativos. No início de 2012, o México anunciou que faria uma emenda à sua constituição para reconhecer o direito à água – um avanço enorme que veio após uma campanha intensa liderada pela Coalizão de Organizações Mexicanas pelo Direito à Água.

Outros países, como a Holanda, a Bélgica, o Reino Unido e a França, adotaram resoluções de estado que reconhecem o direito à água para suas populações. Para celebrar o dia Mundial da Água em 2012, El Salvador adotou uma lei nova reconhecendo o direito à água, mais uma vez em resposta a uma campanha liderada por cidadãos. Para atender seus compromissos na ONU, o governo de Ruanda comprometeu-se a fornecer para toda a sua população serviços hídricos e de saneamento até 2013, e está bem encaminhado para alcançar esse objetivo. Mesmo governos estaduais como a Califórnia introduziram leis de direito à água, e alguns blocos regionais estão se mexendo também.

Em janeiro de 2011, o Subcomitê do Parlamento Europeu sobre Direitos Humanos realizou uma audiência a respeito da observância dos novos direitos pelos estados membros. No Dia Mundial da Água em 2011, o Subcomitê emitiu uma declaração reafirmando o seu apoio pelos direitos à água e ao saneamento como "parte do direito humano a um padrão de vida adequado". Mesmo o Vaticano reconheceu recentemente o direito humano à água, acres-

# ÁGUA – FUTURO AZUL

centando que a água "não é um produto comercial e sim um bem comum que pertence a todos".[4]

Por mais importantes que sejam esses exemplos, eles representam apenas o começo da consciência necessária para enfrentar essa crise. Muitos países não fizeram nada para cumprir com suas novas obrigações. O Chile, por exemplo, votou a favor da resolução da Assembleia Geral, mas continua a privatizar a sua água em prol de companhias de mineração estrangeiras em detrimento de agricultores locais e povos indígenas. Apesar do seu reconhecimento constitucional do direito à água, a África do Sul permite hidrômetros pré-pagos e o corte da água daqueles que não conseguem pagar. Em defesa dos residentes locais, a ONG AfriForum está processando diversos municípios na província de Limpopo por deixar de fornecer mesmo os serviços hídricos mais básicos.

A Espanha, embora um país que tenha dado todo o apoio ao direito à água na ONU, promove o crescimento de resorts turísticos e campos de golfe que usam muita água. Municípios estão sendo informados que eles precisam aumentar as tarifas da água 100% a fim de pagar pelo custo de importar e dessalinizar a água para seus cidadãos, e a água está sendo cortada para os residentes que não conseguem pagar pelo seu consumo. Ao mesmo tempo, entretanto, relatórios mostram que os turistas consomem quase quatro vezes mais água por dia que um morador comum de uma cidade espanhola.[5]

Grupos que lutam pela justiça sobre a água em seus países não estão esperando por governos hostis ou indolentes para dar os próximos passos. Eles estão formulando planos para implementar os direitos à água e ao saneamento em seus países e estão usando esses planos para pressionar seus governos. Em alguns países, incluindo o Equador e a Argentina, práticas de mineração nocivas têm solapado iniciativas para proteger o meio ambiente e fontes de água estratégicas, relataram grupos pela justiça sobre a água.

A constituição da Indonésia de 1945 declarou que a água e as terras do país "devem ser controladas pelo Estado para serem usadas para o maior benefício possível do seu povo", e em 2005 uma corte interpretou essa e várias outras provisões constitucionais como concedendo o reconhecimento do direito à água. A Indonésia também votou a favor da resolução da Assembleia Geral da ONU. Mas a KRUHA, a Coalizão do Povo Indonésio para os Direitos à Água, diz em um relatório para o Projeto Planeta Azul que as políticas implementadas pelo governo promovem a comercialização dos serviços hídricos. Em tempos de conflito entre as comunidades locais e as corporações, o governo se coloca ao lado destas.

O relatório destaca uma disputa em Banten, onde uma fábrica de água engarrafada da Danone está drenando as fontes de água locais. A quantidade de água extraída pela fábrica nova da empresa vai chegar a mais de 5 milhões de litros por dia, gerando um lucro diário para a empresa de quase US$ 2 milhões. A infame privatização da água de Jacarta, negociada sob comando do ex-ditador Suharto, deu às gigantes da água Thames Water e Suez o contrato para gerir o seu sistema hídrico; a população recebeu "quatorze anos da mais cara água suja do mundo". O governo é o guardião ou o inimigo do povo quando falamos no direito à água, quer saber o grupo, e acrescenta que o verdadeiro teste do comprometimento do governo estará em como ele lida com essas empresas.[6]

A privatização dos serviços hídricos na Índia viola o direito humano à água, diz o Juiz Rajinder Sachar, ex-presidente da Alta Corte de Nova Deli. "Não existe nada acima da Constituição", ele declarou na conferência de março de 2013 sobre a intenção da cidade de privatizar os seus serviços de água. "O preâmbulo diz que a Índia é uma República secular, socialista... e passar a propriedade da água para empresas privadas é burlar a Constituição".[7] No entanto, o país está rapidamente caminhando na direção da privatização dos seus serviços hídricos. A Aliança Nacional Hindu de Movimentos Populares relata que a pressão persistente das instituições financeiras internacionais para desregulamentar e privatizar os serviços hídricos trabalha contra o compromisso assumido da Índia de promover o direito humano à água.

Na Europa, um milhão de pessoas ainda não têm acesso à água e ao saneamento, no entanto, a campanha para reduzir essa lacuna tem encontrado um movimento contrário que defende a venda de bens públicos. Uma coalizão de organizações pela justiça sobre a água relata que proponentes poderosos da austeridade fiscal na Europa usaram a crise no continente para impor medidas de "cortes de custos", incluindo a privatização de serviços hídricos e mesmo a venda de algumas empresas de água do Estado, resultando em aumentos dramáticos nas tarifas da água.[8]

A mesma luta nos Estados Unidos está colocada contra um pano de fundo de uma crescente pobreza, maior desigualdade e taxas de água mais caras. Aproximadamente uma em cada quatro crianças vive abaixo da linha da pobreza, e famílias por todo o país estão lutando para atender as suas necessidades básicas. Quando visitou os Estados Unidos em uma missão de averiguação, a relatora especial da ONU Catarina de Albuquerque descreveu sua visita a uma comunidade de sem-teto que foi profundamente perturbadora. Ela conheceu "Tim", que se denominava o "técnico de saneamento" da comunidade. Tim coleta sacos de excrementos humanos, variando em peso de 60 a 100 quilos, e os carrega de bicicleta até um banheiro público local a alguns quilômetros de distância, onde ele esvazia os conteúdos em um sanitário público, joga os sacos plásticos no lixo, e lava suas mãos com água e limão. "O fato de uma pessoa ter de fazer isso é inaceitável", disse Catarina, "uma afronta à dignidade humana e uma violação dos direitos humanos e não pode continuar a acontecer".[9]

A ONG Food & Water Watch baseada nos Estados Unidos publicou um relatório que identificou os norte-americanos moradores de zonas rurais, de origem latina e indígena, assim como os afro-americanos, como segmentos especialmente vulneráveis da população norte-americana que vivem sem acesso seguro à água potável própria e a sistemas de saneamento funcionais. "Esses segmentos da população vivenciam uma falta de acesso à água e ao saneamento desproporcional", disse o diretor executivo Wenonah Hauter. "Não podemos dar como certo nosso acesso à água potável acessível e ao saneamento – mesmo aqui nos Estados Unidos".[10] Das dezenas de milhares de cortes de água de Detroit, a vasta maioria ocorre com pessoas negras. A Comissão de Água e Esgoto de Boston relata que para cada aumento de 1% da população negra em um dos bairros de Boston, o número de ameaças de corte aumenta em 4%.

O Conselho de Canadenses relata que os direitos à água e saneamento são rotineiramente violados nas comunidades indígenas no Canadá, e que as casas de indígenas têm chance 90% maior de não contar com água corrente que as casas de outros canadenses. O país foi mobilizado no inverno de 2013 quando a chefe de uma comunidade indígena empobrecida fez greve de fome, demandando ação do governo do Canadá. A chefe Theresa Spence, da Attawapiskat First Nation ao norte de Ontário, acomodou-se em uma tenda nativa de seu povo em um centro campestre para educação de indígenas em Ottawa e recusou alimentos sólidos por seis semanas. Sua comunidade vive em pobreza extrema, onde as reservas de água potável não são tratadas e não podem ser utilizadas. Muitos residentes não têm saneamento em suas casas também. A greve de fome da chefe Spence ajudou a inspirar um movimento da juventude indígena em todo o país, chamado *Idle No More*, que atraiu a atenção da mídia mundo afora. O Conselho de Canadenses e a Assembleia das Primeiras Nações cobraram do governo canadense que honrasse o seu compromisso na ONU e providenciasse água potável acessível e segura para os seus povos indígenas.

Todos os relatórios dos quais tirei esses exemplos perturbadores foram compartilhados com a relatora especial da ONU a fim de auxiliar no seu trabalho e instigar as Nações Unida a atuarem mais fortemente.

## USANDO OS TRIBUNAIS

Lutas pela água estão por trás de conflitos no Oriente Médio. Os beduínos Negev são um povo nômade que vivia nos desertos do que é hoje em dia o sul de Israel e foram forçados a deixar suas terras tradicionais à medida que cidades permanentes e fazendas desenvolviam-se à sua volta. À medida que Israel crescia, muitos deles foram acomodados em assentamentos miseráveis, alguns sem acesso à eletricidade ou à água corrente. Em 2010, vários beduínos vivendo em comunidades "não-reconhecidas" no Deserto de Negev levaram sua luta pelo direito à água à Suprema Corte de Israel. Buscando derrubar uma decisão judicial de 2006 que rejeitava seu pedido de conexão ao conduto da companhia de água Mekorot, seis residentes beduínos argumentaram que a falta de acesso à água violava seus direitos humanos básicos. Em uma decisão de junho de 2011, a Suprema Corte concordou, dizendo que a água é um "direito humano básico que merece a proteção constitucional por ser um direito constitucional à dignidade humana" – linguagem usada pela resolução do Conselho de Direitos Humanos.[11]

Por várias décadas, o governo de Botsuana vinha expulsando forçosa e violentamente boxímanes do Kalahari de suas terras tradicionais na Reserva de Caça do Kalahari Central. Mas os boxímanes continuavam voltando para o deserto, incapazes de viver bem fora de sua terra natal ancestral. Em 2002, em uma medida particularmente maldosa, o governo destruiu o seu único poço de água para assegurar a expulsão daqueles que haviam permanecido. Diamantes haviam sido descobertos nas suas terras, e o governo cedeu a prioridade sobre as terras e acesso à água para as empresas mineradoras e operadoras de ecoturismo. No seu livro *Heart of Dryness*, o jornalista norte-americano James Workman escreveu sobre o seu tempo passado entre os boxímanes do Kalahari e o sofrimento que eles passaram, vivendo em um deserto sem água e em constante medo das forças de segurança que os estão aterrorizando.

Workman relatou a história terrível de Qoroxloo, uma anciã boxímane, e seu pequeno bando. As autoridades chegaram em caminhões portando armas

# ÁGUA – FUTURO AZUL

de grosso calibre para destruir seus cantis de água restantes e derramar seus barris de água. Apesar disso, as pessoas ainda assim não deixavam as suas terras. À medida que os meses de sede passavam, a água tinha de ser obtida a duras penas do sereno e de melões selvagens. Qualquer pessoa tentando contrabandear água para o deserto era pega e colocada na prisão. A caça era proibida também. O plano era privar as pessoas de qualquer forma de água ou sustento de maneira que eles deixassem a região. Mas Qoroxloo ficou e cuidou do seu bando, dando toda a água que podia para os jovens. Um dia quente em 2005, sua família a encontrou morta debaixo de uma árvore. Uma autópsia revelou que Qoroxloo não tinha quase nenhum fluido em seu corpo e que o seu coração estava completamente seco. Ela havia sacrificado suas próprias necessidades de água por anos para que os outros pudessem viver, e ela morreu de desidratação.[12]

Isso era o que estava em jogo quando os boxímanes, trabalhando com a ONG *Survival International*, entraram com uma ação judicial contra o seu governo. Em 2006, eles tiveram uma importante vitória que permitiu o retorno para sua terra natal ancestral. Mas nessa decisão, eles não ganharam de volta o direito às suas fontes de água, então os Bosquímanos apelaram para ganhar acesso ao seu poço destruído. Uma semana antes de a Assembleia Geral da ONU ter votado para reconhecer o direito à água e ao saneamento, uma decisão judicial da Alta Corte mais uma vez negou aos boxímanes seu direito à água. Eles não desistiram. Então uma decisão significativa foi tomada pela Corte de Apelação em janeiro de 2011, citando o novo reconhecimento por parte da ONU dos direitos à água e ao saneamento. A corte derrubou a decisão anterior de maneira unânime e afirmou que os boxímanes tinham o direito a usar o seu velho poço, assim como o direito de prospectar poços novos. Os juízes dessa decisão chamaram o tratamento concedido aos boxímanes pelo governo de "degradante".

Em seu julgamento, a corte disse que ela "estava autorizada a levar em consideração o consenso internacional sobre a importância do acesso à água" e citou as duas resoluções da ONU. Roy Sesana, um líder boxímane, recebeu o *Right Livelihood Award* de 2005 (conhecido como o "Nobel alternativo") por sua luta por justiça para o seu povo, no mesmo ano que Tony Clarke e eu o recebemos por nosso trabalho pela justiça sobre a água. Em uma cerimônia formal realizada nos imponentes prédios do Parlamento de seiscentos anos em Estocolmo, iluminados por tochas e velas em uma noite fria de dezembro, Sesana aceitou o seu prêmio trajando uma tanga e um cocar tradicionais, e segurando uma lança. No dia que o poço foi reaberto, ele se colocou ao lado dele juntamente com a sua comunidade e disse: "Nós estamos muito felizes que nossos direitos foram finalmente reconhecidos. Esperamos um longo tempo por isso. Assim como qualquer ser humano, precisamos de água para viver".[13]

## PRÓXIMOS PASSOS CRUCIAIS

Embora haja relatos de boas notícias desde a história dos boxímanes, resta muito trabalho para ser feito. A comunidade mundial precisa se unir para trazer justiça e igualdade para a questão do acesso à água em tempos de demanda em alta. Para fazer isso, precisamos continuar trabalhando sobre o que já foi feito e expandir o escopo das obrigações reconhecidas pela Assembleia Geral e o Conselho de Direitos Humanos. Muitos governos farão a interpretação mais limitada possível das suas obrigações; é imperativo que exista uma força para contrabalançar o crescimento da privatização e da mercantilização.

Em acordo com a obrigação de respeitar, precisamos assegurar que nenhum governo tenha o direito de retirar os serviços existentes, como o governo da Botsuana fez com os boxímanes do Kalahari; como as autoridades em Detroit, Michigan, fizeram com dezenas de milhares de residentes, cortando sua provisão de água quando as taxas mais caras impossibilitaram que eles pagassem as suas contas; ou como a Cidade de Johanesburgo faz quando nega água para os residentes que não têm condições de pagar pelos hidrômetros.

Em acordo com a obrigação de proteger, nós precisamos desafiar quaisquer leis ou práticas que removam ou contaminem as fontes de água locais. Estas abrangem o leilão público de direito à água no Chile para empresas estrangeiras, deixando agricultores locais e povos indígenas sem água, e a mineração de areia em Tamil Nadu, Índia, onde a areia removida dos rios locais para a construção urbana está destruindo as bacias hidrográficas. Elas também incluem o *"fracking"* (fraturamento hidráulico) no estado de Nova York, onde as bacias hidrográficas locais estão correndo o risco de uma severa contaminação, e a construção de represas na Turquia, onde comunidades rurais e suas terras estão sendo submersas. Estas e muitas outras ações violam os direitos dos povos locais sobre fontes de água não contaminadas.

Em acordo com a obrigação a ser cumprida, precisamos solicitar a extensão dos serviços de água e saneamento públicos para aquelas comunidades e povos que ainda não são servidos, independentemente da sua capacidade de pagar. Isso vai significar o estabelecimento de novas prioridades nas políticas econômicas e de desenvolvimento domésticas e internacionais. Em muitas comunidades do hemisfério sul, por exemplo, os turistas têm muito mais acesso à água limpa e ao saneamento do que os residentes locais. Mesmo em áreas mais ricas como o Mediterrâneo, os turistas usam a água que a população local necessita. O direito humano à água pode ser usado para desafiar essas práticas que favorecem determinados grupos em detrimento de outros.

Fontes enormes de água subterrânea novas foram documentadas na África, e a luta está em andamento pelo controle dessa água. Se essas fontes não forem utilizadas para o bem de todos os povos e comunidades da África e, em vez disso, forem deixadas virar propriedade das corporações transnacionais, o cotidiano talvez não mude para a vasta maioria dos africanos, que ainda terão pouco acesso a uma água que possam pagar. O princípio do direito à água – assim como o princípio de que essa água é um patrimônio comum, não uma propriedade privada – tem de determinar o futuro dessas reservas de água.

Alguns governos dão precedência aos orçamentos militares e à exploração industrial e de recursos sobre o fornecimento de serviços básicos para as suas populações. Os gastos militares globais anuais estão agora em US$ 1,74 trilhões, tendo aumentado por treze anos seguidos.[14] No entanto, a ONU estima que custaria apenas aproximadamente US$ 10 a US$ 30 bilhões ao ano para atender aos padrões mínimos dos Objetivos de Desenvolvimento do Milênio sobre a água e o saneamento, fornecendo esses serviços à metade das pessoas que os necessitam. De acordo com o Programa de Desenvolvimento das Nações Unidas, esse dinheiro representa menos do que cinco dias dos gastos militares globais, e menos da metade do que os países ricos gastam ao ano com água engarrafada.[15]

Os governos muitas vezes também dão grandes concessões, isenções fiscais e subsídios para indústrias extrativas que destroem as fontes de água locais. Elas ganham dinheiro através da exploração dos seus recursos naturais, dinheiro que deveria ser usado para implementar sua responsabilidade legal para fornecer água limpa e saneamento para as suas populações.

Nnimmo Bassey é um ativista de direitos ambientais nigeriano e poeta, conselheiro da *Friends of the Earth International*, e um dos Heróis do Meio Ambiente de 2009 da revista *Time*. Bassey aponta que o seu governo obtém receitas enormes com a produção do petróleo. Mas, em vez de usá-las para fornecer água para a sua população, o governo se volta para agências de ajuda internacional e ao Banco Mundial em busca de apoio para a provisão de água. Eles por sua vez concedem contratos para corporações do setor privado. O Banco Mundial deveria parar esse círculo vicioso e usar suas alavancas financeiras mais produtivamente. Em países como a Nigéria, é necessário tentar controlar a corrupção e exigir que as receitas dos recursos naturais fossem usadas para promover os serviços públicos.[16]

Precisamos exercer pressão pelo direito à água e ao saneamento em toda parte que pudermos, tanto em outros *foros* e conferências da ONU quanto na Corte Criminal Internacional, onde poderíamos argumentar que impedir o acesso à água para os civis durante um conflito é um crime de guerra, e encorajar a citação da resolução em outras resoluções e tratados, tornando-a um conceito vivo. Adicionalmente, o Comitê de Direitos Econômicos, Sociais e Culturais, o órgão que monitora a implementação da convenção internacional, recentemente foi autorizado a considerar enunciados de direitos humanos individuais relacionados à convenção, incluindo questões a respeito da negação dos direitos à água e ao saneamento.

## COLOCANDO OS MAIS VULNERÁVEIS NO CENTRO

À medida que avançamos, é importante manter em mente que as mulheres são desproporcionalmente responsáveis pela gestão da água dentro das suas famílias e comunidades, e são diferentemente afetadas pela ausência de água limpa e pela falta de instalações sanitárias privadas. No entanto, as Nações Unidas dizem que as mulheres são continuamente deixadas de fora das esferas políticas e de tomada de decisões.[17] As mulheres precisam ser trazidas para a tomada de decisões em cada passo, e as políticas precisam abordar as diferentes necessidades das mulheres e meninas, incluindo as ameaças adicionais de violência doméstica vinculadas à escassez de água.

Os trabalhadores são outra peça importante do quebra-cabeça. Quando os serviços hídricos são privatizados, os sindicatos dos setores públicos perdem membros à medida que os trabalhadores são despedidos na caça ao lucro da empresa privada. A *Public Services International*, a federação global de sindicatos do setor público, tem sido incansável em sua luta pelos direitos dos trabalhadores e suas famílias e a necessidade dos governos de fornecerem água limpa, pública e acessível para todos. É fundamental que os sindicatos e os seus membros sejam participantes ativos na luta pelos direitos à água e ao saneamento, e

## ÁGUA – FUTURO AZUL

que outros grupos apoiem seus direitos a boas condições de trabalho e remuneração justa.

À medida que os grandes centros urbanos se expandem e buscam novas fontes de água, eles tomam para si – às vezes de maneira violenta – as reservas de água das comunidades rurais. As corporações também tiram vantagem das populações menores nas áreas rurais para tomar ou poluir as fontes de água locais. Um elemento inseparável dos direitos à água e ao saneamento é o controle e a soberania das comunidades locais sobre suas fontes de água e bacias hidrográficas.

Os povos indígenas, camponeses e agricultores de subsistência são frequentemente vítimas de roubo de água, contaminação da água nos seus territórios e remoção forçada de suas terras e bacias hidrográficas. Para atacar essa desigualdade, precisamos explorar maneiras de ampliar a gama de direitos relacionada à água e ao saneamento para incluir direitos de terceira geração, como o direito à autodeterminação, direitos coletivos e de grupos, e o direito a recursos naturais locais. Isso reconheceria a preocupação legítima de muitas comunidades culturais tradicionais de que o sistema da ONU está vinculado à noção ocidental de direitos individuais à custa de outras abordagens, mais coletivas, para avançar os direitos humanos.

A Declaração das Nações Unidas sobre os Direitos dos Povos Indígenas é um exemplo excelente de direitos de terceira geração no sentido de que ela inclui entre os seus direitos declarados, a autodeterminação; instituições políticas, legais, econômicas, sociais, culturais e espirituais; conhecimento tradicional; dignidade e bem-estar; conservação e proteção dos recursos naturais sobre territórios indígenas; e consentimento livre e informado para qualquer projeto de recursos naturais que os afete. Direitos humanos não são estáticos; eles se adaptam à medida que nossa compreensão da justiça cresce. A água e o saneamento nos oferecem uma oportunidade de explorar essa noção de direitos que um dia poderia estender-se à própria água.

# 4

# PAGANDO PELA ÁGUA PARA TODOS

A escolha é clara: será que os políticos querem apoiar somente os bancos, ou a vida das pessoas é tão importante quanto? Esta é uma questão ética – e política. A água e o saneamento devem ter a prioridade máxima durante a crise. — *Public Services International*

CRÍTICOS DO DIREITO À ÁGUA ALEGAM que isso dá luz verde ao desperdício da água. Chamar a água de um direito humano, dizem eles, permite que qualquer pessoa use toda a água que ela quiser para qualquer finalidade e levará à exploração. Além disso, eles dizem que aqueles promovendo o direito acham que a água deve ser "gratuita", e qualquer coisa que é gratuita não será cuidada. Isso simplesmente não é verdade. As Nações Unidas deixam claro que o direito humano à água tem a intenção de garantir a água para o uso pessoal e doméstico. Não há um "direito à água" com a finalidade de garantir o abastecimento de um gramado verde, uma piscina ou um campo de golfe. Na realidade, para assegurar a justiça pela água em um mundo com uma demanda crescente exige a proteção veemente das reservas de água cada dia menores e regras estritas, abertas e justas a respeito do acesso.

## FINANCIANDO A AJUDA AO DESENVOLVIMENTO

A questão de como pagar pela demanda, não apenas pela água limpa, mas também pela infraestrutura necessária para fornecer serviços de saneamento para os bilhões que os necessitam, é crucial. Além dos benefícios humanos e comunitários óbvios da água limpa, há um benefício econômico direto também. A Organização Mundial da Saúde (OMS) relata que os serviços hídricos e de saneamento reduzem riscos à saúde, liberam tempo para as crianças frequentarem a escola, e melhoram o meio ambiente local. Quase 10% do fardo global de doenças poderiam ser evitados pela provisão universal da água e do saneamento, diz a OMS. Junto com a produtividade aumentada, resultando em uma população mais saudável, alcançar os Objetivos de Desenvolvimento do Milênio poderia proporcionar uma relação de custo-benefício de 7 para 1.

No seu relatório bienal de 2008-2009 sobre o estado da água mundial, Peter Gleick do Pacific Institute destaca a necessidade de aumentar o financiamento para o compromisso de água potável e saneamento dos Objetivos de Desenvolvimento do Milênio do seu nível atual de aproximadamente US$ 14 bilhões ao ano para US$ 72 bilhões. A estimativa mais alta leva em consideração a necessidade de manutenção e melhorias, uma vez que os sistemas sejam construídos. Não é possível alcançar os objetivos com a alocação atual, ele diz, e salienta que juntamente com um financiamento inadequado da ONU, a Organização para Cooperação Econômica e Desenvolvimento (OECD – *Organisation for Economic Co-operation and Development*) relata um auxílio financeiro internacional em detrimento da água e do saneamento das nações ricas.[1]

Muitos governos mais ricos não estão atendendo às suas metas de ajuda estrangeira e chegaram até a reduzi-las em anos passados, citando a necessidade para austeridade. Em 1970, os países ricos prometeram 0,7% da sua receita nacional para ajuda e desenvolvimento de países estrangeiros. A maioria nunca atingiu essa meta; na realidade, em 2010, a ajuda como uma parcela da receita nacional foi de apenas 0,32%. (Em comparação, os governos gastam 2,6% do PIB mundial com suas forças armadas a cada ano). Grandes cortes nos orçamentos de ajuda de 2011-2012 colocaram centenas de milhares de pobres do mundo em perigo, diz a Oxfam International. Números da OECD mostram que a ajuda de países ricos naquele ano caiu em US$ 3,4 bilhões. "Cortar ajuda não é uma maneira aceitável de se equilibrar as contas", diz Jeremy Hobbs, diretor executivo da Oxfam. "Mesmo cortes pequenos em ajuda custam vidas à medida que o acesso a medicações que salvam vidas e água limpa é negado às pessoas".[2]

Cada vez mais, os países ricos estão vinculando sua ajuda externa ao bem-estar do setor privado. O governo canadense sob o primeiro-ministro Stephen Harper vinculou a ajuda às empresas de mineração globais do Canadá, financiando apenas aquelas agências de ajuda e desenvolvimento que trabalharão para promover a indústria de mineração do Canadá em países recebendo ajuda. E a França trabalhou diretamente com os países em desenvolvimento para promover os interesses das suas empresas de água, Suez e Veolia, como parte do seu programa de ajuda. Esta tendência está inteiramente de acordo com um modelo para financiar água e o saneamento que coloca o ônus a pagar sobre os pobres, diz David Hall e Emanuele Lobina da Unidade de Pesquisa Internacional de Serviços Públicos (PSIRU – *Public Services International Research Unit*). O modelo ortodoxo de ajuda para a água vê o Estado em países em desenvolvimento como sendo incapaz de financiar investimentos e não tem esperança alguma que isso venha a mudar um dia.[3]

Há uma discriminação latente nesta visão. Países europeus e norte-americanos se saíram muito bem em um modelo público de serviços hídricos universal, mas seguidamente não promovem modelos similares no hemisfério sul. Lembro bem de uma conversa com conselheiros belgas e alemães para o Banco Mundial que estavam defendendo a água pública nos seus próprios países – "porque nós sabemos como fornecê-la" – enquanto insistiam que as empresas de água europeias sob a supervisão do Banco Mundial apresentavam o único modelo efetivo de provisão de água para os países em desenvolvimento.

O modelo ortodoxo de ajuda para a água promove o financiamento direto de empresas privadas de água, com os consumidores tendo de arcar com a conta dos custos maiores. Isso é muito diferente de um modelo de serviço público, no qual a água e o saneamento são vistos como serviços essenciais fornecidos pelo governo e pagos com os impostos ou a combinação de impostos com taxas de serviços e fundos de ajuda. O modelo ortodoxo solapa o direito humano universal à água, à medida que aqueles que não podem pagar ou ficam sem água ou têm de depender de fundos de ajuda limitados e muitas vezes politicamente determinados.

Apesar do fato de todos os países endossarem agora os direitos humanos à água e ao saneamento, o Banco Mundial continua a financiar empreendimentos estrangeiros de água privados em vez de financiar serviços públicos em países pobres. Um quarto de todo o financiamento de água do Banco Mundial vai diretamente para corporações e o setor privado, passando ao largo dos governos, diz um relatório de 2012 pela *Corporate Accountability International*, uma organização sem fins lucrativos baseada em Boston que monitora práticas corporativas mundo afora. A Corporação Internacional de Finanças (IFC – *International Finance Corporation*), o braço do setor privado do Banco Mundial, gastou US$ 1,4 bilhões com corporações privadas de água desde 1993, e esse dinheiro aumentou para US$ 1 bilhão ao ano a partir de 2013. Embora o discurso desse financiamento seja todo a respeito de "fornecer água para os pobres", os interesses privados estão se saindo muito bem com seus investimentos. O IFC está atraindo de US$ 14 a US$ 18 de investimentos privados subsequentes para cada dólar que ele investe.[4]

Fundamental para o modelo comercial é a noção de fixação de um preço que cubra todos os custos – de que os indivíduos são responsáveis pelos serviços de água e saneamento e devem pagar pelo custo total de seu fornecimento. Tanto o Banco Mundial quanto a OECD defendem a fixação de um preço para pagar pelos serviços hídricos. "Todo mundo diz que é preciso definir um valor para a água de alguma maneira: não importa se chamarmos isso de custo, preço ou recuperação de custo", disse Usha Rao-Monari, diretor sênior da Corporação Internacional de Finanças, após um encontro de líderes de alto nível da indústria em Paris. "A água não é um recurso infinito e é preciso que se defina um valor para qualquer coisa que não seja um recurso infinito".[5]

David Hall e Emanuele Lobina destacam, entretanto, que o sistema público tem enormes vantagens de custos sobre o privado, pois o Estado, tendo a segurança de um fluxo de tributação, paga juros mais baixos sobre financiamentos do que o setor privado e não precisa gerar um lucro para os investidores. Eles mostram provas de que a abordagem ortodoxa fracassou em gerar montantes significativos de investimentos privados em países em desenvolvimento, especialmente a África e a Índia, onde os governos nacional, estadual e local estão financiando quase todo o investimento em água. Na realidade, dizem eles, o custo de fornecer água e saneamento não é impagável no hemisfério sul, e a maioria dos avanços em atender aos Objetivos de Desenvolvimento do Milênio foi feita pelos próprios países. A estrutura que dirige ajuda dos países ricos e do Banco Mundial não está funcionando para ninguém a não ser para o setor privado.

De maneira importante, uma nova visão do "sul" está emergindo para desafiar a ortodoxia tradicional do norte. Essa visão acredita que para atender a obrigações dos direitos à água e ao saneamento, os governos têm de fornecê-los como um serviço público. O Banco Mundial e outros bancos de desenvolvimento têm de parar de financiar serviços hídricos comerciais privados e colocar o dinheiro da ajuda diretamente em agências públicas operando em um modelo sem fins lucrativos. A prática do Banco Mundial e seus correlativos regionais de promover a privatização dos serviços hídricos no hemisfério sul precisa ser combatida, e a ONU instada a apoiar apenas serviços hídricos e de saneamento públicos.

## FINANCIANDO SERVIÇOS HÍDRICOS DOMÉSTICOS

As mesmas questões estão sendo debatidas por governos municipais, estaduais e nacionais que tentam encontrar fundos para serviços hídricos domésticos. Há a necessidade da construção e modernização das infraestruturas por toda parte à medida que as populações crescem e tornam-se urbanizadas. Globalmente, custos de infraestrutura podem chegar a trilhões de dólares. Questões ambientais também passaram a pressionar os governos a proteger e limpar fontes de água poluídas por décadas de abuso. Reciclar a água residual e das chuvas é outro investimento necessário.

Todas essas demandas ocorrem em uma época em que a maioria dos governos nacionais está cortando os gastos com serviços públicos e ambientais. Muitos também estão promovendo parcerias público-privadas e o fornecimento de água privada para livrá-los da responsabilidade de prover água e saneamento. Governos municipais com problemas de liquidez estão procurando por maneiras de pagar pela proteção, modernização e fornecimento caros de água, ao mesmo tempo em que os fundos públicos estão se tornando cada vez mais escassos. A maioria está aumentando as taxas de água para usuários residenciais e empresariais, e muitos estão instalando hidrômetros para cobrar pelo consumo mais alto. Alguns estão se voltando para empresas privadas de serviços para fornecer a água, argumentando que precisam de fundos de investimento privados. Do mesmo modo, há uma pressão crescente de um coro de economistas, políticos e alguns ambientalistas para colocar um preço sobre a água para que se pague pelo custo verdadeiro dos serviços hídricos.

Se quisermos honrar o direito à água, é fundamental que os serviço hídricos municipais sejam mantidos em mãos públicas, assim como seu status de serviço público. Para fazer isso, temos de encontrar fontes de financiamento para cobrir o verdadeiro custo de proteção e fornecimento da água. Se não encontrarmos o dinheiro que os governos locais necessitam, é provável que eles se voltem para a única fonte de dinheiro disponível para investir prontamente: empresas de serviços privadas.

A maneira melhor e mais justa de se pagar por serviços hídricos municipais é por meio de um sistema de tributação progressiva. A maioria dos países desenvolvidos usou tradicionalmente a tributação para criar serviços hídricos públicos e universais, muitas vezes ao perceber que manter a saúde pública exige água e saneamento para todos. No Reino Unido, a maioria dos lares paga taxas anuais baseadas no valor da sua propriedade em vez do consumo medido de água. Uma combinação de educação, infraestrutura melhorada (incluindo a substituição de canos danificados), e legislação para promover tecnologias que economizem água poupará mais água do que uma política de preços focada somente na conservação. Na realidade, uma comunidade com boas medidas de conservação e um sistema tributário progressivo não precisa cobrar muito mesmo pelos serviços hídricos.

No entanto, é uma realidade que vivemos em tempos de austeridade, e muito poucos governos nacionais concorrerão com uma plataforma de aumento de impostos para qualquer coisa, especialmente para pagar por serviços hídricos que até há pouco tempo eram baratos. Então os municípios estão cobrando taxas mais altas dos usuários residenciais e urbanos e colocando hidrômetros em casas a fim de cobrar pelo volume usado. Embora nós, defensores da justiça pela água, tenhamos deplorado o modelo dos hidrômetros como sendo taxas de utilização e tenhamos documentado o dano que essas taxas causaram aos pobres do hemisfério sul, aparentemente trata-se também de uma tendência irresistível.

Dois terços dos países membros da OECD usam hidrômetros em mais de 90% dos lares, e a prática está crescendo rapidamente no hemisfério sul. Se quisermos impedir que esse processo leve à privatização dos serviços e à exclusão dos pobres, é imperativo que os governos estabeleçam regras agora sobre como gerir as taxas desses serviços de uma maneira justa e satisfatória que mantenha o controle público.

## FIXAÇÃO DE PREÇOS ORIENTADA PELO MERCADO

Precisamos distinguir entre a "fixação de preços orientada pelo mercado" e as "taxas de serviços" para a provisão de água e saneamento residenciais, assim como os encargos de licenciamento para o acesso comercial à água bruta. Os termos *fixação de preços* e *mercantilização* são frequentemente usados de maneira intercambiável. No entanto, cobrar por serviços hídricos não é algo limitado à esfera privada, e por si só não leva à mercantilização. Taxas para serviços hídricos já são aplicadas dentro do sistema público como uma fonte de financiamento além da tributação. No setor público, o dinheiro coletado vai para pagar pela melhoria dos serviços e a proteção das fontes, não para o lucro.

No setor privado, as taxas de água são estabelecidas para gerar os lucros exigidos para pagar os investidores privados. Seus proponentes veem a fixação de preços como um elemento fundamental do modelo privado de desenvolvimento da água e uma maneira de tirar das costas dos governos a responsabilidade pela provisão dos serviços hídricos. Eles acreditam que é chegado o momento de acabar com a subvenção governamental dos serviços hídricos. Para eles, a água é apenas um bem como qualquer outros, e os cidadãos são fundamentalmente consumidores. Como mercadoria, a água deve ser colocada no mercado aberto como o petróleo ou o gás; o mercado estabeleceria o preço "certo" para a água.

Os proponentes do modelo privado também acreditam na "recuperação total dos custos", na qual o consumidor paga o custo total dos serviços hídricos, incluindo a proteção das fontes e a infraestrutura. Se o serviço foi privatizado, a recuperação total dos custos inclui o lucro para a empresa e seus acionistas. Isso difere da taxa de um serviço dentro do setor público, à medida que as taxas dos serviços são mantidas em um nível acessível através de fundos adicionais do governo. A fixação de preços baseada na recuperação total dos custos faz parte das reformas favoráveis ao mercado para a distribuição da água defendidas pelo Banco Mundial e outros proponentes da mercantilização da água, e é um passo-chave na "personalização" da responsabilidade pela água em nosso mundo.

A fixação de preços orientada pelo mercado viola o direito à água. Com um aumento brusco nas tarifas baseado na recuperação total do custo, as taxas de água atingirão os pobres de maneira desproporcional. O seu uso de água é mais provável que seja para questões essenciais – cozinhar, beber e saneamento – do que as pessoas mais ricas com seus gramados, jardins e piscinas. Muitos

ÁGUA – FUTURO AZUL

milhões tiveram sua água cortada no hemisfério sul por causa de sua incapacidade de pagar por uma água cara. Em um relatório recente, o grupo de defesa da água baseado em Quebec, *Coalition Eau Secours!*, descobriu que 70% do uso da água nos lares em Quebec é para necessidades básicas.[6] A fixação de preços sobre a água em valores de mercado crescentes impedirá que muitos consigam pagar pela água para essas necessidades básicas.

Uma ONG de defesa dos consumidores *Food and Water Watch* explica no seu relatório *Priceless: The Market Myth of Water Pricing Reform* ("Inestimável: O mito mercadológico da reforma de preços da água"), aplicar regras de mercado de competição simplesmente não faz sentido quando estamos lidando com a água. Opções competitivas mais baratas de água simplesmente não existem. "Se o preço da água for caro demais, as pessoas não têm como escolher beber outro líquido como amônia ou gasolina".[7]

## ESTABELECENDO REGRAS PARA TAXAS DE SERVIÇOS

A água é um direito humano e um serviço público, mas não pode haver um direito humano à água se alguns podem apropriar-se da água para o lucro enquanto outros vivem sem acesso a ela. A água é um serviço público que tem de ser fornecida em uma base sem fins lucrativos por uma agência de propriedade pública e responsabilizável ou, em sociedades mais tradicionais, por métodos de compartilhamento e distribuição acordados entre as pessoas. Todas as políticas lidando com o financiamento da água devem promover esses princípios.

Se taxas de serviços hídricos forem cobradas, nenhuma pessoa deve ter seu acesso à água negado devido à sua incapacidade de pagar por ela. As taxas de serviços devem ser suplementadas por fundos do governo (e dinheiro de ajuda, no caso dos países em desenvolvimento) e impedidas de seguirem um modelo de recuperação de custos total. Também deve ficar claro que as taxas são para o custo do serviço, não para a água em si, e o dinheiro arrecadado deve ir para a proteção da fonte de água, modernização da infraestrutura e proteção dos direitos à água e saneamento para todos. Por fim, o público deve participar no estabelecimento de taxas justas e equitativas.

Essencialmente, com pequenas variações, há três maneiras de cobrar uma taxa de serviços hídricos: (1) uma taxa fixa por lar e negócio; (2) cobrar por volume de uso; (3) um sistema de cobrança em faixas por volume de uso, com taxas mais baixas para o consumo mais baixo e taxas mais altas para o consumo mais alto. Muitos ambientalistas defendem agora taxas volumétricas baseadas em uma taxa de serviços orientada pela conservação, através da qual aqueles que usam mais água são cobrados mais do que aqueles que usam menos.

Com a cobrança volumétrica fixa, nós pagamos pela água que usamos – quanto mais usamos, mais pagamos. A cobrança em blocos orientada pela conservação estabelece uma taxa muito baixa para necessidades básicas de água e então cobra mais por unidade de água usada para a segunda faixa de uso, e mais ainda pela terceira. Em outras palavras, a água mínima que usamos é barata; quando começamos a usar mais, pagamos mais por unidade. Defensores dizem que não somente isso promoverá a conservação, à medida que as pessoas verão quanta água elas estão usando, como isso manterá os preços baixos para usos essenciais da água e fará as pessoas que enchem suas piscinas e águam seus gramados pagarem taxas muito mais altas. Eles argumentam que isso é uma questão de justiça: por que usuários prolíficos de água deveriam pagar o mesmo valor que aqueles que fazem o máximo que podem para conservar?

Se um sistema de taxas de serviços orientado para a conservação for adotado, ele não pode discriminar as grandes famílias, que usarão mais água para necessidades básicas, ou ser contra aqueles que usam a água para cultivar a sua própria comida. Tampouco deve servir como uma desculpa para o consumo de água ilimitado. Quando necessário, os governos devem continuar a exercer o seu direito e a capacidade de restringir o acesso ao uso não essencial da água.

## COBRANDO OS GRANDES USUÁRIOS

Colocar toda a ênfase sobre os consumidores de água municipais, no entanto, erra o alvo e deixa os verdadeiros grandes consumidores de água atuar livremente. A maioria dos estudos, relatórios e análises de posicionamento sobre a fixação de preços da água limitam a sua discussão aos usuários de água residenciais, e a maioria das contagens foca apenas os municípios. No entanto, a quantidade de água consumida por usuários urbanos residenciais e empresariais mundo afora é pequena, menos de 10%. E a maior parte do uso da água municipal não é consumida – isto é, ela é devolvida à bacia hidrográfica.

Noventa por cento da água é usada pelas indústrias de recursos naturais dependentes da água – na maior parte agricultura industrial, mas também de manufatura, mineração, petróleo e gás, polpa e papel, e geração de eletricidade. Mesmo as altas taxas para os usuários residenciais não cobrirão o custo do uso da água por esses interesses comerciais. Claramente, focar somente os usuários residenciais é uma estratégia equivocada na luta contra o abuso da água. Qualquer estratégia que ignore 90% do problema é inerentemente equivocada.

A maioria dos países cobra pouco ou nada pela "água bruta". Isso ocorre porque os grandes interesses corporativos estão investidos no acesso à água barata, e poucos governos parecem preparados para enfrentá-los. Para a indústria, portanto, a água é geralmente barata e fácil de obter. Muitos usuários de água comerciais e empresas industriais obtêm a sua água das mesmas empresas de serviços municipais que os usuários dos lares, e algumas comunidades atraem atividades industriais oferecendo taxas baratas de água, muitas vezes mais baixas do que aquelas pagas pelos proprietários das casas e os negócios locais. Na realidade, muitas indústrias têm uma espécie de financiamento em bloco inverso, por meio do qual quanto mais água a indústria usar, menos ela vai pagar. Hotéis, campos de golfe e a indústria do turismo, todos são subsidiados ao serem cobradas taxas residenciais ou taxas mais baixas, apesar de consumirem quantidades enormes de água e usarem as reservas de água locais para gerir seus negócios.

É chegado o momento de começarmos a cobrar os interesses industriais e comerciais pela água que eles usam. Eles estão obtendo um lucro com o que é essencialmente um patrimônio público. Esse tratamento preferencial contribui para a redistribuição da riqueza da esfera pública para a privada. Empresas privadas devem devolver parte desse lucro para o bem público. A maioria cobra taxas de royalties para o acesso a outros recursos. A província canadense de Alberta, por exemplo, cobra taxas de royalties das grandes companhias de energia pelo xisto betuminoso, mas deixa essas mesmas companhias usarem (e destruírem) quantidades enormes de água de graça. Por que não tratamos a água da mesma maneira que a energia, florestas e minerais?

Isso não é uma recomendação para a fixação de preços orientada para o mercado. Os usuários comerciais de água devem pagar uma licença ou taxa de permissão para obterem acesso a um ativo comum. O dinheiro arrecadado deve ser usado para a proteção e a recuperação das bacias hidrográficas, investimento em infraestrutura, e suplementação das taxas de serviços hídricos municipais para assegurar água para todos. Os usuários comerciais também seriam mais inclinados a conservar a água se tivessem de pagar por ela. A Mesa Redonda Nacional Canadense sobre o Meio Ambiente e a Economia diz que aumentar o preço da água para as indústrias de recursos naturais somente no Canadá em apenas cinco centavos por metro cúbico reduziria o seu consumo de água em 20%.[8]

Do mesmo modo, taxas volumétricas para usuários comerciais podem provar-se um incentivo para melhores práticas de economia de água. Um pacote com tarifa mais baixa poderia ser oferecido para indústrias que convertem a energia solar ou que usam sistemas de ciclo fechado de reuso da água. A *Food and Water Watch* aponta para uma série de estudos que demonstram uma economia significativa de água quando uma fixação de preços é aplicada à indústria. Isso ocorre porque grandes indústrias e usuários comerciais têm mais flexibilidade para eliminar os usos e práticas que desperdiçam água de suas operações do que um lar. A *Food and Water Watch* afirma que usuários de água comerciais e industriais de alto volume precisam de uma reforma de fixação de preços da água mais do que os lares, tanto para haver maior justiça para os usuários residenciais menores quanto para promover de maneira mais eficiente a conservação na indústria e na agricultura.

## ARMADILHAS POTENCIAIS

Embora em alguns países a geração de eletricidade seja a maior usuária de água, ela devolve a maior parte para a bacia hidrográfica, diferentemente das indústrias que removem a água permanentemente da bacia hidrográfica ou a poluem. A agricultura é de longe a maior consumidora de água no mundo – 70 a 90% – tendo em vista que a água usada para cultivar a colheita deixa a bacia hidrográfica para sempre. Isso é chamado de "água virtual", uma vez usada, ela é perdida para as bacias hidrográficas.

Embora algumas fazendas ainda sejam geridas como operações familiares e comunitárias, cada vez mais os países estão mudando para um modelo de agronegócio de produção de alimentos gerido por corporações transnacionais gigantescas. Seis gigantes da genética controlam a maior parte do mercado de sementes e cinco empresas dominam o mercado global de grãos. Nos Estados Unidos, quatro empresas controlam mais de 80% da indústria frigorífica de carne.

Essas corporações privadas ganham lucros enormes para seus investidores de reservas de água locais e pagam pouco ou nada pela água consumida. Na realidade, os governos frequentemente subsidiam esse setor ao financiar desvios de água para a irrigação. Além disso, algumas operações como grandes fazendas industriais ganham direitos de prioridade dos governos; em tempos de escassez de água subterrânea, elas têm preferência sobre essa água.

É chegado o momento de começarmos a procurar por um sistema de taxas diferencial para a produção de alimento com base no tamanho da operação e quanto da produção é para o consumo local e quanto para a exportação. A produção de alimento local, sustentável proporciona um contrapeso positivo para a globalização do comércio de alimentos e conserva as fontes de água locais. Poderia haver também pacotes com tarifas mais baixas para boas práticas agrícolas e cultivos eficientes hidricamente, como o cultivo hidropônico, a irrigação por gotejamento e as colheitas orgânicas. Do mesmo modo, a fixação de preços volumétrica para grandes produtores de alimentos desencorajaria aumentos progressivos no consumo de água e tornaria mais difícil para os grandes operadores acessarem grandes quantidades de água barata. Consumidores maiores deveriam estar pagando mais do que operadores menores; eles têm uma maior capacidade para pesquisa e inovação, e pagar por seu volume de uso dará a essas corporações o incentivo para buscar novas técnicas.

Terry Boehm é um agricultor que produz grãos em Saskatchewan, presidente da *National Farmers Union* (Sindicato Nacional de Agricultores) no Canadá e um defensor ardoroso das fazendas familiares e das comunidades rurais viáveis. Boehm diz que precisamos de um sistema regulatório para o uso da água na produção de alimentos que opere em critérios outros que o mercado e que questione os objetivos finais. Existe a necessidade de mais água para o consumo doméstico ou estrangeiro? O recurso da água vai incrementar a renda das propriedades agrícolas ou das corporações? Quem vai se beneficiar mais? Qual será a qualidade da água depois de a usarmos? [9]

Outra preocupação é que algumas grandes companhias podem achar que pagar uma taxa para o acesso à água permite que comprem sua desobrigação em relação às leis ambientais. Pagar pela água *não* pode dar aos usuários industriais e comerciais de recursos naturais o direito de consumir a quantidade que quiserem ou poluí-la. Pagar pela água não desobriga seus usuários da necessidade de protegê-la. Usar água pública para a indústria de água engarrafada ou para operações de fraturamento hidráulico não é um bom uso desse recurso comum, e nenhuma quantidade de dinheiro mudará esse fato.

Cobrar uma taxa de licenciamento real dos usuários industriais e comerciais poderia ajudar a separar as empresas e práticas menos desejáveis. As licenças poderiam e deveriam ser negadas a qualquer empresa que polua ou utilize excessivamente as fontes de água locais. As grandes corporações alegam que querem ajudar a solucionar a crise global da água. Pagar pelo uso desse ativo público seria um começo.

Por fim, uma enxurrada de acordos de livre comércio e investimento mundo afora deu às corporações estrangeiras o direito de reivindicar a água que elas usam para produção em outros países. Os governos não devem ceder a propriedade pública ou conceder direitos à propriedade para empresas privadas em troca por cobrar a água. Seria melhor que qualquer esquema de cobrança de água fosse muito explícito a respeito da preservação da confiança pública, deixando claro que a propriedade da água permanecerá em mãos públicas.

## ESTABELECER PRIORIDADES BASEADAS EM PRINCÍPIOS

Honrar o reconhecimento da ONU dos direitos à água e ao saneamento é um trabalho duro e custará dinheiro. Precisamos tratar com seriedade a questão de como financiá-los e também como pagar pelos serviços hídricos públicos domésticos. Internacionalmente, isso significa tratar com seriedade a meta de atingir o compromisso de ajuda ao desenvolvimento da ONU de 0,7% do PIB. Isso também significa assegurar que o financiamento dos serviços hídricos no hemisfério sul seja colocado em sistemas para fins lucrativos públicos, não privados, de maneira que cada dólar vá para o fornecimento de água. Nos níveis domésticos e local, isso significa aplicar um imposto progressivo para ajudar a subsidiar a água e pagar pela infraestrutura que beneficie a todos. Isso também exige remover o ônus dos usuários residenciais, pequenos negócios e pequenos agricultores, e passá-lo a quem ele pertence – os grandes usuários comerciais de água bruta.

Tudo isso deve acontecer em um cenário de transformação da economia global para um modelo mais sustentável, e deve contabilizar um custo para os recursos não renováveis usados na extração e produção comerciais. A busca global pela justiça sobre a água precisa ser vinculada a um recondicionamento de nossas prioridades econômicas. Isso poderia levar a um mundo mais justo e sustentável em todos os aspectos.

## PRINCÍPIO 2

# A ÁGUA É UM PATRIMÔNIO COMUM

Este princípio reconhece que a água é um patrimônio comum da humanidade, tanto das gerações futuras quanto da nossa. Como ela é uma fonte de fluxo necessária para a vida e à saúde do ecossistema, e como não há um substituto para ela, a água tem de ser considerada um patrimônio público e preservada como tal para todo o sempre, na lei e na prática. A água deve ser preservada eternamente para o uso público, e os governos têm a obrigação de mantê-la uma propriedade pública para o benefício justo da população. Portanto, a água jamais deve ser comprada, acumulada, negociada ou vendida como uma mercadoria no mercado aberto. Tampouco o setor privado deve determinar o acesso à água. A água potável e o tratamento da água residual devem ser geridos como um serviço público universal sem fins lucrativos. Ninguém pode ser "proprietário" da água. Embora exista uma dimensão econômica em relação à água, jamais deveremos permitir que o setor privado controle as reservas de água da terra. Além disso, ele deve conformar-se ao enquadramento da água como patrimônio público em suas negociações com a propriedade pública da mesma.

# 5

# ÁGUA – PROPRIEDADE PÚBLICA OU MERCADORIA?

Há pessoas que comprarão a água quando precisarem dela. E há aquelas
que têm a água para vendê-la. É a carne, o sangue e os ossos da vida. —
**T. Boone Pickens, magnata norte-americano do petróleo.**[1]

DUAS NARRATIVAS COMPETINDO ENTRE SI a respeito dos recursos de água
potável da terra estão sendo defendidas no século XXI. De um lado há um
grupo de tomadores de decisões, políticos, instituições financeiras e de comércio
internacional, conselheiros econômicos e acadêmicos, assim como corporações
transnacionais que veem a água como uma mercadoria a ser comprada e vendida no mercado aberto, como tênis de corrida. Do outro lado, há um movimento de base global de comunidades locais, os pobres, favelados, mulheres, povos indígenas, camponeses e pequenos agricultores que estão trabalhando com
ambientalistas, ativistas de direitos humanos, especialistas e administradores da
água pública tanto no hemisfério norte quanto no sul. Eles veem a água como
um patrimônio comum e um fundo público a ser conservado e gerido para o
bem público. Grande parte da discordância entre essas visões está na noção da
propriedade pública e se ela ainda se aplica no mundo atual.

## DEFININDO PROPRIEDADE PÚBLICA E PATRIMÔNIO PÚBLICO

Em anos recentes alguns trabalhos muito importantes foram realizados para
criar uma consciência renovada do conceito antigo de propriedade pública. Nas

sociedades mais tradicionais presumia-se que o que pertencia a uma pessoa pertencia a todos. Muitas sociedades indígenas até hoje não conseguem conceber negar a uma pessoa ou a uma família o acesso básico a comida, ar, terra, água ou meio de vida. Tão recentemente quanto duas décadas atrás, grandes porções do mundo ainda viviam da terra, muitos em isolamento do sistema global de comércio competitivo, e bilhões ainda viviam suas vidas cotidianas fora do mercado global. Para essas pessoas, o cuidado comunitário das suas terras, florestas e bacias hidrográficas é um modo de vida, assim como o compartilhamento equitativo das riquezas naturais.

O falecido jornalista norte-americano Jonathan Rowe capturou a essência do conceito:

> A propriedade pública é o vasto domínio que se encontra fora do mercado econômico e do estado institucional, e que todos nós usamos tipicamente sem pagar uma taxa ou preço. A atmosfera e os oceanos, as línguas e as culturas, as reservas de conhecimento humano e sabedoria, os sistemas de apoio informal da comunidade, a paz e a tranquilidade que buscamos, os blocos de construção genética da vida – estes são todos aspectos da propriedade pública.[2]

O ambientalista canadense Richard Bocking diz que *propriedade pública* é tudo aquilo a que temos direitos simplesmente por sermos um membro da família humana: "O ar que respiramos, a água limpa que bebemos, os mares, florestas e montanhas, a herança genética através da qual toda a vida é transmitida, a própria diversidade da vida".[3] *Propriedade pública* é sinônimo de comunidade, cooperação e respeito pelos direitos e preferências dos outros, ele acrescenta. Algumas propriedades públicas, como a atmosfera, o espaço sideral e os oceanos, podem ser vistas como globais, enquanto outras, como os espaços públicos, terras comuns, florestas, a diversidade genética e remédios locais, são propriedades públicas comunitárias. "As propriedades públicas têm a qualidade de sempre terem existido", diz Roe, "uma geração depois da outra, disponíveis para todos".[4]

Como preservar ativos de propriedade pública e compartilhar de maneira justa seus benefícios variará com o tipo de propriedade pública. Algumas propriedades públicas, como as áreas selvagens, devem ser, na maior parte, mantidas inacessíveis. Outras, como o patrimônio cultural, precisam ser mais inclusivas. Aquelas com limiar físico, incluindo a pesca e a atmosfera, precisam de limites sustentáveis de uso, estritamente controlados.

Basicamente há três tipos de propriedades públicas. A primeira categoria inclui a água, as terras, o ar, as florestas e a pesca – sobre as quais depende a vida de todas as pessoas. A segunda inclui a cultura e o conhecimento que são criações coletivas de nossa espécie. A terceira é a propriedade pública social que garante acesso público a saúde, educação e serviços sociais, incluindo pensões e previdência social. Desde a adoção da Declaração Universal dos Direitos Humanos em 1948, os governos são obrigados a proteger os direitos humanos, a diversidade cultural e a segurança alimentar e social dos seus cidadãos. Qualquer acesso ao uso de patrimônio comum traz consigo uma obrigação moral correspondente, de agir como seu guardião em prol de todos, e o acúmulo de qualquer direito não deve infringir o direito inato dos outros à sua porção justa do patrimônio comum.

A doutrina do patrimônio público é o veículo por meio do qual a propriedade pública é protegida. Ela corrobora em lei a noção universal da propriedade pública que determinados recursos naturais – particularmente o ar, água e os oceanos – são centrais à nossa própria existência e considerados como propriedade do público, que não pode ter o seu acesso negado a elas. Os recursos do patrimônio devem, portanto, ser protegidos para o bem comum e não apropriados para o ganho privado. Sob o patrimônio público, os governos como curadores, são obrigados a proteger esses recursos e exercer sua responsabilidade fiduciária para mantê-los para o uso em longo prazo de toda a população, não apenas os privilegiados que podem comprar um acesso injusto.

A doutrina do patrimônio público foi codificada pela primeira vez em 529 d.C. como o *Codex Justinianus*, assim chamado em homenagem ao seu criador, o Imperador Justiniano I, que disse: "Pelas leis da natureza, essas coisas são comuns a toda a humanidade – o ar, a água corrente, o mar e, consequentemente, a costa marítima". Essa lei comum foi copiada de muitas maneiras e em muitas jurisdições, incluindo a Magna Carta. Ela foi usada como uma ferramenta legislativa poderosa em muitos países para proporcionar acesso público às costas dos mares, margens de lagos e à pesca. Em uma decisão seminal de 1926, a Suprema Corte do estado de Michigan, Estados Unidos, decidiu que os estados norte-americanos tinham o direito às terras sob águas navegáveis "sob custódia, em nome do povo", e que o "direito comum" de pescar nessas águas era protegido por "uma confiança perpétua, solene e elevada... o dever do estado de mantê-lo para sempre".[5]

Oliver Brandes e Randy Christensen, do Projeto de Sustentabilidade da Água (POLIS) da Victory University na Colúmbia Britânica, acrescentaram que na sua essência, o patrimônio público é um princípio subjacente à lei da propriedade que busca atingir uma conciliação apropriada entre o interesse público e os direitos de desenvolvimento privados, por meio da exigência de uma supervisão do estado contínua dos recursos do patrimônio. O patrimônio público é um reconhecimento, eles dizem, de que os direitos privados para usar a água, por exemplo, não sejam concedidos de uma maneira completamente livre. Eles têm de ser obtidos por um sistema de apropriação administrado pelo governo e com restrições implícitas a respeito de danos que porventura sejam causados de maneira indevida e irreparável ao recurso e seus valores associados. Esse patrimônio público é uma garantia que evita a monopolização de recursos do patrimônio e promove a tomada de decisões que exijam responsabilidade perante o público.[6]

## O CERCO À PROPRIEDADE PÚBLICA

Mas a doutrina do patrimônio público está nadando contra uma maré de direitos privados cada vez maiores. A integridade e a saúde da propriedade pública foram desafiadas quando a globalização econômica e o fundamentalismo de mercado começaram a ser promovidos nos anos de 1970 como o único modelo de desenvolvimento para o mundo. A aceitação quase universal ao longo das décadas seguintes da inevitabilidade da globalização econômica, por institutos internacionais como o Banco Mundial, assim como os governos de países desenvolvidos, combinada com uma revolução tecnológica e do transporte que permitiu que o capital se movesse livremente mundo afora e os bens fossem produzidos quase em toda parte.

Em poucas décadas, o capital tornou-se global e corporações domésticas dos países desenvolvidos expandiram suas operações para outros países para tirar vantagem da mão de obra barata, leis ambientais fracas e recursos naturais locais. Pela primeira vez, as corporações transnacionais ganharam acesso a sementes, minerais, madeira e recursos de água mesmo das partes mais remotas da terra. Com tempo, esse acesso corporativo tornou-se "protegido" por acordos de investimento e comércio regionais e bilaterais, e as corporações ganharam o direito a processar os governos se o seu "direito" estabelecido de acesso a esses recursos anteriormente públicos fosse interrompido ou reduzido.

Alguns se referem a esse processo como o segundo cerco à propriedade pública. O primeiro, que começou aproximadamente em 1740, tirou os direitos dos agricultores de usar as terras de propriedade da nobreza na Inglaterra e no País de Gales para agricultura, pasto e caça. Ricos proprietários de terras usaram o seu controle dos processos do Estado para apropriar-se novamente, em seu benefício privado, de terras que haviam se tornado públicas na prática, um processo acompanhado muitas vezes pela força, resistência e derramamento de sangue. No século XIX, propriedades públicas não cercadas haviam se tornado restritas em grande parte a pastagens pobres em áreas montanhosas e a partes não aráveis das terras baixas na Inglaterra.

O cerco às propriedades públicas ocorreu no hemisfério sul também. O médico e escritor hindu Vandana Shiva, que liderou a luta internacional pela soberania alimentar, destaca que a privatização das propriedades públicas foi essencial para a Revolução Industrial, a fim de prover uma oferta constante de matérias-primas para a indústria. As políticas de desmatamento e cerco às propriedades públicas foram copiadas na colônia da Índia. Em 1865, uma lei foi aprovada tirando a proteção das florestas como propriedades públicas, abrindo caminho para a exploração comercial tanto das terras quanto das florestas. A marginalização decorrente disso dos direitos das comunidades camponesas hindus sobre suas florestas, bosques sagrados e pastagens públicas foi a principal causa do empobrecimento de milhões de pessoas.

O cerco aos recursos hídricos veio em seguida, disse Shiva, através das represas, mineração da água subterrânea e esquemas de privatização. O patenteamento de sementes pelas corporações transnacionais apresentou uma ameaça direta à biodiversidade da qual muitos milhares de comunidades dependiam. Esse conceito de propriedade privada era desconhecido da maioria das comunidades indígenas, camponesas e rurais do mundo. Sociedades tradicionais frequentemente compartilhavam recursos públicos; elas não viam o seu patrimônio público como uma propriedade ou como bens com proprietários e que são usados para extrair benefícios econômicos pessoais. Em vez disso, diz Shiva, elas viam essas propriedades públicas levando em consideração o bem de toda a comunidade. "Para os povos indígenas, o patrimônio público representa uma série de relações em vez de uma série de direitos econômicos."[7]

O conhecimento e o compartilhamento de recursos públicos permitiram a criação de uma vasta reserva comum de conhecimento agrícola e sobre plantas. Para conseguir acesso a essa reserva de conhecimento, os oponentes da propriedade pública tinham de encontrar maneiras de atacá-la. Um famoso ensaio escrito em 1968, chamado *The Tragedy of the Commons* ("A Tragédia da Propriedade Pública"), pelo biólogo norte-americano Garrett Hardin, deu o empurrão filosófico e político que faltava para o ataque privado à propriedade pública.[8] Hardin alegava que se ninguém fosse dono da propriedade pública, ela logo seria pilhada, à medida que ninguém seria responsável por ela. Ele defendeu o abandono da propriedade pública, citando um caso no qual pastores usando uma pastagem pública eventualmente acabariam com o campo pelo seu uso intensivo. Enquanto aqueles com o maior número de animais ganhariam mais dinheiro, eventualmente todos, ricos e pobres, sofreriam. O ensaio de Hardin tornou-se um grito de guerra pela privatização da propriedade pública. Defensores da privatização citam seu ensaio até hoje, e Hardin é regularmente estudado como parte do currículo essencial nas universidades como prova do "fracasso da propriedade pública".

No entanto, Hardin estava falando sobre uma propriedade pública "aberta", ou não administrada, e ele ignorou a capacidade dos sistemas de gestão de propriedades públicas de fornecer uma orientação sólida e sustentável na qual essas estruturas de gestão existem e são acalentadas. As comunidades tradicionais responsáveis por recursos compartilhados cuidam deles de uma maneira altamente competente. É verdade que as propriedades públicas foram pilhadas pelas sociedades sob os sistemas capitalista e socialista. A ex-União Soviética explorou seus sistemas hídricos, florestais e minerais impiedosamente em nome do progresso, enquanto a China contemporânea fez o mesmo. Mas em todos esses casos, a peça faltando é uma estrutura de gestão da propriedade pública que funcione. A "tragédia" não é que não exista uma propriedade pública, mas que ela não seja suficientemente protegida.

(O escritor britânico Fred Pearce acrescenta outra crítica. Hardin fez parte do movimento eugênico de sua época, focado na "melhoria" da composição genética da população humana. Ele defendia o abandono da "igualdade em relação à procriação", e mais tarde escreveu um ensaio argumentando que as nações ricas podiam ser vistas como "botes salva-vidas" navegando em um oceano de pessoas pobres tentando subir nos botes. Os ricos tinham um dever de ser egoístas e negar a entrada para os pobres mesmo se eles se afogassem, disse Hardin, que acrescentou que doar alimentos e remédios para os países pobres era o mesmo que dar a eles acesso aos seus botes salva-vidas).[9]

Os governos, a maioria composta de países ricos, mas não exclusivamente todos, deixaram-se seduzir pela ideia de um crescimento ilimitado e a propriedade privada da água e outras propriedades públicas. Peça por peça, à medida que os estados desmontavam seus sistemas de segurança nacionais e controle público de recursos, nos corredores dos governos os valores privados da exclusão, posse e ganho pessoal ou corporativo começaram a substituir os valores da inclusão, domínio coletivo e bens comunitários da propriedade pública. Os governos começaram a abandonar a sua responsabilidade de prover serviços sociais básicos, em vez disso terceirizando-os para empresas privadas.

Muitas áreas que um dia haviam sido consideradas fora da esfera de ação do mercado, tornaram-se fontes legítimas de lucro. A corrida estava valendo para capturar e lucrar a partir dos recursos florestais, minerais, hídricos, genéticos e das terras de propriedade pública, desse modo transformando-os em mercadorias, usando a propriedade pública do ar, oceano e água doce como lixeiras. Isso tinha o benefício a mais para o setor privado de repassar os problemas criados por suas ações de volta para o público, que poderia escolher conviver com eles ou promover sua limpeza.

O escritor norte-americano e ativista da propriedade pública, David Bollier, delineia uma série de razões para nos preocuparmos a respeito de aumentarmos a exploração do mercado de nossas propriedades públicas. O cerco das propriedades públicas suga bilhões de dólares dos cofres públicos desnecessariamente a cada ano. Os governos usam fundos públicos para subsidiar o fornecimento de serviços essenciais como a água e o saneamento e impulsionar os resultados das corporações. Esses fundos poderiam ser mais bem usados para investimentos em proteção à propriedade pública da água. A privatização promove a concentração de mercado e o domínio das grandes corporações que têm ascendência de mercado e influência política para obter os recursos públicos em termos favoráveis.

O cerco ameaça o ambiente ao favorecer lucros em curto prazo sobre a custódia em longo prazo. As corporações acham financeiramente desejável repassar os riscos à saúde e à segurança para o público e gerações futuras. O cerco também impõe novos limites sobre os direitos dos cidadãos e a responsabilidade pública à medida que a tomada de decisões suplanta os procedimentos abertos da participação democrática. Por fim, o cerco impõe valores de mercado em domínios que deveriam ser livres da mercantilização, como a vida familiar e comunitária, instituições públicas e processos democráticos. O mercado é como um motor que fugiu ao controle, diz Bollier, sem um mecanismo regulador que o diga quando parar de explorar as propriedades públicas que sustentam a todos nós.[10]

## CERCO À PROPRIEDADE PÚBLICA DA ÁGUA

Não há um exemplo melhor de um "motor desgovernado do mercado" do que o cartel corporativo sendo criado agora para ser o dono e lucrar com a reserva de água doce do planeta. O setor privado viu a crise da água que se aproximava antes da maioria das pessoas. Enquanto os governos continuavam a acreditar que as reservas de água eram inesgotáveis e criavam políticas econômicas baseadas nessa suposta fartura, alguns líderes corporativos perceberam que, em um mundo de reservas de água em declínio, quem controlasse a água seria ao mesmo tempo poderoso e rico. O interesse corporativo na escassez de fontes de água limpa tem crescido ao longo das últimas três décadas, mas aumentou dramaticamente em anos recentes. As corporações transnacionais veem a água como uma mercadoria passível de ser vendida e negociada, não um ativo comum ou fundo público, e estão dispostas a criar um cartel que lembra aquele que controla hoje em dia todas as facetas da energia, da exploração e produção à distribuição.

Como escrevi no livro *Água – Pacto Azul*, empresas privadas de água, com fins lucrativos, hoje em dia fornecem serviços de água em muitas partes do mundo; engarrafam quantidades enormes de água potável para venda; controlam vastas quantidades de água usadas na agricultura industrial, mineração, produção de energia, computadores, carros e outras indústrias de uso intensivo de água; são proprietárias e operam muitas das represas, condutos, nanotecnologia, sistemas de purificação da água e dessalinização que os governos estão procurando em busca da panaceia tecnológica que solucione as escassezes de água; fornecem tecnologias de infraestrutura para substituir velhos sistemas de água municipais; controlam o comércio virtual da água; compram direitos de explorar água subterrânea e bacias hidrográficas inteiras a fim de serem proprietárias de grandes quantidades de estoques de água; e, em alguns países, compram, vendem e comercializam a água, inclusive a água do esgoto, no mercado aberto.

ÁGUA – FUTURO AZUL

Interesses do agronegócio compram e controlam direitos de água locais para desviar recursos hídricos das torneiras municipais para irrigar safras lucrativas e criar gado em larga escala. As companhias de energia estão comprando campos de cana-de-açúcar e direito ao uso da água na América do Sul a fim de controlar a crescente indústria do biocombustível. Companhias de mineração compram os direitos à água em países pobres e a empregam em um processo de lixiviação que usa cianeto para separar o ouro e outros metais preciosos do minério. A cada dia que passa, mais e mais água está sendo tirada da propriedade pública e tomada pelos interesses privados.

Em um relatório impactante, o engenheiro ecológico Jo-Shing Yang, da Universidade da Califórnia, diz que os bancos de Wall Street e os multibilionários estão comprando a água mundo afora em um ritmo sem precedentes:

> Os grandes bancos e investidores poderosos, como Goldman Sachs, JP Morgan Chase, Citigroup, UBS, Deutsche Bank, o Blackstone Group, Allianz e HSBC Bank, entre outros, estão consolidando o seu controle sobre a água. Magnatas como T. Boone Pickens, o ex-presidente George Bush e sua família, Li Ka-shing de Hong Kong, Manuel V. Pangilian das Filipinas e outros bilionários filipinos, também estão comprando milhares de hectares de terras com aquíferos, lagos, direitos à água, empresas públicas de água, e ações em empresas de tecnologia e engenharia hídrica mundo afora.[11]

Willem Buiter, economista-chefe do Citibank, fala sem rodeios na promoção da água como uma *commodity* de mercado. Ele escreve:

> Espero ver no futuro próximo uma expansão maciça do investimento no setor da água, incluindo a produção de água doce, limpa, de outras fontes (dessalinização, purificação), estoque, envio e transporte de água. Espero ver redes de condutos que excederão a capacidade daqueles para o petróleo e o gás hoje em dia.
>
> Vejo frotas de navios-tanque de água (de casco simples!) e instalações de armazenamento que excederão e muito aquelas que nós temos atualmente para o petróleo, gás natural e gás natural liquefeito.
>
> Espero ver um mercado globalmente integrado para a água doce dentro de 25 a 30 anos. Uma vez que os mercados locais para a água estejam integrados, mercados futuros e outros instrumentos financeiros derivativos baseados na água – opções de compra e de venda, *swaps* – negociados na bolsa e no mercado de balcão, seguirão. Haverá diferentes graduações e tipos

de água doce, da mesma maneira que nós temos o petróleo doce leve e azedo pesado hoje em dia. A água como classe de ativo tornar-se-á, eventualmente, em minha opinião, a mais importante classe de ativo baseada em uma mercadoria física, bem acima do petróleo, cobre, mercadorias agrícolas e metais preciosos.[12]

A maioria dos principais bancos tem hoje em dia fundos de investimento focados na água. Pensões públicas mundo afora estão investindo em projetos de água privados. Fundos de pensão pública canadenses e de Quebec adquiriram ações nas empresas de água privadas da Inglaterra, South East Water e Anglian Water, e o Plano de Pensões dos Professores de Ontário é um grande investidor no sistema de serviços hídricos totalmente privatizado do Chile. Escolas de administração mundo afora ensinam que a única maneira de proteger a água é colocá-la no mercado aberto para venda, como o petróleo e o gás, e vendê-la para quem fizer a oferta mais alta.

A privatização nos Estados Unidos é esperada que exploda nos próximos cinco anos, diz uma publicação nova, *U.S. Water Industry Outlook*. O país está para ver um pico na privatização da água e parcerias público-privadas, diz o relatório, em uma busca para capitalizar sobre um recurso em declínio. Esse processo incluirá direitos à água e acesso a taxas de água cada vez mais caras que atrairão o interesse de fundos de capital privado e de cobertura que podem por sua vez capitalizar na aquisição do bem público, dizem os autores.[13]

## AMEAÇA À PROPRIEDADE PÚBLICA DA ÁGUA

O comércio da água é uma forma recente de privatização que desafia a doutrina do fundo público. Direitos à água proporcionam ao usuário acesso garantido à fonte de água local; eles normalmente surgem da posse de terras junto a um curso d'água ou do direito ao uso de um curso d'água próximo. Direitos à água são muitas vezes herdados, mas podem ser adquiridos se o governo converter licenças sobre a água para direitos à água, dando ao novo "proprietário" mais arbítrio no seu uso. Tradicionalmente, os direitos à água não autorizavam o proprietário a transportar água para longe da terra, confinando o curso navegável.

Entretanto, nas últimas duas décadas, o comércio de direitos à água tornou-se um negócio emergente nos Estados Unidos, Chile, Espanha e Austrália, à medida que os proprietários de terras, fazendeiros e especuladores compram e vendem direitos à água e a transportam através de longas distâncias. O comércio de água emergiu como uma nova forma perigosa de comercialização. (Este modelo de mercado de comércio da água não deve ser confundido com o compartilhamento de água tradicional ou com as trocas de água indígenas em comunidades no Oriente Médio, Novo México, África, Índia e América Latina).

O argumento apresentado por economistas, escolas de administração e alguns políticos em favor do comércio da água, é de que ele promoverá a alocação mais eficiente da água porque um preço baseado no mercado atua como um incentivo para os usuários realocarem recursos de atividades de baixo valor para atividades de alto valor. Na prática, no entanto, o comércio de água permite que os grandes agronegócios, empresas de água engarrafada e outros grandes usuários de água, comprem direitos à água para usá-los eles mesmos ou vendê--los no mercado aberto para investidores domésticos e estrangeiros. A água que um dia foi de propriedade pública e um fundo público está agora separada da terra e da sua bacia hidrográfica e é negociada entre compradores e vendedores – a um curto passo de distância de um mercado amplo e aberto da água como mercadoria.

Nos Estados Unidos, o comércio da água é mais prevalente nos estados da região oeste, onde a história da lei da água é baseada na "apropriação anterior", ou *"first in time, first in right"*. Os direitos à água eram usados na região oeste dos Estados Unidos (e Canadá) para encorajar o início da colonização e o cultivo da região. Shiney Varghese, do Instituto para Políticas Agrícolas e Comerciais, diz que a apropriação anterior no oeste estabeleceu não somente a quantidade de água que um fazendeiro poderia reivindicar para si, mas também o propósito para o qual ela poderia ser usada. Isso permitiu aos proprietários dos direitos desacoplar os direitos à água dos direitos a terra, e esses portadores podiam tratar a água como uma mercadoria. A separação da água da terra permitiu àqueles que herdaram os direitos à água vender o seu excedente para usuários novos, criando um dos mercados de água originais.

Preocupações a respeito da conservação e o meio ambiente não podem mudar a natureza desses direitos privados. Mesmo em tempos de seca, desde que exista água na fonte da água, os portadores de direitos mais antigos são capazes de usar ou vender a totalidade da sua alocação de água. Varghese escreve que embora as transferências de água tenham sido mínimas nos anos iniciais, no fim dos anos 1970 todas as opções viáveis para o fornecimento adicional de água nos estados do oeste haviam sido exauridas, e as transações bancárias, *leasings* e comércio da água começaram para valer. Nas duas décadas entre 1987 e 2009, mais de 4.400 transações de água foram registradas nos doze estados da região oeste.[14]

No entanto, até pouco tempo atrás, o comércio de água nos Estados Unidos ocorria entre os distritos, na maior parte entre os fazendeiros – mas não mais. Na Califórnia carente de água, alguns fazendeiros estão deixando seus campos sem ser cultivados e estão vendendo a água como um cultivo comercial para as municipalidades locais. O estado está agora avaliando propostas para permitir que os fazendeiros vendam sua água para incorporadores, canalizando-a para longas distâncias da sua bacia hidrográfica. Dois fazendeiros no Vale de San Joaquin estão propondo vender seus direitos à água para um incorporador por US$ 11,7 milhões. Em 2009, o Distrito de Água Dudley Ridge vendeu US$ 73 milhões em água para o Distrito de Água de Mojave. À parte da preocupação óbvia de deixar boas terras cultiváveis sem produção, o governo já subsidiou a maioria desses fazendeiros pela água que eles querem vender agora por lucro.

Em 2011, o bilionário texano do petróleo T. Boone Pickens vendeu 16 trilhões de litros de direitos à água que ele havia comprado do Aquífero Ogallala para um fornecedor de água do Texas por US$ 103 milhões. A sua empresa, Mesa Water, foi fortemente criticada por não compartilhar a água e vendê-la por um lucro em uma área de escassez de água. Pickens comparou o negócio a "comprar e vender uma lancha".[15]

Na Espanha, incorporadores e a indústria do turismo estão aumentando dramaticamente a demanda por água. Ao mesmo tempo, encorajados pelo governo a participar do comércio de água, fazendeiros mudam para operações maiores, mais industriais, assim como cultivos que exigem um uso mais intensivo de água e que são altamente inadequados a uma região semiárida. À medida que áreas inteiras do sul previsivelmente começaram a ficar sem água, os fazendeiros começaram a brigar com os incorporadores a respeito dos direitos à água. Fazendeiros estão comprando e vendendo água "como ouro" em um mercado negro rapidamente em expansão, na maior parte de poços ilegais, relata o *The New York Times*. As centenas de milhares de poços – a maioria deles ilegais – que no passado proporcionaram uma suspensão temporária da sede, esgotaram a água subterrânea a um ponto em que não há mais volta, diz a jornalista Elizabeth Rosenthal. Mudanças no uso das terras permitem agora que a grama em um campo de golfe seja designada para cultivo e árvores plantadas em uma casa de férias de propriedade agrícola, desse modo habilitando os incorporadores a receber água reservada para irrigação.[16]

Na Austrália, o comércio de água deu um passo mais adiante, tanto investidores domésticos quanto estrangeiros compram direitos à água local. Em 1994, preocupados com a crescente tensão sobre a Bacia Murray-Darling, o governo converteu licenças sobre a água para direitos à água (chamadas "licenças" na Austrália) na esperança de que o comércio da água levaria à conservação e um uso mais eficiente das alocações de água existentes. Como nos Estados Unidos, o comércio da água primeiro ocorreu entre os fazendeiros. Mas, no início de 2000, vários governos aprovaram leis novas permitindo a qualquer pessoa ter direito à água, e permitindo que investidores privados, não apenas usuários agrícolas ou proprietários de terras menores, comprassem direitos à água. Isso mudou o jogo. Grandes agronegócios começaram a comprar os direitos à água de pequenos produtores agrícolas enquanto os governos encorajaram guerras de lances. Em poucos anos, a Austrália criou um mercado de água anual de US$ 2,6 bilhões, em grande parte não regulamentado, que envolve centenas de corretores comprando e vendendo água no mercado aberto.

A situação é propícia para fraudes e desvios, dizem os premiados jornalistas australianos Deborah Snow e Debra Jopson. "Qualquer um pode pendurar sua tabuleta e partir para os negócios", diz a Federação Nacional de Fazendeiros, que relatou a respeito de um agente que ganhou meio milhão de dólares em apenas doze meses. Um corretor de água contou para o *Sydney Morning Herald* que em determinado momento ele tinha aproximadamente US$ 5 milhões depositados em uma conta comum e poderia ter sumido com o dinheiro dos fazendeiros. Alguns corretores estão trabalhando tanto para os compradores quanto para os vendedores sem contar para nenhuma das partes. Alguns estão concedendo a si mesmos comissões secretas, enquanto outros colocam os fundos dos compradores nas suas próprias contas privadas enquanto são fechados os acordos. Snow e Jopson citam a frase de Jeff Shand, ex-presidente do conselho da Associação Australiana de Corretores de Água: "O mundo do comércio de água é verdadeiramente um trabalho para *cowboys*. Um vale-tudo em termos de contas fiduciárias".[17]

Grandes investidores domésticos estão ganhando dinheiro nesse mercado lucrativo. O Macquarie Bank, através da sua subsidiária Macquarie Agribusiness, está esgotando os direitos sobre a água da bacia Murray-Darling para assegurar água para o seu investimento em cultivos de amêndoas para exportação em Vitória. Investidores internacionais também estão assuntando o lucrativo mercado de água australiano, com a intenção de abocanhar centenas de milhões de dólares em dinheiro desse recurso, com quase nenhum limite do governo sobre quanto eles podem comprar, diz Snow e Jepson em uma reportagem para o *Sidney Morning Herald*. O fundo de cobertura sediado em San Diego Summit Water Holdings (que também é proprietário de mais de US$ 200 milhões em direitos à água na região oeste dos Estados Unidos) fez um investimento de US$ 20 milhões em direitos à água rural permanentes. Enquanto isso, as companhias de água australianas como a Causeway Water Fund estão viajando mundo afora procurando investidores estrangeiros para um "portfólio diversificado de licenças sobre a água".[18]

De maneira pouco surpreendente, desde a introdução do comércio de água, os preços da água dispararam, indo de US$ 2 um megalitro em 2000 para mais de US$ 1.500 um megalitro em 2013. Isso tornou muito caro para o governo federal recomprar água suficiente dos interesses privados para salvar a bacia de Murray-Darling, que foi especialmente prejudicada pela recente seca de dez anos. O governo reservou bilhões para recomprar a própria água que ele havia cedido gratuitamente apenas duas décadas atrás – um lucro enorme para um punhado de investidores. Cubbie Station, uma operadora de algodão gigante localizada na região sudoeste de Queensland, é um caso ilustrativo. A maior propriedade de irrigação no hemisfério sul, Cubbie Station cobre uma área do tamanho da cidade de Canberra e adquiriu direitos à água suficientes para mais do que encher a baía de Sidney, superando e muito todos os outros irrigadores no país.[19] Por anos, o acesso da Cubbie a tanta água provocou divergências entre outros fazendeiros e ambientalistas que acreditam que a empresa está prejudicando seriamente os fluxos de água na Murray-Darling para produzir um cultivo sedento que em grande parte é exportado.

Em agosto de 2012, o governo australiano aprovou a venda da Cubbie Station para um consórcio liderado por chineses por apenas US$ 232 milhões, uma decisão que gerou uma tempestade de protestos sobre a perda do controle público da água, na bacia Murray-Darling. Em março de 2013, os novos proprietários começaram a vender seus direitos à água de volta ao governo, obtendo um lucro de US$ 47 milhões com a primeira venda. Com 500 mil megalitros de água armazenada, o consórcio tem tudo para realizar um belo lucro se ele continuar a vender as suas licenças sobre a água de volta para o povo australiano.[20]

Economistas mundo afora promovem o experimento de mercado australiano como um modelo para os outros seguirem. Logo, dizem alguns analistas e corretores de investimentos, o mercado de comércio de água australiano será global. Ziad Abdelnour, CEO de um fundo de *private equity* com sede em Nova York, Blackhawk Partners, diz que em anos recentes a lei internacional estabeleceu as fundações para o futuro comércio global da água. Por um lado, ele destaca, o Banco Mundial está privatizando a água no hemisfério sul e, por outro lado, acordos comerciais internacionais e bilaterais criaram um enquadramento legal para permitir e proteger a venda e o comércio da água.[21]

É difícil ver, no entanto, quem se beneficiou do modelo australiano tirando aqueles que obtiveram lucros com ele. A Austrália é o continente habitado mais seco do planeta, mas o seu povo perdeu o controle sobre as suas escassas reservas de água. Embora a constituição australiana defina o direito público à água, com base no princípio de que os rios são propriedade pública, a realidade é que duas décadas de transações no mercado, em grande parte, invalidaram a sua intenção original. O professor George Williams, um especialista em lei constitucional na South Wales University, diz que a noção de fundo público na constituição "é velha e enferrujada... da época dos barcos a vapor". Os governos podem administrar agora legalmente a água do Estado "de uma maneira mais ligada ao retorno de um lucro que o retorno de um bem comum".[22]

Isto é uma paródia e uma traição, diz a escritora e ambientalista Acacia Rose, da Snowy River Alliance, que lutou contra a extração excessiva sancionada pelo governo do Snowy por anos. A água um dia pertenceu ao patrimônio público australiano, ela diz; e era de propriedade do público em geral e do meio ambiente. Ela era disponibilizada através de licenças ribeirinhas para os fazendeiros e para as pessoas sob a administração pública das companhias de água. "O bravo mundo novo dos barões da água, a globalização dos recursos naturais, a privatização e o comércio de água, ar e carbono significam que nenhum fazendeiro pode contar com qualquer garantia para qualquer colheita a não ser que pague por uma água de qualidade".[23] Mas como a advogada e ativista Kellie Tranter analisa, "a perda de um fazendeiro é o ganho de um investidor. No continente habitado mais seco do planeta", ela diz, "a única direção que o preço pode ir é para cima. Aqueles que podem pagar pela água terão acesso ao luxo de possuí-la".[24]

## FUNDO PÚBLICO, NÃO COMÉRCIO DE ÁGUA

O comércio da água é uma tendência perigosa no tratamento da água como uma mercadoria e precisa ser revertida. O comércio da água deixa de priorizar o abastecimento de água aos municípios, fazendeiros locais, para necessidades humanas e preservação de ecossistemas. O comércio de água permite que os governos abdiquem de seu papel de alocar as reservas de água cada vez menores de acordo com os valores comunitários que eles deveriam estar defendendo, permitindo que as decisões de alocação em vez disso sejam baseadas na capacidade de pagar. Na província canadense de Alberta, onde o comércio da água está engatinhando, o Distrito Municipal de Rocky View pagou US$ 15 milhões para assegurar a água para a construção de um complexo de pistas de corrida e entretenimento, transferindo água do já estressado Rio Bow. Fazendeiros locais e ambientalistas ficaram indignados que o lucro para o lançamento de um negócio havia determinado as prioridades para as reservas de água escassas da região.

O comércio de água muitas vezes fortalece os pecados do passado. Em algumas jurisdições a água tem sido excessivamente alocada de maneira extensiva, resultando em uma situação na qual pode haver mais direitos do que água em si. O comércio da água promove a especulação e diminui o direito do público de saber para onde estão indo as reservas de água locais. O comércio de água dá a um pequeno grupo de pessoas e corporações um controle indevido sobre as fontes de água; isso pode ser perigoso quando, em conjunto, investidor e Estado dão às corporações estrangeiras o direito de propriedade sobre os recursos naturais. O comércio de água permite que as fazendas corporativas e os investidores de fundos de cobertura interfiram em terras produtivas de primeira qualidade, despeçam trabalhadores agrícolas e obtenham lucros enormes sobre uma água que deveria ser preservada como um fundo público. O comércio de água pode resultar em desvios permanentes, drenando aquíferos e alterando rios.

O método usado muitas décadas atrás de alocar a água para o primeiro a chegar, como na região oeste do Canadá e na região oeste dos Estados Unidos, não serve à realidade atual de um mundo moderno e com bacias hidrográficas utilizadas excessivamente. Similarmente, a decisão de privatizar e permitir a venda do acesso à água, como a Austrália e o Chile fizeram, viola o direito à água e o remove do controle democrático. Governos que seguiram o caminho do comércio da água podem e devem introduzir novas leis que retomem

ÁGUA – FUTURO AZUL

o controle público sobre o seu patrimônio hídrico. À medida que cresce nossa consciência do direito humano à água em um mundo carente dela, precisamos retomar nosso patrimônio hídrico e proteger o direito público à água de modo permanente.

Em vez de promover o comércio da água, os governos devem adotar um sistema de fundo público, uma ferramenta importante na busca de soluções tanto para a crise ecológica da água quanto humana. Sob um regime de fundo público, todos os usos competindo entre si para uma bacia hidrográfica ou aquífero teriam de passar por um teste, não apenas de justiça de acesso hoje em dia, mas também da capacidade futura do corpo d'água. O fundo público oferece princípios que combinam o bem público, controle e supervisão com a proteção em longo prazo da bacia hidrográfica. Ele também estabelece os princípios para uma "hierarquia de uso" acordada, por meio da qual alguns usos da água – como para necessidades humanas essenciais e para a proteção de ecossistemas – terão preferência sobre outros.

Há uma excelente história de fundo público na lei norte-americana. A Suprema Corte do Estado do Idaho declarou que "a doutrina do fundo público em todos os momentos forma os limites exteriores de ação governamental permissível em relação aos recursos de fundos públicos".[25] Em 1983, a Suprema Corte da Califórnia usou o fundo público para restringir o desvio da água para Los Angeles do frágil Lago Mono. A Audubon Society argumentou de maneira bem-sucedida que apesar de os afluentes alimentando o Lago Mono não serem navegáveis (até então apenas águas navegáveis eram sujeitas à proteção do fundo público), o fundo público ainda assim foi violado porque desviar aqueles cursos d'água coloca em risco o valor público do lago.[26]

Duas décadas mais tarde, o advogado ambientalista Jim Olson usou a doutrina do fundo público para defender limites ao acesso de águas subterrâneas afluentes, com um efeito dramático, em um litígio judicial de 2004 contra uma operação de engarrafamento da Nestlé em Michigan. Ele insistiu que a água subterrânea e a água da superfície são a mesma coisa, e que, portanto, os efeitos são os mesmos se o cano estiver em um curso d'água ou na água subterrânea que o alimenta. Olson defendeu fortemente que o fundo público seja assegurado mesmo nos estados da região oeste, os quais, ele diz, apesar de sua história de apropriação anterior, ainda são donos de sua própria água.[27]

Olson e outros apontam para o exemplo de alguns dos estados da região leste e sua defesa do bem público na governança da água. Em 2008, preocupados com grandes extrações de água subterrânea, Vermont aprovou uma lei de proteção que declarou sua água subterrânea um recurso de fundo público, legalmente pertencente a todos os cidadãos de Vermont e que deve ser gerida em prol dos melhores interesses de todos. Um sistema de permissão foi estabelecido para aqueles que usam mais do que um determinado limite por dia, e o Estado tem o direito de revogar essas permissões se elas forem violadas. Recentemente, o Conselho de Recursos Naturais de Vermont usou a legislação de fundo público do Estado para contestar um vazamento de trítio da usina de energia nuclear Vermont Yankee, declarando que uma violação da integridade da água era uma violação dos direitos dos proprietários – o povo de Vermont. O estado do Maine introduziu uma lei que exigiria um voto da maioria da comunidade local antes de ocorrer qualquer retirada grande de água subterrânea ou transporte em larga escala de água pública.

Jim Olson reconhece os esforços extraordinários dos grupos ambientais e de conservação mundo afora, assim como os enquadramentos regulatórios que foram aprovados em muitos países para lidar com as crescentes crises ambientais e hídricas. Mas ele diz que é chegada a hora de reconhecermos que eles não são suficientes. Ele sente que algo mais fundamental – algo que mude o jogo, "uma mudança de paradigma, enquadramento e princípio" – precisa ocorrer. Ele diz que a doutrina do fundo público poderia prover um "papel unificador" na abordagem dessas questões ao estabelecer os limites exteriores sobre todas as ações governamentais e do setor privado, e defende a adoção universal do fundo público para proteger todos os aspectos do ciclo hidrológico. Olson nos lembra que a água passa por uma série complexa de ciclos que afetam os cursos d'água, o solo, o ar, as florestas, os animais e os seres humanos. Ele cita o jurista norte-americano do século XIX Thomas Cooley, que afirmou que a água por ser "uma substância móvel, que flui" ela deve por necessidade "continuar pública pela lei da natureza".

"Por essas razões", escreve Olson no *Vermont Journal of Environmental Law,* "uma resposta possível é a adoção imediata de uma nova narrativa, com princípios baseados na ciência, valores e políticas, que vejam as ameaças sistêmicas que enfrentamos como parte do todo hidrológico conectado e único, um patrimônio público governado por princípios de fundo público". Ele ainda diz:

> O fundo público é necessário para solucionar essas ameaças que impactam diretamente os recursos de fundo público tradicionais... O todo mais óbvio

não é uma construção da mente, mas o todo no qual nós vivemos – a hidros-fera, a bacia e as vertentes através das quais a água flui, evapora, transpira, é usada, transferida e descarregada em um ciclo contínuo. Todo arco do ciclo da água flui através e afeta e é afetado por todo o resto, reminiscente do que Jacques Cousteau disse uma vez: "Nós esquecemos que o ciclo da água e o ciclo da vida são um".[29]

# 6

# FOCO NOS SERVIÇOS PÚBLICOS DE ÁGUA

Minha meta é desenvolver o negócio da água e tratamento de águas residuais para rivalizar em tamanho com nosso negócio de energia dentro de três anos. Se conseguirmos o ambiente facilitador certo... conseguiremos mais oportunidades de investimento para realizar um lucro de verdade no final das contas. — **Usha Rao-Monaru, Banco Mundial.**[1]

OUTRA AMEAÇA À ÁGUA COMO UM patrimônio público é a privatização dos serviços hídricos. Até recentemente, presumia-se que as reservas de água locais pertencessem às comunidades locais. Mesmo enquanto vilarejos tornavam-se cidades e cidades tornavam-se metrópoles, as autoridades municipais criaram sistemas hídricos baseados na crença de que a riqueza da água local pertencia a todos. Os sistemas de saneamento públicos também eram considerados um componente-chave da saúde pública e uma maneira de parar a disseminação de doenças transmissíveis. A maioria dos serviços hídricos no mundo ainda é fornecida como um serviço público sem fins lucrativos.

## TRANSFORMANDO OS SERVIÇOS HÍDRICOS EM MERCADORIAS

A privatização da água potável e dos serviços de tratamento de águas residuais foi deliberadamente imposta sobre o hemisfério sul por instituições internacionais e companhias de água (e seus governos) em uma tentativa aberta de capi-

ÁGUA – FUTURO AZUL

talizar sobre a crescente crise da água nos países pobres. Ela fez parte de um modelo de desenvolvimento, começando nos anos de 1980, estabelecendo condições de financiamento que incluíam a privatização de serviços essenciais no hemisfério sul.

A escolha era clara: se quisesse o financiamento do Banco Mundial para fornecer serviços hídricos para o seu povo, seria necessário estar aberto a lidar com empresas de serviços privatizadas, a maioria das quais com sede na Europa. A maior empresa de serviços hídricos no mundo é a Veolia Environment, com quase 313 mil empregados e receitas brutas em 2012 de mais de US$ 46 bilhões. A segunda maior é a Suez Environment, que emprega mais de 80 mil pessoas e teve receitas brutas em 2012 de US$ 20 bilhões. Suas matrizes haviam administrado os sistemas hídricos da França por mais de um século e estavam bem posicionadas para entrarem no hemisfério sul quando o Banco Mundial abrisse a torneira dos financiamentos para os serviços hídricos.

A comercialização dos serviços hídricos passou por várias fases. Muitos projetos iniciais envolviam uma empresa prestadora de serviços privada com total domínio sobre a propriedade e a operacionalidade dos serviços hídricos, mas em muitos países mundo afora houve uma enorme revolta contra a perda total do controle sobre a água potável. A maioria promove hoje em dia "parcerias público-privadas", ou P3s, contratos de longo prazo entre autoridades públicas e negócios para projetar, construir, financiar e operar empresas prestadoras de serviços hídricos públicas. Proponentes alegam que as P3s deixam a agência pública com o controle das políticas, mas passam o seu fornecimento para um operador privado. Apesar da mudança na terminologia, parcerias público-privadas ainda colocam as empresas privadas no controle dos serviços hídricos e das taxas de água, e essas empresas ainda precisam obter lucro. Esse lucro vem de fundos públicos e dos consumidores. Em uma análise aprofundada de muitas parcerias público-privadas em grande escala por toda a Europa, a ONG internacional Bankwatch Network, que monitora instituições financeiras, descobriu que as P3s tiveram um efeito nocivo no longo prazo sobre os orçamentos públicos e os serviços públicos da mesma forma.[2]

Mais recentemente, a comercialização dos serviços hídricos ocorreu na forma da corporatização, através da qual um governo transforma a sua empresa prestadora de serviços hídricos pública em uma corporação listada publicamente conforme as regras de mercado. Ela então pode ser administrada de acordo com os princípios do setor privado. A corporatização dos serviços hídricos foi promovida pelo Banco Mundial e outros que são favoráveis à privatização em países e municípios onde houve uma forte resistência aos serviços hídricos privados, ou uma parcela grande da população vive na pobreza, e o setor privado não está preparado para investir dinheiro. Em essência, a empresa prestadora de serviços hídricos pública torna-se uma corporação de propriedade do Estado; o governo retém uma participação acionária majoritária e a administra na mesma base comercial de uma empresa privada, incluindo recuperação de custos e maximização de lucros.

Em maio de 2011, o governo da Irlanda assinou um memorando de compreensão (MDC) com o Fundo Monetário Internacional e a União Europeia para reformar o seu setor hídrico para adequar-se às rigorosas novas medidas de austeridade. O governo então estabeleceu uma empresa prestadora de serviços hídricos pública chamada Irish Water, com a determinação clara de operar como uma empresa privada. Em troca de um resgate financeiro de 85 bilhões de euros para o país, o MDC exigiu que a "a provisão pública de serviços hídricos deve terminar e essa função deve ser transferia para uma empresa prestadora de serviços", e foi mais adiante fazendo a Irlanda comprometer-se a buscar uma recuperação total de custos através do controle do consumo da água com medidores. A Irish Water é agora uma subsidiária em separado da Bord Gáis, a companhia de gás de propriedade do Estado, e opera como um negócio. A companhia devera instalar medidores nos lares por todo o país, e espera-se que o preço da água chegue a até 400 euros (aproximadamente US$ 520) ao ano para famílias médias. Os recursos hídricos são abundantes na Irlanda, e, até a criação dessa nova empresa, os serviços hídricos para os residentes haviam sido fornecidos gratuitamente. Os custos eram pagos através de receitas tributárias e pela cobrança de usuários comerciais. A Irish Water é um exemplo claro da corporatização de um serviço público de água.

Em um estudo aprofundado da corporatização da água de 2012, Jorgen Eiken Magdahl, da FIVAS, a Associação Norueguesa para Estudos Hídricos Internacionais, explica que esse modelo de fornecimento da água realmente se assemelha a um modelo privado, e ele precisa ser colocado sob o mesmo escrutínio por aqueles que são a favor de serviços públicos reais. A nova entidade deve comportar-se exatamente como uma empresa privada, ele diz, ou não terá o apoio do Banco Mundial. Ele acrescenta que a corporatização pode levar à privatização, à medida que é mais fácil de vender uma empresa pública que parece e opera como se fosse privada.

Magdahl estudou o impacto desse modelo de serviços hídricos sobre vários países na África subsaariana, onde mais de 50% da população vive com menos de US$ 1,25 por dia. Ele descobriu que as práticas governamentais como controlar o consumo da água com medidores e cortar a provisão de água não eram diferentes daquelas de empresas privadas, e que o Banco Mundial ainda assim é capaz de promover a sua "ideologia neoliberal" através do uso do poder do Estado, mesmo na ausência de operadores privados.[3] A pesquisadora sul-africana e ativista da água, Mary Galvin, me disse que a visão neoliberal dos serviços hídricos é tão difundida na África do Sul que questões reativas à água são vistas como sendo puramente técnicas, e a maioria dos tomadores de decisões não são sequer cientes de que existem outras maneiras de abordar os desafios. "Isso", ela argumenta, "está por trás das muitas maneiras nas quais a implementação do direito à água não é cumprida, mesmo em um sistema que é tecnicamente público."

Os resultados da transformação dos serviços hídricos em uma mercadoria foram devastadores para aqueles que não podem pagar pelos serviços. Empresas privadas e seus equivalentes governamentais/corporativos têm de conseguir uma margem significativa de lucro para o mesmo serviço que uma empresa pública fornece, de maneira que eles reduzem sua força de trabalho, cortam serviços, reduzem investimentos em sistemas de controle de poluição, ou aumentam as taxas de água – e normalmente todas essas medidas ao mesmo tempo. Países pobres viram seus recursos hídricos serem transformados em uma mercadoria com fins lucrativos, para o benefício de investidores estrangeiros. E milhões tiveram o seu acesso a serviços hídricos negados porque eles não conseguem pagar as taxas privadas.

Padrões similares foram vistos em municípios norte-americanos e europeus que privatizaram seus serviços hídricos. Embora eles possam não ter a privatização imposta sobre eles pelo Banco Mundial, os municípios do norte estão com seus orçamentos cada vez mais apertados e escolhem adiar os custos para as infraestruturas necessárias. Investimentos oferecidos por uma empresa privada para que eles possam realizar essas melhorias podem parecer muito interessantes no presente. Mas alguns anos mais tarde, bastante tempo depois de o investimento ter sido retornado, as altas taxas cobradas dos consumidores garantem um belo lucro para a empresa. A Food and Water Watch descobriu que nos Estados Unidos, empresas prestadoras de serviços hídricos privadas cobram 33% mais pela água e 63% mais por serviços de esgoto do que as empresas prestadoras de serviços dos governos locais. Além disso, as taxas de água de empresas privadas aumentam significativamente com o passar dos anos.[4] No entanto, em nome da austeridade, muitos países europeus estão tomando a iniciativa de vender suas empresas prestadoras de serviços hídricos, assegurando um legado de taxas de água exorbitantes para gerações futuras e lucros constantes para as corporações da água.

## FABRICANDO O CONSENTIMENTO

As duas instituições globais mais importantes para incluir em uma lista nesta cruzada foram as Nações Unidas e o Banco Mundial. Já em 1992, na Conferência de Dublin, a ONU declarou a água um bem econômico e encorajou a taxação dos serviços, mesmo para usuários pobres. Desde então, a ONU avançou firmemente na direção de um modelo privado de desenvolvimento hídrico, orientado pelas corporações de água e alimentos mais conhecidas, assim como o Banco Mundial. Mesmo os Objetivos de Desenvolvimento do Milênio, quando dizem respeito à água, foram afetados por essa ideologia.

Julie Larsen, em seu relatório de 2011 sobre o papel da indústria da água na ONU, mostra como o setor privado ganhou influência em quase todas as agências que estão trabalhando com a água na ONU. Ela observa que não há órgãos governamentais ou representantes não-governamentais no comitê dirigente da CEO Water Madate, o grupo estabelecido como plataforma para auxiliar o setor privado no gerenciamento da água. Isso essencialmente coloca todos, com exceção dos grandes negócios, à margem quando se trata de criar políticas de gerenciamento da água pela ONU. Larsen aponta para o *Guia para o Engajamento Corporativo Responsável em Políticas da Água*, de coautoria do Pacific Institute, que amplia significativamente o papel das corporações na esfera das políticas e administrações públicas.[5] "Em grande parte", ela diz, "esforços como o Guia deslocam o discurso para longe de assegurar que o acesso à água seja garantido como um direito humano fundamental pelos governos e a comunidade internacional, para legitimar o envolvimento corporativo no desenvolvimento da política de água global".[6]

Na raiz da questão está o fato de que o envolvimento corporativo na política pública apresenta um claro conflito de interesses. Corporações cujos modelos de negócios dependem de controlar o acesso à água ou ganhar entrada a novos mercados de serviços hídricos não podem defender o interesse público se isso estiver em conflito com sua razão de ser e obrigações com os acionistas. Larsen acrescenta que publicações da ONU, como o *Relatório Mundial de Desenvolvimento da Água*, estão agora profundamente influenciadas por perspectivas do setor privado. Um grupo encarregado pelo setor industrial ajudou a orientar e delinear partes do relatório sobre "negócios, comércio, finanças e envolvimento do setor privado".

O Banco Mundial promove abertamente a água como um negócio com fins lucrativos em vez de um fundo público. Usha Rao-Monari, chefe do setor de água para o braço de financiamento privado do Banco Mundial, a Corporação de Finanças Internacional (IFC – *International Finance Corporation*), deixou claro em uma entrevista recente que o papel do Banco Mundial é ajudar as corporações da água a ganhar dinheiro. "O setor privado está olhando muito mais para a água atualmente do que já o fez um dia, e há uma fonte de suprimento enorme lá fora", ela disse.[7]

O Banco Mundial tomou a iniciativa de promover uma importante mudança na política da água no hemisfério sul, buscando ativamente o apoio de organizações não-governamentais, *think-tanks*, agências estatais, a mídia e o setor privado a fim de produzir o consentimento para a transformação da água em uma mercadoria. O Banco Mundial promove serviços de água privados na região meridional do planeta por meio de várias de suas agências componentes: o Banco Internacional para Reconstrução e a Associação de Desenvolvimento Internacional, que emprestam dinheiro para países pobres com a condição de que estes adotem um modelo de entrega da água privado, e a IFC e a Agência Multilateral de Garantia de Investimentos (MIGA – *Multilateral Investment Guarantee Agency*), que encoraja investidores privados a investir no setor hídrico em países pobres. Neste caso, a MIGA na realidade proporciona um seguro para esses investidores contra riscos de todos os tipos, incluindo resistência política local.

O Banco Mundial também administra o Centro Internacional para a Arbitragem de Disputas sobre Investimentos (ICSID – *International Centre for Settlement of Investment Disputes*), uma corte de arbitragem internacional poderosa inicialmente pensada para resolver disputas entre o setor privado e os governos a respeito de contratos rompidos. Mas cada vez mais o ICSID está sendo usado para contestar os direitos dos governos a fim de introduzir novas normas ambientais e de saúde. A fabricante de cigarros Philip Morris International entrou com uma ação contra o governo australiano, desafiando políticas relativas à produção do tabaco que foram introduzidas para salvaguardar a saúde pública. E uma empresa suíça, Vattenfall, que controla duas usinas de energia nuclear na Alemanha, está pleiteando ser ressarcida por danos relacionados à decisão da Alemanha de abandonar aos poucos a energia nuclear.

Empresas de água estão usando esta corte para enfrentar governos que tentam recuperar o controle público de seus serviços hídricos. Em 1999, Azurix, uma subsidiária da Enron Corporation, concordou em comprar o direito exclusivo de fornecer água e serviços de saneamento para partes de Buenos Aires por trinta anos. Quando o governo argentino emitiu um aviso para os cidadãos ferverem a sua água após uma contaminação por algas, alguns clientes recusaram-se a pagar suas contas de água; a empresa retirou-se do contrato e processou o governo. Um tribunal do ICSID decidiu a favor da empresa e ordenou o governo da Argentina a pagar US$ 165 milhões em compensação. Em 2010, o ICSID novamente decidiu a favor de uma companhia para a água, em uma disputa envolvendo a companhia transnacional francesa Suez. Dessa vez foi o governo argentino que rescindiu o contrato devido a preocupações sobre a qualidade da água, falta de tratamento de águas residuais e tarifas cada vez mais caras. A companhia pediu um ressarcimento por danos de US$ 1,2 bilhão. Quando a "cenoura da persuasão" não funciona, o Banco Mundial usa a "vara da obediência financeira".

Os resultados dessa política de mercantilização foram um desastre, diz a ONG com sede em Boston, Responsabilidade Corporativa Internacional, em seu relatório de abril de 2012, *Shutting the Spigot on Private Water*. Embora aproximadamente um terço de todos os contratos de água privada assinados entre 2000 e 2010 tenha sido um fracasso completo ou estejam passando por problemas, diz o grupo ativista, o Banco Mundial está dando mais dinheiro do que nunca para projetos hídricos privados. O braço do setor privado do Banco Mundial, o IFC, gastou US$ 1,4 bilhão em corporações de água privadas desde 1993; em 2013 esse montante saltará para US$ 1 bilhão ao ano.[8]

Além disso, diz Shayda Naficy, do relatório, o dinheiro está indo diretamente para as próprias corporações, passando ao largo tanto dos governos quanto das próprias exigências do Banco Mundial por transparência. O próprio Banco Mundial está investindo agora diretamente, e nas próprias companhias de água que ele está impondo aos países pobres. Em setembro de 2010, o IFC finalizou silenciosamente um investimento de 100 milhões de euros na Veolia Voda, a subsidiária do leste europeu da maior corporação de água privada do mundo. Um investimento do Banco Mundial similar nas Filipinas teve um resultado desastroso, diz a Responsabilidade Corporativa Internacional, que acrescenta que ao assumir uma participação acionária tão grande nessa empresa, o banco criou para si mesmo um incentivo financeiro perturbador para ignorar provas de que um projeto privado está fracassando.

O Banco Mundial também é parceiro do Conselho Mundial da Água, que administra o Fórum Mundial da Água; a Parceria Global da Água, que promove serviços hídricos privados no hemisfério sul e está por trás de políticas controversas para promover o financiamento público de água de serviços hídricos privados; e grupos de pressão de negócios importantes como o Conselho Empresarial Mundial para o Desenvolvimento Sustentável, que foi influente para diluir compromissos ambientais na Cúpula da Terra original em 1992. Outro parceiro do Banco Mundial, a Aquafed – a Federação Internacional de Operadores de Água Privados – existe somente para promover os interesses dos operadores de água privados. Com mais de trezentos membros corporativos de quarenta países, ela inclui todas as principais prestadoras privadas de serviços e a maioria das associações nacionais de operadoras de água privadas. Embora seus membros tenham lutado contra o direito à água por anos e estejam ocupados privatizando o patrimônio público global da água, a Aquafed teve uma participação fundamental no Sexto Fórum Mundial da Água em Marselha, e reivindica orgulhosamente ter contribuído para todas as sessões temáticas no fórum sobre o direito à água potável segura.

O último grupo pró-corporativo de água a se formar é o 2030 Water Resources Group (WRG), uma parceria público-privada lançada em 2008. Ela compreende o Banco Mundial, o Fórum Econômico Mundial – a organização que traz as principais lideranças empresariais e governamentais todos os anos para Davos, Suíça, e teve uma atuação fundamental por trás da globalização econômica –, e uma série de corporações da água importantes, incluindo a Nestlé, Coca-Cola e Veolia. O WRG promete expandir o papel do setor privado em serviços de água e de saneamento, e influenciar o clima político sobre a governança da água "a fim de habilitar mais mecanismos baseados no mercado" em países mundo afora, como disse em um relatório de 2008.

O presidente do conselho da Nestlé, Peter Brabeck, foi indicado para presidir o Water Resources Group, que já recebeu US$ 1,5 milhão em financiamento. Isso causou uma grande preocupação entre os grupos e as comunidades que estão lutando para manter as fontes de água locais em mãos públicas, à medida que Brabeck pode usar esta posição de influência para avançar as metas corporativas da Nestlé e outras companhias privadas de água.

## NESTLÉ ESTABELECE POLÍTICA DE ÁGUA GLOBAL

A água engarrafada é uma forma altamente controversa de privatização do patrimônio público da água. As empresas de água engarrafada estabelecem fábricas sobre cursos d'água, rios e aquíferos específicos e então os exploram sem piedade. Elas criam montanhas de lixo plástico, emitem uma quantidade enorme de gases do efeito estufa na sua produção, e usam quantidades enormes de energia transportando essas garrafas mundo afora. Sua pronta disponibilidade solapa a necessidade de se construir serviços hídricos públicos em países pobres. Um executivo de uma empresa de água engarrafada disse desavergonhadamente que, da mesma forma que os telefones celulares substituíram a necessidade de fornecer linhas fixas em países pobres, a água engarrafada removerá a necessidade de se construir sistemas hídricos públicos.

Apesar da luta contra a água engarrafada na América do Norte, os lucros da indústria estavam crescendo exponencialmente. Quase 200 bilhões de litros de água engarrafada foram vendidos em 2011, e o mercado de água engarrafada global hoje em dia está próximo dos US$ 100 bilhões. Em 2015 a indústria estará gerando mais de US$ 126 bilhões em receitas brutas e terá crescido em 20% em apenas cinco anos.[9] Esse aumento é em grande parte devido à expansão na Ásia, África e América Latina, onde a qualidade da água é pequena, mas as classes emergentes têm condições de comprar água engarrafada. Azaz Motiwala, presidente de uma empresa de consultoria de marketing, diz: "Sou altamente otimista a respeito do futuro do mercado hindu de água engarrafada. A crescente escassez de água potável segura, a mudança nos estilos de vida e a expansão agressiva de empresas atuantes no mercado podem levar essa indústria a ser a próxima indústria do petróleo na década seguinte".[10]

A Nestlé, a gigante de produtos alimentícios e água, tem vendas anuais de US$ 91 bilhões. Ela é a maior empresa de água engarrafada do mundo e está promovendo agressivamente o marketing da água engarrafada tanto para os ricos quanto para os pobres em países com uma crescente crise de água. A sua marca tremendamente bem-sucedida Pure Life é barata de engarrafar porque ela não passa de água municipal purificada. Em abril de 2012, a Nestlé anunciou que havia comprado a unidade de nutrição para bebês da Pfizer, que lhe permitirá vender a fórmula para bebês juntamente com a água engarrafada Pure Life para o que eles chamam de "consumidores menos afluentes em mercados emergentes". Wenonah Hauter, da Food and Water Watch, diz que não se trata de uma coincidência que a empresa vá vender os dois produtos juntos. Mulheres pobres terão de usar a água engarrafada em vez das fontes locais contaminadas, para misturar sua fórmula para bebês, um bônus a mais para a Nestlé. Vender água para os países que não têm água limpa capitaliza sobre a crise da água e não faz nada para solucioná-la, acrescenta Hauter.[11]

Nos Estados Unidos, a Nestlé busca atingir as populações de imigrantes que vêm de países onde a água não é segura e assim não confiam na água da torneira. A companhia gastou milhões em comerciais de televisão buscando atingir mães hispânicas imigrantes, alegando que a Pure Life promove a nutrição. A maior parte do público-alvo é composta de comunidades de baixa renda que poderia poupar um dinheiro significativo bebendo água da torneira, que é muito segura nos Estados Unidos.

Na outra extremidade do espectro, na China o mercado é sofisticado. O estado dos cursos d'água da China, mais de 70% deles bastante poluídos, abriu enormes oportunidades para a Nestlé, que vende água para clientes chineses ricos em lojas finas. Um comercial de televisão da Nestlé mostra crianças fazendo caras infelizes após provarem a água da torneira. Uma criança derrama o seu copo no aquário em vez de bebê-lo. Seu rosto se ilumina quando a mãe lhe oferece uma garrafa de Pure Life. Vendas de água engarrafada na China subirão para US$ 16 bilhões em 2017, quando eram de apenas US$ 1 bilhão em 2000.[12]

O posicionamento de Peter Brabeck como um especialista na crise de água global é uma questão que preocupa particularmente, dada a influência que ele exerce sobre a política hídrica através do seu papel consultivo com governos e o Banco Mundial. Uma coisa é capitalizar com a crise de água global vendendo água engarrafada, mas outra é promover a privatização dos serviços hídricos e do comércio de água a partir de uma posição de poder. O homem que começou como vendedor de sorvetes para a Nestlé agora também influencia as políticas de ajuda hídrica do governo suíço, através da controversa Parceria de Água Suíça da Agência Federal para o Desenvolvimento e Cooperação daquele país. A Nestlé também é uma participante fundadora da CEO Water Mandate da ONU, e tem sido influente dentro de agências poderosas da ONU que moldam as políticas relativas à água.

Então tem grande importância para o futuro da água no mundo que Peter Brabeck promova avidamente o controle privado da água. Ele uma vez famosamente descreveu a noção de que a água é um direito humano como algo "extremo", uma declaração que foi amplamente criticada. Ele agora admite a necessidade de reservar água para os que mais necessitam, mas diz que o mercado deveria determinar o resto da água do mundo: "Doe 1,5% da água, torne essa percentagem um direito humano. Mas me dê um mercado para os 98,5% de maneira que as forças de mercado sejam capazes de reagir, e elas serão a melhor orientação que você poderá ter. Porque se as forças de mercado estão presentes, os investimentos serão feitos".[13]

Brabeck apoia mercados de água e o comércio de água. Ele criou uma tempestade de críticas em Alberta, Canadá, em julho de 2011 quando anunciou que estava em conversação com o governo de Alberta para estabelecer uma "bolsa de água" para permitir que a água seja negociada e vendida como uma mercadoria. Ele acrescentou que a província é ideal para um esquema desses, pois a água em Alberta é escassa e a competição por ela disputada. Ele faz parte de um conselho para a Universidade de Alberta sobre políticas hídricas, juntamente com nomes importantes na indústria da energia em uma província onde operações de extração do petróleo das areias de alcatrão estão destruindo fontes de água locais. Estudantes, fazendeiros, ambientalistas e outros que estão tentando manter o controle democrático das provisões de água em declínio de Alberta protestaram contra Brabeck quando ele recebeu um doutorado honorário da universidade.

Brabeck adotou um conceito chamado "criando valor compartilhado", apresentado pela primeira vez pela *Harvard Business Review* para promover responsabilidade corporativa social. Em uma época de desconfiança pública das grandes empresas, a ideia era fundir o que é bom para o negócio com o que é bom para a comunidade, em um cenário que todos saem vencendo. Brabeck promove a noção de que o que é bom para a Nestlé, que ele chama de "a companhia global de saúde e bem-estar líder", é bom para o mundo, e que juntos, todas as "partes interessadas" – negócios, governo e sociedade civil – podem criar um consenso sobre a política da água.

Um "valor compartilhado" chave para a Nestlé é a necessidade da conservação da água do mundo, um tema que Peter Brabeck fala seguidamente a respeito. Isso claramente não foi transmitido para a Nestlé Waters Canada. Em outubro de 2012, a empresa apelou de uma decisão tomada pelo ministro do meio ambiente de Ontário de impor reduções mandatórias nas extrações de água em épocas de seca severa; a Nestlé tem uma operação de extração de água lucrativa em Guelph, Ontário. Outro valor declarado da Nestlé é a adequação à lei e a códigos de conduta. Entretanto, em janeiro de 2013 uma corte civil na suíça julgou a empresa culpada de espionar a ATTAC Suíça, uma organização de justiça social rival da Nestlé que estava reunindo informações sobre a empresa para publicação. A Nestlé foi condenada a pagar pelos danos a cada uma das nove vítimas.

Em 2009, um grupo que inclui a Responsabilidade Corporativa Internacional, o Fórum Internacional de Direitos do Trabalho, ativistas sindicais das Filipinas e a ONG Baby Milk Action, pediram que a Nestlé fosse expulsa do Pacto Global da ONU por não cumprimento de acordos sindicais, uso de trabalho infantil na Colômbia e degradação ambiental de recursos hídricos em muitas partes do mundo – todas as atividades que violam o código de conduta corporativo da empresa.

Peter Brabeck usa o seu papel junto ao Grupo de Recursos Hídricos do Banco Mundial para promover a mercantilização da água mundial. A estratégia do grupo é inserir o setor privado no gerenciamento da água, um país de cada vez, por meio de uma combinação de pesquisa financiada pela indústria e parcerias diretas com agências governamentais, relata a Responsabilidade Corporativa Internacional. A fim de se habilitarem para o financiamento, todos os projetos têm de fornecer pelo menos um parceiro do setor privado. Isso viola a própria meta do Banco Mundial de mitigação da pobreza, seu compromisso declarado relativo aos direitos à água e ao saneamento, e suas regras de transparência.[14]

No Fórum Econômico Mundial de 2010, o Grupo de Recursos Hídricos lançou uma série de projetos-piloto com uma meta clara: "construir uma plataforma público-privada impulsionada pela demanda para dar apoio aos governos que querem engajar-se em reformas no setor hídrico".[15] Levando-se em consideração que a maioria dos países em desenvolvimento não terá escolha se eles quiserem os financiamentos do Banco Mundial, é falso sugerir que o Grupo de Recursos Hídricos está fazendo um favor a esses países ao estabelecer esses projetos. Qualquer país que precisa de financiamento para os serviços hídricos está deixando não apenas o Banco Mundial adentrar o núcleo do seu governo, mas também a Coca-Cola, PepsiCo, Suez, Veolia, e, é claro, a Nestlé. Tristemente, essa iniciativa é ajudada por fundos públicos por meio das agências de desenvolvimento da Suíça e da Alemanha.

O modelo é claro: os governos e seus cidadãos colocam o dinheiro, o setor hídrico privado fornece os serviços hídricos por um lucro e ONGs bondosas fazem caridade para os pobres – o oposto exato de um modelo de justiça hídrica e democracia. O "valor compartilhado" da privatização da água é imposto sobre os países pobres e adotado com entusiasmo por países ricos e alguns países em desenvolvimento, como a África do Sul e a Índia, cujos governos adotaram o modelo de mercado de desenvolvimento. O conceito também está sendo usado como uma arma contra ativistas locais que não compram a ideia de um futuro corporativo para os seus sistemas hídricos locais. E comunidades mundo afora estão sentindo o efeito da perda de seus sistemas hídricos.

# 7

## A PERDA DA PROPRIEDADE PÚBLICA DA ÁGUA DEVASTA COMUNIDADES

A água é vida e privar qualquer pessoa desse recurso natural é nada menos que privar alguém do direito à vida. Extinguir a vida de uma pessoa intencionalmente é o equivalente a um assassinato. — **Moulana Usman Baig, Conselho All India Imams**

### O ESTADO DE KARNATAKA NA ÍNDIA: UMA PLACA DE PETRI PARA A PRIVATIZAÇÃO DA ÁGUA

Um dos primeiros projetos do Grupo de Recursos Hídricos ocorre no estado carente de água de Karnataka, na região sudoeste da Índia. Tão séria é a crise de água ali que 7.500 vilarejos estão experimentando uma severa escassez de água e outros 15 mil estão correndo risco. Cientistas avisam que o estado poderia realmente ficar sem água. Além disso, 80% da população não têm água potável em suas casas e 68% defecam na rua. Para mitigar a crise, uma série de medidas precisa ser urgentemente tomada. O aproveitamento da água da chuva, assim como a recuperação da bacia hidrológica renovariam o ciclo hidrológico, enquanto um programa de gestão local democrático das bacias hidrográficas e um plano para fornecer água e saneamento para a população, como exigido sob a resolução da ONU, alocaria recursos para o benefício de toda a população.

No entanto, Karnataka e a Índia adotaram políticas agressivas para privatizar seus recursos hídricos a fim de atrair o capital estrangeiro para ajudar a transformar a Índia de sociedade em grande parte rural para sociedade urbana, industrializada. O governo hindu colocou como meta um modelo de crescimento econômico anual continuado de 8 a 10%. Isso criou um padrão de desenvolvimento na Índia, diz Madhuresh Kumar, da Aliança Nacional de Movimentos Populares, que vê a água da Índia como um recurso para o desenvolvimento industrial. A Índia está enfrentando uma redução nas suas provisões de água limpa causadas pela exploração intensa da água subterrânea, pelas atividades industriais e de mineração, pela construção de grandes represas e usinas termoelétricas e por um aumento na contaminação da água de indústrias extrativas. Milhões de pessoas já foram desapropriadas.

Com o lençol freático diminuindo ao mesmo tempo em que a demanda está aumentando, "um cenário crível seria o desvio das fontes de água doce para fins industriais... fazendo o bem-estar humano correr um grande risco", diz Kumar.[1] Em outras palavras, chegará o dia em que as necessidades da população estarão em rota de colisão com as necessidades de desenvolvimento, e os governos terão de fazer uma escolha. Quanto mais água estiver em mãos particulares, mais provável que a escolha seja promover a água para o crescimento econômico. Se isso parece uma medida severa, basta olhar para os milhões que já foram desapropriados para dar lugar a grandes represas e zonas de livre comércio para ver a tendência emergente.

Esta ênfase sobre a utilização da água do país para promover o desenvolvimento econômico é refletida na atualização há muito esperada de sua política hídrica. Embora a Política Hídrica Nacional de 2012 da Índia defenda a água como um recurso comunitário, ela também se refere à água como um bem econômico, que tem seu preço estabelecido de acordo com princípios econômicos e sujeito a parcerias público-privadas. De maneira decepcionante, tal política não reconhece a água e o saneamento como direitos básicos, e permite que a infraestrutura hídrica seja construída com fundos públicos, mas gerida por parcerias público-privadas, como defendido pelo Banco Mundial – simplesmente o modelo que o Grupo de Recursos Hídricos está promovendo em Karnataka.

Autoridades estaduais e líderes de negócios, que chamam Karnataka de o "Vale do Silício da Índia" e sua maior cidade, Bangalore, "a capital de *call centers*

ÁGUA – FUTURO AZUL 103

do mundo", escolheram o estado para desenvolvê-lo industrialmente e colocaram sua água no mercado. A Política de Saneamento e Água Potável Urbana do estado de 2002, escrita por conselhos do Banco Mundial, marcou um afastamento da visão tradicional de que a água é uma propriedade pública cujo acesso é um direito fundamental para a visão de que a água é uma mercadoria, diz a Campanha do Povo pelo Direito à Água. A política assegura a cobertura universal de serviços hídricos e de saneamento "que as pessoas querem e pelos quais estão dispostas a pagar".

O estado tornou-se um garoto-propaganda para a privatização da água, desmontando a sua distribuição de água pública. A Veolia e outras empresas prestadoras de serviços privadas e com fins lucrativos fornecem agora os serviços hídricos em uma série de cidades para aqueles que podem pagar por eles; de maneira chocante, milhares de torneiras públicas foram removidas. Isso teve um impacto devastador sobre milhares de pessoas dependentes dessas torneiras. O governo de Bangalore anunciou que vai privatizar sua água, decisão que encontrou uma forte resistência. Em fevereiro de 2011, o Departamento de Comércio norte-americano enviou para Bangalore uma missão comercial para a água composta por executivos, a fim de "explorar o mercado de água de US$ 50 bilhões da Índia" e auxiliar empresas norte-americanas a "aproveitarem oportunidades de exportação nesse setor", nas palavras de um dos delegados. Os Estados Unidos decidiram focar seus esforços em Karnataka porque o estado é reconhecido como um líder no desmantelamento dos sistemas públicos para a distribuição da água, diz Kshithij Urs, da ActionAid em Karnataka. A missão comercial mudou a situação hindu completamente, ele acrescenta.[2]

Karnataka é um dos experimentos do Grupo de Recursos Hídricos de Peter Brabeck. Os parceiros hindus não são governos locais ou conselhos, mas a Confederação da Indústria Hindu e o Conselho de Energia, Meio Ambiente e Água, um grupo de pressão público-privado que fez uma parceria sobre a renovação da água urbana com o gigante prestador de serviços Veolia. A finalidade declarada do projeto é "ajudar o governo a desenvolver um plano hídrico de ação para a transição de uma economia agrícola para uma economia industrial", assegurando que provisões de água cada vez menores de Karnataka "correrão morro acima na direção do dinheiro", como dizem na hidricamente conflituosa Califórnia. E milhões sofrerão.

## LUCRANDO COM A CRISE HÍDRICA DA NIGÉRIA

Outro exemplo é a Nigéria, onde a crise da água é uma das piores do mundo. Bem mais de metade da população – 70 milhões de pessoas – não tem acesso à água limpa, de acordo com o Ministério da Água, e dois terços não têm acesso a saneamento. Apenas a China e a Índia têm populações maiores sem acesso à água. Em Lagos, que logo se tornará a terceira maior cidade no mundo, apenas um quarto da população, de 21 milhões de habitantes, da cidade tem acesso à água encanada. Caminhões-pipa privados, carroças, poços e fontes fornecem o resto. As famílias gastam metade dos seus orçamentos para o lar na compra de água.

Em vez de apresentar um plano para ajudar o país a fornecer uma água pública segura para a sua população, a Corporação Internacional de Finanças do Banco Mundial promoveu repetidamente a privatização como a única solução. Em 1999, ela desenvolveu uma proposta que "exigia" que o governo do estado de Lagos buscasse operadores do setor privado como uma condição para receber fundos do Banco Mundial. Em 2003, ela sugeriu o desenvolvimento da privatização da água na Nigéria através de uma estrutura de "franquias" similar ao método usado para as cadeias de *fast-food,* como a KFC, por meio da qual vendedores de água privados atuariam com a "marca" de uma companhia de água transnacional. Em 2005, o Banco Mundial propôs um projeto de "reforma do setor da água" de US$ 200 milhões com base em parcerias público-privadas. No entanto, havia um problema. Devido à pobreza do país e, portanto, as oportunidades limitadas para ter lucro, nem uma corporação importante do setor privado quis saber desses projetos, e nenhum investimento ocorreu no setor hídrico do país.

Não obstante isso, relata a Unidade de Pesquisa Internacional de Serviços Públicos, em 2004, antecipando o capital estrangeiro prometido, o governo nigeriano aprovou uma lei para promover a privatização dos seus serviços hídricos e deu a Lagos Water Corporation um mandato para começar a operar em uma base de recuperação total de custos. A companhia começou a cortar o serviço daqueles que não conseguiam pagar suas contas de água e mesmo a desconectar a provisão de água de escolas primárias públicas que haviam deixado de pagar as suas contas.[3]

Em janeiro de 2013, a Corporação Internacional de Finanças, agora aconselhada por Peter Brabeck da Nestlé, recomeçou as negociações com o governo nigeriano e o setor privado para produzirem um plano. Após anos ouvindo que

ÁGUA – FUTURO AZUL 105

a única solução para a sua crise de água é a privatização, o governo nigeriano não tem um plano alternativo. Sarah Reng Ochekpe, ministra dos Recursos Hídricos, disse: "Apesar de o fato da água ser um bem social, nós precisamos olhar para o potencial econômico da mercadoria".[4] Podemos imaginar os termos que o governo aceitará para finalmente atrair os fundos privados há tanto tempo prometidos pelo Banco Mundial.

Enquanto isso, a Nestlé tem lucros enormes com a crise de água nigeriana, vendendo sua marca Pure Life. A empresa, infame por empurrar fórmulas para bebês para pessoas carentes, agora empurra o seu projeto de "criar valor compartilhado" para os nigerianos. Ela realiza seminários comunitários e universitários sobre "investimento sustentável em água e nutrição" e sessões de treinamento para professores de escolas públicas sobre "hidratação sadia". Diz Etienne Benet, presidente da Nestlé para a África Central e Ocidental: "Como empresa líder no mercado de nutrição, saúde e bem-estar, nós avançamos mais ainda ao encorajar as pessoas a adotarem dietas mais saudáveis, seja o problema uma deficiência em vitaminas e minerais, em um extremo do espectro, ou obesidade no outro. Isso é o que nós chamamos de criar valor compartilhado e é assim que demonstramos nosso comprometimento".[5]

A Nestlé Waters Nigeria vai além dos seminários a respeito do valor nutricional da água engarrafada. Ela equaciona diretamente as suas crescentes vendas de água engarrafada com sua contribuição para que os Objetivos de Desenvolvimento do Milênio da ONU a respeito da água e do saneamento sejam atendidos. A Nestlé se orgulha que sua fábrica industrial de água em Agbara é uma das estratégias de intervenção da empresa para provisão de água potável segura e acessível e "representa a contribuição da Nestlé para atingir um dos Objetivos do Milênio na Nigéria, do qual a provisão de água potável segura é uma meta fundamental". A companhia sente orgulho e não vê contradição no fato de que ela tenha "alavancado seu posicionamento no segmento de produtos para a saúde para tornar-se a marca de água engarrafada preferida para as ocasiões de consumo em que as pessoas estão em deslocamento, fora de casa e com a família".[6] Não causa surpresa, dado a situação desoladora da água doce na Nigéria, que o mercado de água engarrafada seja muito lucrativo e esteja crescendo, de acordo com a companhia, com "perspectivas a longo prazo excelentes". Em outubro de 2012, a Nestlé Nigéria (incluindo ambas suas divisões de alimentos e água) anunciou um aumento no seu lucro pré-impostos de 41% em relação ao ano anterior.

## PLANO DE AUSTERIDADE COLOCA AS POPULAÇÕES E A ÁGUA DA EUROPA EM RISCO

A Europa tem uma sólida história de serviços hídricos públicos, embora em décadas recentes muitos países privatizaram parcialmente algumas empresas prestadoras de serviços hídricos. Mas mesmo esse experimento limitado provocou grandes problemas, e muitos municípios não estão renovando os contratos privados. Mesmo a França, onde companhias privadas administraram empresas de serviços hídricos por mais de cem anos, trouxe os serviços hídricos para a administração pública em muitas cidades, incluindo Paris.

Contudo, a crise financeira de 2008 e a agenda de austeridade da Comissão Europeia (CE) colocaram a água pública na Europa na tábua de corte. Os bancos privados, que eram eles mesmos em grande parte responsáveis pela quebra financeira, estão fortemente por trás da ofensiva para privatizar a água da Europa, assim como as corporações europeias que têm a lucrar com a transferência dos serviços hídricos do controle público para o privado. A ironia é, obviamente, que os bancos foram resgatados financeiramente com fundos públicos que subsidiam as empresas de água também.

Junto com o Fundo Monetário Internacional e o Banco Central Europeu, a CE impôs condições para o resgate financeiro de países endividados que incluem a venda de serviços públicos, incluindo a água. Em uma carta de setembro de 2012 para vários grupos preocupados a respeito da imposição da privatização da água como uma condição de mitigação da dívida, um dirigente da CE confirmou abertamente essa política: "A Comissão acredita que a privatização de empresas de serviços públicas, incluindo empresas que fornecem água, pode proporcionar benefícios para a sociedade quando cuidadosamente feitas". O dirigente também observou que a privatização de serviços públicos contribuiria para a redução da dívida pública.

A privatização da água vai contra tanto a opinião pública quanto as evidências empíricas. Um relatório de 2012 da Unidade de Pesquisa Internacional de Serviços Públicos (*PSIRU – Public Services International Research Unit*) mostra que não apenas muitos municípios europeus estão tentando desfazer experimentos de privatização fracassados, mas também que muitas operações de água privadas europeias terminam recorrendo ao erário público em busca de financiamentos e investimentos. De acordo com o estudo, empresas privadas receberam quase 500 milhões de euros em financiamento do Banco Europeu para

Reconstrução e Desenvolvimento desde 1991. Na realidade, ambas as principais empresas de serviços privadas, Suez e Veolia, são cada vez mais dependentes do capital do Estado para suas atividades hídricas, diz o relatório.[7]

Um relatório do Projeto Água Azul sobre a implementação do direito à água na Europa, editado por David Hall da PSIRU e Meera Karunananthan do projeto, fala dos fracassos da privatização da água em países por todo o continente. A United Utilities da Grã-Bretanha tem administrado o sistema hídrico de Sofia, na Bulgária, desde 2000. Ela foi trazida para acabar com o índice de vazamentos de 60%, mas não cumpriu com nenhuma de suas metas contratuais. O índice de vazamento da cidade permanece o mesmo, no entanto, as tarifas de água aumentaram regularmente. As novas medidas de austeridade permitem a ampliação da privatização em outros vilarejos e cidades búlgaras, assim como aumentos exorbitantes das taxas de água privadas. Ao mesmo tempo, as taxas comerciais de água caíram dez vezes a fim de estimular a economia. De acordo com o grupo ambiental Za Zemiata, mil lares em Sofia tiveram seus serviços hídricos cortados em 2011 e cinco mil foram advertidos por não pagarem suas contas. Trezentas e setenta famílias em Sofia foram despejadas no início de 2012 por falta de pagamento das suas contas de água. Da mesma forma, pessoas vivendo em assentamentos informais são completamente negligenciadas pela companhia de água.[8]

As duas maiores cidades da Grécia, Tessalônica e Atenas, permitiram a privatização parcial das suas companhias de água, EYATH e EYDAP, no final dos anos de 1990, mas mantiveram um controle público majoritário. No entanto, sob o plano de austeridade da CE, as duas cidades estão se preparando para privatizar completamente seus serviços hídricos, provavelmente para a Suez. Desde o início do experimento da privatização, a força de trabalho foi cortada em quase dois terços, o preço dos serviços da água aumentou em 300%, e os serviços não melhoraram, relatam os sindicatos para as suas empresas. A EYATH de Tessalônica serve uma rede de 2.330 quilômetros e 510.000 metros de canos com apenas 11 encanadores, relata o sindicato. Ele prevê taxas de água mais altas, mais privatização e mais cortes para aqueles incapazes de pagar. Já, com uma perda de 40% de renda à disposição em cinco anos e uma taxa de pobreza oficial de 21%, muitos gregos tiveram seus serviços de energia e água cortados. Com um governo avisando que pode ficar sem dinheiro para pagar as pensões, a perda de um sistema público de água será desastroso para milhões no "berço da civilização ocidental".[9]

Portugal também tem uma história de gestão pública de água com governos promovendo a privatização, começando no início dos anos 1990. As taxas dispararam, de modo que os clientes pagam 30% mais com relação ao sistema público. O programa de austeridade pública de Portugal instituiu cortes profundos aos salários, pensões e previdência social, e a perda de renda poderia atingir 50%, diz uma coalizão de organizações de justiça social e contra a pobreza. Apesar disso, o governo foi obrigado a vender a Águas de Portugal, a companhia de água nacional, juntamente com uma série de outros provedores de serviços públicos, a fim de receber o auxílio para a dívida. Isso deixa o governo totalmente destituído de qualquer capacidade efetiva de desenvolver uma política pública para lidar com a crescente crise social. Ao mesmo tempo em que o salário mínimo foi congelado, ocorreu um aumento enorme nas taxas de água que resultou em cortes por toda parte. Para piorar ainda mais esse absurdo, o governo ordenou que todas as fontes de água públicas fossem fechadas a fim de "proteger" os lucros das companhias de água privadas.[10]

A Espanha começou um processo de privatização parcial da água em meados dos anos de 1980. Aproximadamente 50% dos serviços hídricos da Espanha são geridos hoje em dia por empresas de serviços privadas, a maioria pela Agbar, de propriedade da Suez, e pela Aqualia, que tem ligações com a Veolia. Madrid manteve um sólido serviço de água pública com uma boa reputação, mas está agora planejando privatizar a Canal de Isabel II, sua empresa pública de serviços hídricos, como parte do seu programa de austeridade. Cidadãos locais estão indignados, pois não houve transparência ou consulta pública. Barcelona entregou seus serviços de água potável, sem uma proposta aberta, para a Agbar. Uma coalizão de cidadãos locais contra a privatização, Aigua és Vida, diz que o governo está vendendo a empresa de serviços hídricos por um valor baixo, a fim de atender o pagamento de sua dívida. O grupo estima que a Agbar lucrará 1,4 bilhão de euros durante a validade de cinquenta anos do seu contrato, um dinheiro que não será investido de volta na proteção de fontes ou serviços públicos.[11]

Como na Grécia e em Portugal, o povo espanhol está sofrendo. A renda média disponível caiu em 10% desde 2008 e muitos não conseguem mais pagar as contas de água, aquecimento ou eletricidade. Grupos contra a pobreza relatam centenas de despejos todos os dias por todo o país à medida que as famílias não conseguem pagar o aluguel. O número de sem-tetos está aumentando. A pior medida possível que o país pode tomar é remover os serviços públicos como a água e entregar as provisões de água do país para companhias transnacionais controladas por estrangeiros.

Embora tecnicamente as redes de água na Itália sejam de propriedade pública, os governos aprovaram leis ao longo dos últimos quinze anos para começar o processo de privatização. Como consequência, aproximadamente metade da população recebe seus serviços hídricos de uma parceria público-privada. O Forum Italiano dei Movimenti per l'Acqua relata que as taxas de água aumentaram juntamente com o processo de privatização, uma alta de 61,4% entre 1997 e 2006. Nos mesmos anos, investimentos no setor hídrico caíram em mais de 70% e a força de trabalho no setor foi cortada em 30%. O investimento mais baixo resultou na deterioração dos serviços, assim como danos ambientais de práticas deficientes de tratamento das águas residuais. Isso teve sérias consequências para os rios locais e o Mar Mediterrâneo. Conselhos privados administram a maioria das empresas de serviços sem transparência pública.

A resistência pública à privatização da água conteve a investida da CE por mais privatizações no setor da água até o momento, mas essa luta está longe de ter acabado. Como em outros países, cortes profundos nos salários, pensões, saúde pública e previdência social tiveram um efeito dramático sobre a população. Muitas cidades enfrentam a falência a não conseguem manter seus serviços públicos, incluindo a água.

## O LEGADO DE MARGARET THATCHER

Os europeus podem aprender uma lição sobre a privatização da água do lugar que primeiro a adotou. As taxas de água pagas pelos cidadãos na Grã-Bretanha, assim como os lucros obtidos pelas corporações dispararam desde que Margaret Thatcher introduziu a privatização da água em 1989. Vinte e uma empresas privadas fornecem todos os serviços hídricos na Inglaterra e País de Gales, e elas obtiveram um lucro pré-impostos de mais de 2 bilhões de euros em 2011. As contas dos lares, que dispararam 147% na primeira década de privatização, são de quase 400 euros por família. As companhias querem agora instalar um medidor de água em cada casa de maneira que os residentes paguem o custo total da água, incluindo dividendos aos acionistas. Sindicatos e muitos outros se opõem fortemente a essa iniciativa, citando o dano já feito aos pobres, aos idosos e aos deficientes físicos pelas altas taxas de água.

As companhias também são infames por seu histórico de poluição. Ofwat, o órgão que supervisiona o regulamento do sistema de água privatizado, admite que bem mais de 3 bilhões de litros de água vazam do sistema de esgoto rachado do país todos os dias. No entanto, metas para reduzir os vazamentos são voluntárias, e a agência admite que apenas oito das 21 companhias de água privadas estabeleceram uma meta de zero vazamento.[12] Além disso, Thames Water, que administra o sistema hídrico de Londres, tem lançado águas residuais semi-tratadas e não tratadas no Rio Tâmisa por anos. Por mais de uma década a companhia tem prometido construir um túnel de última geração para levar o esgoto até o mar (desse modo, meramente escondendo a poluição no oceano), o que não foi feito.

Além disso, as companhias de água pagam pouco ou nenhum imposto. O *The Guardian* relata que a Thames Water e a Anglian Water não pagaram imposto algum sobre os seus lucros em 2012 enquanto recompensaram generosamente seus executivos e investidores. Em seu relatório de março de 2013, a Thames Water mais uma vez reconheceu que não pagou imposto algum e que havia colocado no bolso um crédito do governo de US$ 7,5 milhões. Ambas as empresas realizaram centenas de milhões de libras em lucros operacionais, e algumas recompensaram seus executivos seniores com bônus consideráveis e enormes dividendos. Martin Baggs, o executivo chefe da Thames Water, que gozou de um desconto nos impostos em 2012 de £ 76 milhões (US$ 116 milhões) apesar de realizar lucros operacionais de £ 650 milhões, recebeu um bônus de £ 420.000 (US$ 640.000) em cima de seu salário de £ 425.000. Em 2013, o seu salário foi aumentado para o equivalente a US$ 675.000 e seu bônus chegou a US$ 960.000. Baggs está a caminho de receber mais uma bolada de US$ 1,5 milhão, dependendo do desempenho da companhia até 2015.[13]

O colunista do *Observer*, Will Hunton, chama Londres de a "capital efluente da Europa" e relata que, desde 2006, a Thames River é propriedade de um grupo de fundos de *private equity* com domicílio em Luxemburgo e dirigido pelo banco australiano Macquarie. "Ao maximizar a dívida, todos os pagamentos de juros incrivelmente altos podem ser usados para abater os impostos, de maneira que em 2012 a companhia não pagou imposto algum, mesmo enquanto pagava £ 279,5 milhões de dividendos – sujeitos, é claro, à tributação mínima de Luxemburgo".[14]

Não causa espanto que uma pesquisa recente encontrou que 72% dos britânicos querem os seus serviços hídricos novamente em mãos públicas. No en-

ÁGUA – FUTURO AZUL

tanto, uma nova lei a ser votada no Parlamento Britânico na realidade reduziria as restrições atuais sobre as fusões e aquisições no setor da água, tornando mais fácil para as companhias de água realizar fusões e mais fácil para os negócios competir no fornecimento de água para a Inglaterra, a Escócia e o País de Gales.[15]

## CHILE ENTREGA SUA ÁGUA INTEIRAMENTE PARA AS CORPORAÇÕES

O Chile foi mais longe que qualquer outro país na mercantilização da água e na criação de uma economia de mercado baseada em direitos de água privados, privatização de serviços hídricos, construção de represas e controle corporativo de rios para a mineração e outras indústrias extrativistas, relata a rede ambiental altamente respeitada Chile Sustentable. Em um relatório de 2010, vários autores e especialistas remontam as origens do processo na ditadura de Augusto Pinochet.[16]

A mercantilização da água do Chile começou com o Código da Água de 1981 promulgado pelo regime militar, que foi baseado em uma forte tendência pró-negócios. Pela primeira vez na história do Chile, as terras e a água foram separadas para permitir a compra e venda da água, sem restrições. Embora a água seja definida como um bem público nacional, ela também é um ativo de mercado, permitindo a privatização da água através de concessões gratuitas e perpétuas dos direitos a grandes interesses corporativos. Uma vez que os direitos à água tenham sido concedidos, o estado não tem mais o poder de intervir; a realocação desses recursos hídricos é feita através da compra e venda nos mercados de água.

O processo tem sido uma calamidade total para o povo do Chile e para o ecossistema. Ele concentrou a água do Chile nas mãos de um punhado de corporações, muitas das quais estrangeiras e a maioria do setor de exportação. Setenta e cinco por cento de toda a produção mineral está nas mãos de empresas privadas, a maioria delas transnacionais. Três empresas são proprietárias de 90% dos direitos à água para geração de energia em todo o Chile. A companhia de energia elétrica espanhola Endesa, recentemente adquirida pela companhia estatal italiana Enel, controla mais de 80% do total dos direitos à água nacionais para uso não consuntivo (água que é retornada à bacia hidrográfica). O setor agrícola consome aproximadamente 85% de toda a água concedida para o uso consuntivo (água que não é retornada à bacia hidrográfica), quase 20% do que é exportado na forma de exportações virtuais. Todos os agronegócios exportadores são de propriedade privada.

Esta concentração de poder sobre a água em mãos corporativas, em grande parte transnacionais, levou a um ataque sem precedentes sobre as fontes de água subterrânea e de superfície do país. Isso, por sua vez está causando uma tensão ecológica em muitas áreas e criando disputas entre as comunidades locais e as corporações. O relatório Chile Sustentável de 2010 cita a "degradação das bacias hidrográficas mais importantes do país" e uma escassez subsequente de água potável em muitos vilarejos rurais e comunidades indígenas. O consumo de água corporativa cresceu 160% entre 1990 e 2002 e continuou a passo acelerado. Os números do governo chileno preveem um aumento exponencial no uso comercial da água na próxima década.

Os agronegócios chilenos usam grandes quantidades de pesticidas, herbicidas e fertilizantes, todos os quais degradam as bacias hidrográficas. Da mesma maneira, eles drenam as fontes de água locais para produzir mercadorias de exportação. Comunidades na cidade ao norte de San Pedro vivem em uma luta feroz com várias companhias de agronegócios que controlam os direitos à água no aquífero de Yali. As companhias atualmente consomem a maior parte da água que o aquífero produz, forçando 16 comunidades locais a trazer a água em caminhões-pipa, e estão buscando ampliar os seus direitos, o que excederia a capacidade de produção do aquífero.

O desenvolvimento hidrelétrico por transnacionais está ameaçando áreas indígenas e protegidas por toda a região sul do Chile, onde as reservas de água são mais abundantes. Uma companhia estatal norueguesa está planejando represar quinze importantes rios; um consórcio italiano-chileno parece determinado a construir dois projetos hidrelétricos enormes dentro do Parque Nacional Puyehue, na região de Los Lagos; e a HidroAysén, de propriedade da transnacional Endesa, está buscando o direito de construir seis represas em plena Patagônia, inundando até 7.500 hectares de mata virgem e comprometendo dez áreas protegidas pelo estado e vinte e seis terras úmidas.

A indústria de mineração causa déficits críticos de água em algumas regiões. Na região com escassez de água de Antofagasta, por exemplo, a mineração usa mais de mil litros por segundo, e as companhias de mineração são proprietárias de quase 100% dos direitos à água subterrânea. A própria Corporação do Cobre Chilena relata que essa região experimentará um "déficit extremo" em água potável até 2025. Eles chegam a usar estudos de caso para descrever o conflito crescente sobre a água, tendo em vista que agora o governo está permitindo a mineração e perfuração em parques nacionais e está emitindo mais direitos à água do que existem reservas de água reais, resultando na seca de algumas áreas do país. Bacias inteiras de água foram poluídas e/ou exauridas por corporações de mineração operando na ausência de normas que regulamentem suas atividades.

Em razão de o código de mineração dar às empresas o direito a explorar qualquer terra independentemente de sua propriedade, comunidades locais e indígenas foram atropeladas e exploradas por companhias de mineração estrangeiras predatórias, buscando sempre novos depósitos minerais. Em 1940, havia quatrocentas famílias no vilarejo na região norte de Quillagua, e eles tinham acesso a 660 litros de água por segundo do rio Loa. Hoje em dia apenas cem famílias vivem lá e elas têm de compartilhar 90 litros por segundo, tudo o que sobrou após duas companhias de mineração terem contaminado e reduzido o rio. Problemas respiratórios e câncer afligem os residentes de Chañaral após décadas de lançamento de lixo tóxico pela companhia de mineração estatal. Os moradores em Copiapó, outra cidade ao norte, lembram-se de uma época de abundância antes de dois ou três rios locais, o Copiapó e o Salado, terem desaparecido devido à extração excessiva pelas companhias de mineração e agronegócio.[17] Essas histórias são repetidas por todo o país.

Em seu compromisso com um modelo de água privado, o Chile privatizou todo o seu setor hídrico e de água residual, celebrando contratos com empresas de serviços hídricos transnacionais, como a Suez, e consórcios de investimentos estrangeiros, como o Plano de Pensão dos Professores de Ontário. (Os professores de Ontário foram criticados por permitir que seus fundos de pensão públicos fossem usados para privatizar serviços essenciais em outros países, mas houve pouco debate entre os próprios professores a respeito da prática). O setor hídrico do Chile provou-se uma grande fonte de renda para essas empresas e seus investidores, muitos dos quais têm retornos anuais constantes de 25% sobre os seus investimentos. O governo subsidia esses lucros garantindo às companhias de água um retorno de pelo menos 10% e pagando para fornecer o serviço hídrico em alguns lares pobres. Os cidadãos do Chile subsidiam esses lucros pagando altas contas de água. Como resultado da privatização, as taxas de água do Chile são as mais altas na América Latina hoje em dia. O consumo de água nos lares caiu como resultado direto desses valores, mesmo enquanto o governo continua a subsidiar a exploração da água pelo setor privado.

Empregos foram perdidos desde a privatização, e a desigualdade nas taxas foi documentada em diferentes partes do país. Importante ressaltar – para refutar aqueles que dizem que a privatização trouxe o milagre dos serviços hídricos para o Chile – a privatização não significou uma melhoria na cobertura ou acesso aos recursos hídricos para os chilenos. A porcentagem da população atendida por água potável e serviços de esgoto era quase exatamente a mesma antes da privatização que dez anos mais tarde, em 2008. A única área onde ocorreram melhorias foi no tratamento das águas residuais, que é pago pelo consumidor com taxas cada vez mais altas.

Trinta anos após o seu experimento com a privatização da água, o Chile está diante de sérias questões de violação de direitos humanos básicos, conflitos crescentes sobre reservas em declínio, insegurança hídrica para o futuro e degradação ambiental. Trata-se de um experimento manifestamente fracassado.

# 8

# RECUPERANDO A PROPRIEDADE PÚBLICA DA ÁGUA

Água é vida. O Conselho de Água do Povo defende o acesso, a proteção e conservação da água. Acreditamos que a água é um direito humano e que todas as pessoas devem ter acesso à água limpa e acessível. A água é uma propriedade pública que deve ser mantida como um fundo público livre da privatização. O Conselho de Água do Povo promove a conscientização da interconectividade de todas as pessoas e recursos.
**– Declaração de Missão do Conselho de Água do Povo de Detroit**

O CERCO AO PATRIMÔNIO PÚBLICO DA água está destruindo comunidades e negando às pessoas o direito à água e ao saneamento. O direito não pode ser satisfeito sob um modelo corporativo ou de mercado de governança da água. Para assegurar que as fontes de água minguadas do mundo sejam compartilhadas de maneira mais justa, nós precisamos promover os valores de conservação, justiça hídrica e democracia. Se continuarmos a permitir a mercantilização da água mundial, ela fluirá na direção daqueles com dinheiro e poder, não para as comunidades e ecossistemas que precisam da água para sobrevivência.

Desde que escrevi meus dois livros anteriores, observei a crise de água mundial aprofundar-se à medida que mais pessoas e mais dinheiro correm atrás das reservas de água em declínio. Observei governos e instituições internacionais passarem o seu controle e poderes de tomada de decisão sobre as reservas de água mundiais para o setor privado, afetando negativamente sua própria capacidade de gerir essas reservas para o bem público. Convenci-me de que se não declararmos a água um patrimônio comum e um serviço público e protegê-la na lei como um fundo público, nós veremos o dia em que os governos não terão mais a capacidade de prover água para suas populações ou proteger a água do planeta.

## UM MOVIMENTO CHEGA À SUA MATURIDADE

Também tive a honra de fazer parte de um movimento de base que inclui milhares de comunidades e redes que se juntaram para lutar pela proteção e justiça sobre a água. Uma das primeiras redes de justiça pela água foi a Red VIDA, uma coalizão que se reuniu em 2003 para lutar contra a privatização da água na América Latina. A famosa guerra da água em Cochabamba, Bolívia, ainda estava fresca na cabeça das pessoas. Em meados dos anos de 1990, na direção do Banco Mundial, a Bechtel estabeleceu uma subsidiária de água privada em Cochabamba. Quando ela triplicou as taxas de água e cobrou pela água da chuva que as pessoas coletavam, a população desse estado em sua maior parte indígena sublevou-se e desafiou o exército, forçando a companhia a recuar. Por toda a América Latina, grupos estavam se formando para lutar contra a Suez e a Veolia (então Vivendi), que estavam começando suas operações em suas comunidades. Os cidadãos no Uruguai estavam se preparando para um referendo bem-sucedido a fim de aprovar uma emenda à sua Constituição para reconhecer o direito à água, e ativistas na Colômbia, no México e em outros países estavam preparando estratégias similares.

Trabalhando com grupos ambientais, como o Amigos da Terra Internacional, Food and Water Watch e Via Campesina, o movimento internacional de camponeses, milhares de ativistas da água encontraram-se em Fóruns Mundiais da Água consecutivos em Haia, Kyoto, Cidade do México, Istambul e Marselha, e abertamente se opuseram ao Conselho Mundial da Água. Reunimo-nos em Fóruns Sociais Mundiais do Brasil à Índia e à Tunísia, onde compartilhamos informações sobre estratégias, recursos e apoio. Lançaram gás lacrimogêneo sobre nós no Encontro Mundial sobre Desenvolvimento Sustentável, RIO +10, em Johanesburgo em 2002, e marchamos juntos no seu evento sucessor, RIO +20, no Brasil dez anos mais tarde. Ao longo do caminho estabelecemos redes na África, Austrália, Ásia, Europa e América do Norte.

Um parceiro importante tem sido a PSI – *Public Services International*, uma federação global de sindicatos do setor público representando 20 milhões de mulheres e homens trabalhadores em 152 países. A PSI defende os direitos humanos, trabalha pela justiça social e promove o acesso universal a serviços públicos de qualidade. O indômito David Boys coordena a campanha pela água global da PSI; ele tem sido um lutador incansável tanto em prol da água pública quanto em prol dos trabalhadores do setor hídrico público. David marchou com ativistas em cada um desses eventos globais. Seja o EPSU na Europa, CUPE no Canadá, COSATU na África do Sul, ou a Aliança de Trabalhadores Governamentais no Setor Hídrico nas Filipinas, a parceria entre os defensores da justiça hídrica e os sindicatos do setor público representou a espinha dorsal para esse movimento poderoso.

A PSI também é uma importante apoiadora do PSIRU, o instituto de pesquisa localizado na Universidade de Greenwich (Reino Unido) que realiza pesquisa de campo sobre a globalização e a privatização de serviços públicos. Até a sua aposentadoria em agosto de 2013, era presidido por David Hall; sem ele e sua equipe seria praticamente impossível construir um caso em prol da água pública baseado em evidências independentes. Quando olho para o que conseguimos em meros quinze anos, percebo o poder de uma ideia que amadureceu.

## RECUPERANDO A ÁGUA PÚBLICA

Comunidades mundo afora estão lutando para manter seus sistemas hídricos sob o controle público ou para trazer os sistemas privados de volta a esse controle. Embora a privatização tenha se disseminado mundo afora nas últimas décadas, a maré parece estar virando. Um website chamado *Water Remunicipalisation Tracker* é mantido pelo Corporate Europe Observatory (Observatório Europa Corporativa), uma campanha e grupo de pesquisa que expõe os abusos corporativos, e o Instituto Transnacional, que se concentra sobre questões de justiça internacional. O website relata o progresso de esforços para recuperar os serviços hídricos públicos mundo afora. "Uma importante tendência emergiu à medida que mais e mais comunidades insistem em retornar a água e os serviços de águas residuais para a administração pública por meio da remunicipalização, forçando as multinacionais da água a deixarem esse segmento de mercado na América Latina, nos Estados Unidos, na África e na Europa", declara o grupo.

Alguns dos confrontos mais intensos ocorreram na América do Sul, onde o experimento da privatização do hemisfério sul foi incubado. A luta contra projetos de água privados em Cochabamba e La Paz, na Bolívia, em Buenos Aires e

Santa Fé, na Argentina, e no Uruguai foram bem-sucedidos. Batalhas similares ocorreram na África, onde tanto Mali quanto Dar es Salaam, Tanzânia, tomaram de volta seus serviços hídricos dos operadores privados. Na Ásia, ativistas voltaram atrás nas privatizações da água em Jacarta, Indonésia, e na Malásia. Cidades na Ucrânia, Geórgia, Kazaquistão e Uzbequistão seguiram seus exemplos.

A Europa viu o maior número de reversões de privatizações, a mais notável na França, onde a privatização da água nasceu. Na última década, mais de quarenta municípios, incluindo Paris, Toulouse e Nice, trouxeram suas operações de serviços hídricos para o controle público, muitos pela primeira vez. Paris poupou 35 milhões de euros (US$ 47 milhões) no seu primeiro ano como fornecedora de água pública e foi capaz de reduzir os preços da água para os consumidores em 8%. Isso foi um golpe contundente para a Veolia e a Suez, atingindo as empresas no centro das suas operações.

Apesar da intenção do governo da Índia de promover as empresas de serviços hídricos privadas, tem ocorrido uma oposição intensa por todo o país. Em junho de 2013, após anos de gestão da água por corporações estrangeiras (incluindo a Suez), Jacarta recomprou seu serviço hídrico, que será agora operado como uma agência pública. Foi uma vitória importante para a Coalizão de Residentes de Jacarta Contra a Privatização da Água, uma rede de ativistas e comunidades que trabalhou por dezesseis anos por essa decisão.

Ao longo da última década, diz David Halle e Emanuele Lobina da PSIRU em um relatório de maio de 2012 sobre companhias multinacionais de água, as grandes transnacionais de água decidiram na realidade que a maior parte da expansão internacional deve ser abandonada. Em 2003, afirma o relatório, a Suez anunciou que retiraria uma grande proporção dos seus contratos e não assumiria nenhum contrato novo sem um alto nível assegurado de retorno. A retirada da Veolia tem sido mais errática, mas em 2011 ela anunciou que deixaria praticamente metade dos 77 países nos quais estava operando. Muitas companhias de água tornaram-se tão vulneráveis que estão mais dependentes do que nunca do apoio e da parceria dos bancos de desenvolvimento e dos governos. Uma estratégia nacional para proteger companhias francesas fundamentais do controle estrangeiro resultou no estado francês tornar-se o principal acionista na Suez, Veolia e SAUR, a terceira maior companhia de água francesa.[1] Os lucros de todas essas empresas caíram em 2012 e é previsto que continuem caindo até pelo menos 2014.

No livro de 2012, *Remunicipalisation: Putting Water Back into Public Hands*, o Projeto de Serviços Municipais, um projeto de pesquisa internacional

ÁGUA – FUTURO AZUL

que explora alternativas à privatização e comercialização de serviços públicos, estudou uma série de remunicipalizações mundo afora. De acordo com o livro, essa tendência mostra que o sistema público pode ter um desempenho superior ao setor privado e pode ser um provedor de água efetivo em qualquer parte. Neste sentido, o pesquisador canadense David McDonald, professor de estudos do desenvolvimento global na Universidade de Queen's em Kingston, Ontário, mostra que esse debate já foi travado antes à medida que ele vai contando a história dos serviços hídricos públicos em Londres, Inglaterra. O abastecimento de água naquela cidade começou como uma colcha de retalhos de empresas de serviços privadas na década de 1850, tornou-se um monopólio público nos anos de 1900, e então reverteu para uma colcha de retalhos de serviços privados nos anos de 1990. McDonald cita Joseph Chamberlain, o prefeito de Birmingham nos anos de 1870, que declarou: "O abastecimento de água jamais deve ser uma fonte de lucro, à medida que todo o lucro deve ser investido no preço da água".[2]

McDonald escreve, além disso, que embora os estudos de caso da equipe venham de todo o mundo e sejam muito diferentes, todos demonstram que os serviços de água podem ser transferidos da propriedade privada para a pública com resultados positivos e pouca interrupção do serviço. Economias diretas significativas para os consumidores e ganhos sistêmicos de eficiência podem ser conseguidos por meio da gestão pública transparente. Economias de curto prazo resultam no desenvolvimento estrutural de longo prazo, e a moral dos funcionários melhora sob um sistema público.

Apesar desses sucessos, o dinamarquês Jorgen Eiken Magdahl da FIVAS nos lembra que precisamos ser vigilantes a respeito de assegurar que não confundamos corporatização com remunicipalização. Se o serviço hídrico "público" for gerido na mesma base por fins lucrativos que uma empresa privada, isso não é uma vitória. Da mesma maneira, talvez precisemos revisitar o que nós queremos dizer com "água pública". O processo não deve ser visto como uma polarização entre fornecimento privado *versus* de um estado central, mas em vez disso, como uma oportunidade para repensar como definimos serviços hídricos bem-sucedidos.[3]

## PARCERIAS PÚBLICO-PÚBLICAS

Controle local e cooperação são fundamentais para o sucesso de uma alternativa às P3s chamadas de parcerias público-públicas (PUPS), nas quais duas ou mais empresas de serviços hídricos ou organizações não governamentais reúnem recursos para comprar energia e conhecimento técnico. A Food and Water Watch Europe diz que as comunidades muitas vezes não têm condições de manter seus próprios sistemas de água potável e tratamento de águas residuais. Ao fazerem parcerias com outras entidades públicas, elas podem evitar os problemas que afligem as operações estritamente privadas. E como elas não envolvem investidores que esperam um corte das economias, as eficiências geradas são reinvestidas no sistema.

"Para comunidades no mundo em desenvolvimento, essas parcerias podem servir como a fundação para o desenvolvimento econômico sustentável", diz um relatório de 2012, *Public-Public Partnerships: An Alternative Model to Leverage the Capacity of Municipal Water Utilities.* "As PUPS como sistemas hídricos em países industrializados e países em desenvolvimento... melhoram a qualidade da água ao compartilhar as melhores práticas". Esse modelo foi particularmente bem-sucedido na África, onde mais de meia dúzia de parcerias de empresas de serviços foram forjadas desde 1987. Um projeto da Comissão Europeia financiou uma série de cooperativas hídricas regionais, como a Rift Valley Water Services Board do Quênia, que supervisionou uma expansão da água encanada e armazenamento em uma região com 5,5 milhões de clientes.[4]

David McDonald, da Universidade de Queens, e Gemma Boag, uma cientista da água da Universidade de Oxford, estudaram trinta parcerias público-públicas mundo afora e descobriram que elas tinham diversas características em comum. PUPS melhoram a capacidade a um custo mínimo, promovem serviços hídricos comunitários justos e democráticos, geram solidariedade, trazem de volta um foco sobre os serviços públicos para os tomadores de decisões, e rebatem a privatização ao desconstruir o mito de que o setor privado pode fazer melhor.[5]

Em um relatório de "casos exemplares" de gestão pública da água na Europa, o Instituto Transnacional e o Observatório Europa Corporativa apontam para companhias de água públicas em Viena, Munique e Amsterdã que fornecem para milhões de pessoas enquanto provam que a responsabilidade ecológica pode ser alcançada a um custo relativamente baixo, uma vez que o motivo lucro seja removido. Eles salientam os sistemas de gestão hídrica participativa de Córdoba, na Espanha, e Grenoble, na França. E elogiam a municipalidade turca de Dikili, que introduziu uma abordagem socialmente responsável, cancelando dívidas para contas de água não pagas e fornecendo uma cota mínima

ÁGUA – FUTURO AZUL 121

de água gratuita. Os autores então delineiam os critérios para uma gestão de água pública progressiva bem-sucedida: boa qualidade, serviço universal, efetividade em atender às necessidades, justiça social, solidariedade, sustentabilidade, boas condições de trabalho, estruturas e controle democráticos e legislação progressiva.[6]

E comunidades mundo afora estão lutando para promover esse modelo de propriedade pública da água.

## EUROPA

Um movimento pela água pública ocorreu na Itália para derrotar a privatização forçada. O Artigo 15 do "Decreto Ronchi" de 2008 – assim chamado em homenagem a Andrea Ronchi, Ministro de Políticas Comunitárias de 2008 a 2010 – estipulou que em 2011, as companhias de serviços hídricos não poderiam sofrer discriminação por parte das autoridades municipais. Elas eram encorajadas a comprar até 70% de qualquer companhia de água pública listada. O Artigo 154 do "Código Ambiental" estabelecia que o preço dos serviços hídricos seria decidido com base em um retorno garantido sobre o investimento. Isso significava que as companhias de água privadas poderiam cobrar o que quisessem, para garantir um lucro mais alto e avançar em sua visão da água como um bem econômico em vez de um bem comum.[7]

O Forum Italiano Dei Movimenti per l'Acqua, uma rede de associações nacionais, sindicatos e comitês locais opostos à privatização da água, lançou uma campanha para realizar um referendo sobre essas leis que teve um desfecho bem-sucedido com 1,4 milhão de assinaturas. O referendo, realizado em junho de 2011, foi um sucesso. Foi a primeira vez desde 1995 que um referendo havia conseguido chegar a um quórum na Itália. Dos 57% do eleitorado que havia participado (aproximadamente 26 milhões de pessoas), 96% votaram para manter os seus serviços hídricos públicos.

Em Sevilha, Espanha, a Rede de Água Pública foi lançada em março de 2012 – com o lema "Escreva Água, Leia Democracia" – para lutar contra a privatização dos serviços hídricos, proteger ecossistemas e assegurar o controle público sobre a água do país.

Em fevereiro de 2011, mais de 665 mil cidadãos de Berlim votaram a favor de abrir os livros para divulgar os detalhes da privatização da água de 1999 que havia deixado a cidade com uma das taxas de água mais altas da Europa. Armadas com essa nova informação, as autoridades da cidade ordenaram que a empresa cortasse os preços da água potável. Em maio de 2013, a Veolia anunciou a venda das suas ações, dando à Berlin Water total controle público dos serviços hídricos. O preço para o público foi punitivo, no entanto, 650 milhões de euros – o pedido da empresa por lucros perdidos até 2008.

A Iniciativa 136 é um poderoso movimento de cidadãos em Tessalônica, Grécia, que está lutando contra a privatização e propondo administrar a água da cidade através de cooperativas locais. Percebendo que o que o estado tem agora não é um serviço de água público verdadeiro, os organizadores bateram nas portas dos moradores para fazer com que os cidadãos de Tessalônica comprassem ações da empresa e estabelecessem uma parceria comunitária pública sem fins lucrativos gerida por cooperativas de cidadãos. Um novo movimento nacional chamado Salve a Água da Grécia foi formado no verão de 2012, e ele pôde reivindicar várias vitórias. Naquele verão, a municipalidade de Pallini, um pouco ao norte de Atenas, adotou uma resolução recusando a privatização das suas provisões de água e afirmando que elas são propriedade pública da população. Na primavera de 2013, a cidade de Tessalônica concordou em realizar um referendo dos cidadãos sobre o futuro da água na cidade.

A Iniciativa dos Cidadãos Europeus é um movimento para realizar um referendo contra a iniciativa apoiada pela austeridade para privatizar os serviços hídricos da Europa. Eles querem usar uma nova ferramenta para a democracia participativa na Europa, através da qual os cidadãos podem inserir uma questão na agenda política europeia com a coleta de um milhão de assinaturas de pelo menos sete estados membros diferentes da União Europeia. Por meio do processo de referendo, eles pedirão à Comissão Europeia (CE) para promulgar uma legislação que implemente os direitos à água e ao saneamento como reconhecidos pelas Nações Unidas e que promova a provisão da água e o saneamento como um serviço público essencial para todos. Em maio de 2013, eles haviam coletado 1,5 milhões de assinaturas de oito países.

No início de março de 2013, a câmara federal da Alemanha opôs-se à proposta da CE de promover a privatização das provisões de água públicas. "A Bundesrat dá uma grande importância à preservação das estruturas existentes de responsabilidade municipal pela provisão de água potável", disse a câmara em uma declaração. "A necessidade de assegurar um fornecimento de água potável de alta qualidade impossibilita tornar a água uma mercadoria negociável".[8]

ÁGUA – FUTURO AZUL

E para a surpresa total, em 26 de junho de 2013, em uma recomendação do Comissário Michel Barnier, a Comissão Europeia anunciou que havia removido a água da sua diretiva de concessão. Serviços de água potável e saneamento não devem ser usados como joguetes nos conflitos cada vez mais intensos sobre o programa de austeridade da Europa. Barnier deu crédito ao movimento dos cidadãos para proteger a água, dizendo que ele compreendia porque as pessoas ficariam bravas e incomodadas quando lhes dissessem que seus serviços hídricos poderiam ser privatizados contra a sua vontade. "Espero que isso vá ressegurar os cidadãos de que a comissão os ouve".[9]

## CANADÁ

O governo do primeiro-ministro Stephen Harper apoia completamente a água privatizada. De maneira bastante semelhante ao Banco Mundial, o governo de Harper dará financiamento federal para os projetos de água municipais apenas para melhorar ou investir em infraestruturas novas de tratamento de águas residuais e fornecimento de água que envolvam empresas privadas. Municípios com orçamentos apertados estão agora se voltando para P3s a fim de ter acesso ao dinheiro.

Mas nem todo o mundo disse sim. Em novembro de 2011, os cidadãos de Abbotsford, Colúmbia Britânica, votaram esmagadoramente contra uma parceria público-privada para a nova expansão de infraestrutura hídrica da cidade, apesar de o governo federal ter prometido à cidade US$ 66 milhões. Uma população crescente e uma base industrial sedenta estavam extenuando a reserva de água na comunidade, de maneira que o conselho municipal teve de apresentar um plano para explorar um reservatório próximo e construir uma instalação de filtragem e bombeamento, assim como um conduto. O detalhe é que o contrato tinha de ser dado a uma companhia privada. O prefeito de Abbotsford e todos os vereadores, com exceção de um, apoiavam a proposição de privatização. Eles gastaram US$ 200 mil de dinheiro dos contribuintes em uma campanha de marketing para promover um voto favorável em um referendo que também era uma eleição para a câmara municipal.

O que a câmara de vereadores não esperava era o movimento apaixonado dos cidadãos que surgiu para defender a água pública de Abbotdford. No referendo cada vereador que apoiou a parceria privada, incluindo o prefeito, foi derrotado. Patricia Ross, a única vereadora que se opôs ao projeto, venceu com um número histórico de votos. "Nós definitivamente temos de arregaçar as mangas", ela disse, "e encontrar uma saída – uma solução que não seja P3".[10]

Para combater a política do governo de Harper, os cidadãos lançaram uma campanha para fazer com que os municípios prometam que não aceitarão o engodo federal. O Conselho de Canadenses, um grande movimento de justiça ambiental e social (de cujo conselho participo) e a União Canadense de Empregados Públicos (CUPE), o maior sindicato no setor público do país, juntaram-se para promover o Projeto Comunidades Azuis. O projeto adotou uma posição política em relação ao patrimônio público da água, declarando que a água não pertence a ninguém, mas é a responsabilidade de todos. Para qualificar-se como uma "comunidade azul", um município precisa adotar três ações: (1) reconhecer a água como um direito humano; (2) promover serviços de tratamento de águas residuais e fornecimento da água financiados, operados e de propriedade pública; e (3) banir a venda de água engarrafada em instalações públicas e eventos municipais.

Alguns municípios no Canadá já aderiram através do voto à comunidade azul, e o plano é expandir o movimento globalmente. Em setembro de 2013, Bern, na Suíça, tornou-se a primeira cidade não canadense a tornar-se uma comunidade azul. Uma série de outros municípios suíços está demonstrando interesse em seguir esse exemplo, assim como outras instituições públicas, como escolas e hospitais. Muitos municípios e universidades no Canadá veem a água engarrafada como um impedimento para a água pública e estão banindo a sua venda em seus espaços. Oitenta e cinco municípios, quinze *campi* e oito conselhos escolares no Canadá baniram a água engarrafada, e o movimento está crescendo.

Essa campanha capturou a imaginação de jovens por todo o Canadá que veem uma maneira para tomar medidas diretas para proteger a água pública; também tem sido uma grande ferramenta de ensino para abordar as questões maiores. Robyn Hamlyn uma estudante em Kingston, Ontário, tinha 12 anos quando viu um filme em 2011 sobre a crise global da água, que a deixou completamente devastada. Ela decidiu fazer alguma coisa. Escreveu para o prefeito e foi convidada por ele para ir à câmara de vereadores de Kingston. Comovidos com a apresentação de Robyn, Kingston reconheceu a água como um direito humano.

Mas Robyn não estava satisfeita ainda. Com a ajuda da sua mãe, Joanne, ela escreveu para alguns municípios de Ontário, e no verão de 2013 ela fez apresentações para vinte e três deles. Vários se tornaram comunidades azuis e muitos adotaram políticas de proteção à água. De maneira surpreendente, Robyn tornou-se alvo de ataques das forças de privatização da água. John Challinor, diretor de assuntos corporativos da Nestlé Canadá, escreveu cartas para os jornais locais de todos os municípios que Robyn havia visitado e instou-os a não dar atenção a ela. E um estagiário na Environment Probe, um instituto de pesquisa pró-privatização escreveu um artigo para o *Financial Post* repreendendo as câmaras municipais por receberem conselhos de "uma garota de 13 anos".[11]

## ESTADOS UNIDOS

O acesso à água pública nos Estados Unidos é dificultado pela crescente pobreza e distribuição de riqueza desigual. À medida que a pobreza aumenta, o problema do acesso à água é exacerbado pelas taxas de água cada vez mais caras por todos os Estados Unidos e que comprometem mais os orçamentos dos lares. Em uma pesquisa com mais de cem municípios entre 2002 e 2012, o *USA Today* descobriu que as taxas de água tinham pelo menos dobrado em mais de um quarto das localidades e mesmo triplicado em algumas, incluindo Atlanta, São Francisco e Wilmington, Delaware. O custo mensal de mais de 28 mil litros de água na Filadélfia deu um salto de 164% naquele período, e os custos em Baltimore subiram 140%. As contas mensais chegaram a US$ 50 para os consumidores em muitas das grandes cidades. Apontando a necessidade por pelo menos US$ 1 trilhão para melhorias em infraestrutura até 2035 para acompanhar as necessidades de água potável, o relatório da indústria disse que as taxas continuariam a subir.[12]

Durante os mesmos anos, uma série de municípios com orçamentos apertados por todos os Estados Unidos decidiu partir para as parcerias público-privadas no fornecimento de serviços hídricos, o que explica pelo menos parcialmente as taxas de água cada vez mais caras. No momento, companhias de água fornecem serviços hídricos com fins lucrativos para aproximadamente 15% da população norte-americana. Mas a Food and Water Watch relata que há muitos problemas: questões de manutenção em Atlanta, vazamentos de esgoto em Milwaukee, corrupção em Nova Orleans e ingerência política em Lexington. Para combater isso, as comunidades locais precisam tornar-se ativas a respeito dessa questão e uma série de operações privadas está retornando para o sistema público.

Em Felton, Califórnia, os residentes da cidade levantaram dinheiro para comprar a American Water, que era uma subsidiária de uma transnacional alemã. O distrito hídrico do Vale de San Lorenzo comprou a empresa e agora é o gestor do sistema hídrico para a área em um sistema sem fins lucrativos. Em meados dos anos 2000, Nova Orleans, Louisiana; Atlanta, Georgia; Laredo, Texas; e Stockton, Califórnia, todos cancelaram contratos de privatização que estavam deixando seus cidadãos na mão. Mais recentemente, após anos de protestos contra altas taxas de água e um serviço de má qualidade, residentes da Flórida ficaram satisfeitos em ver o governo agir duramente em relação à empresa privada de serviços hídricos Aqua America. Sem conseguir realizar um lucro suficiente sob as novas regras, em setembro de 2012 a empresa anunciou que venderia os seus sistemas hídricos de volta à autoridade hídrica pública.

A Food and Water Watch diz que essas ocorrências fazem parte de uma tendência maior de remunicipalizar as operações privadas de água por todos os Estados Unidos, e que isso está poupando dinheiro das comunidades locais. Em uma análise de dezoito comunidades que recuperaram a gestão pública da água ou serviços de esgoto entre 2007 e 2010, a FWW concluiu que as operações públicas estão em média 20% mais baratas do que as operações privadas e que um município tipicamente poupa 21 centavos por cada dólar ao retornar o seu sistema hídrico para a gestão pública.[13] A Food and Water Watch está promovendo um Fundo Público de Água Limpa federal para estabelecer financiamentos para auxiliar as comunidades por todo o país a manter a sua água segura, limpa e pública.

Apesar dessas tendências, a legislação voltada para aumentar o investimento na infraestrutura de água que favorece parcerias público-privadas foi colocada em discussão no Congresso em 2013. A Lei de Desenvolvimento de Recursos Hídricos ofereceria financiamentos a baixo custo para projetos de infraestrutura de água e estaria disponível para suplementar P3s. Uma segunda legislação, a Lei de Parceria Público-Privada Infraestrutura de Água Agora, criaria um programa piloto para explorar acordos entre o Corpo de Engenheiros do Exército e entidades públicas como alternativas para o financiamento público. Lucros a serem obtidos dos fundos públicos são enormes. Um relatório de junho de 2013 da Agência de Proteção Ambiental (EPA – *Environmental Protection Agency*) apontou que os sistemas de água potável do país estão se deteriorando e precisarão de investimentos substanciais se a qualidade dos serviços hídricos for mantida.

Ainda assim, comunidades de base estão cada vez mais se unindo para lutar tanto pela justiça hídrica quanto pela conservação da água, reconhecendo a necessidade de ambas se qualquer uma das duas for realizada. De maneira pouco surpreendente, um dos movimentos mais fortes começou na região central de Detroit, onde tantas famílias tiveram sua água cortada por falta de pagamento. O Conselho de Água do Povo foi fundado em 2009 por uma série de grupos que incluíam a Organização de Direitos do Bem-Estar de Michigan, o Instituto Rosa Parks, a Rede de Segurança Alimentar Comunitária Negra de Detroit, o Programa Sierra Club Great Lakes e várias organizações sindicais. O conselho é formado por representantes desses grupos e cidadãos preocupados. Eles conduzem pesquisas, promovem encontros públicos e se encontram com representantes municipais e estaduais. O objetivo deles é conquistar acesso aos serviços hídricos, a um custo razoável, e proteção e conservação do sistema hídrico. Eles trabalham para assegurar que a água de Detroit permaneça um fundo público, livre da privatização.

Realizando piquetes e protestos, escrevendo análises aprofundadas, os números crescentes do grupo são uma força política a ser reconhecida. Eles estão lutando para manter a propriedade e estabelecer o controle público sobre o Departamento de Esgoto e Água de Detroit, e estão mantendo a questão dos cortes de água no cerne do debate. Em eventos públicos, os residentes contam da vergonha de ter a sua água cortada e da dor de ter as crianças removidas de casa devido à falta de água corrente. "Nosso foco é: o que a água significa para todos nós?", disse a organizadora Charity Hicks para a ativista Alexa Bradley. "O conselho tem um efeito disseminador de ideias entre as pessoas que trabalham com pobreza, saúde, cultivo de alimentos, empregos e sobrevivência ecológica. Nós tratamos tanto da sustentabilidade humana quanto da ecológica". Hicks avisa que as autoridades precisam de pressão pública e que todos devem se envolver. "Nós estamos dizendo: você é parte dessa conversa, você é um especialista, nós todos somos especialistas. Nós temos plenos direitos. É assim que deve ser uma democracia".[14]

A jornalista da Universidade de Michigan, Lara Zielen, vê isso como metáfora para as lutas que estão por vir a respeito da água mundo afora. "Os cortes estão no cerne da questão de como os Grandes Lagos estão sendo geridos. À medida que a reserva de água doce do mundo vai diminuindo, os Grandes Lagos só continuarão a se tornar um ponto mais convergente. Quem recebe a água nesses lagos e quem fica sem? A maneira como as questões a respeito da justiça pela água se desenrolarem em Detroit pode prenunciar o que está no horizonte para outras cidades norte-americanas – e mesmo o mundo".[15]

É cada vez mais claro que a crise da água mundial e a crise ecológica da água estão profundamente conectadas e que encontrar resposta para uma necessita encontrar resposta para ambas. Isso vai exigir ver a água de uma maneira diferente do que a vemos agora e colocar a sua proteção no centro de nossas vidas.

PRINCÍPIO 3

# A ÁGUA TAMBÉM TEM DIREITOS

Este princípio reconhece que a água tem direitos fora da sua utilidade para os seres humanos e que ela pertence à Terra e a outras espécies, assim como a nossa. Ela pede por uma nova ética que a coloque no centro de nossas vidas e proteja as fontes de água e bacias hidrográficas na prática e na lei. A crença no crescimento ilimitado e nosso tratamento da água como uma ferramenta para o desenvolvimento industrial colocaram a água em uma situação limite. A água não é um recurso para o nosso prazer, lucro e conveniência, mas em vez disso, o elemento essencial de um ecossistema vivo do qual toda a vida tem origem. Tendo em vista que a maioria das leis dos estados nações consideram a natureza e a água formas de propriedade, é imperativo que criemos leis novas mais compatíveis com as leis da natureza. Se os seres humanos, outras espécies e o planeta, forem sobreviver, nós temos de adotar uma forma de governança centrada na terra baseada na conservação, proteção e restauração das bacias hidrográficas e da natureza. Nós temos de construir todas as políticas – ambientais e econômicas – em torno das necessidades da Mãe Terra.

# 9

# O PROBLEMA COM A ÁGUA ATUAL

O que fazemos com a água fazemos a nós e àqueles que amamos.
— **Tirado do *Popol Vuh*, o Livro Sagrado dos Maias**

EM SEU LIVRO *WHAT IS WATER?*, o escritor canadense, cientista político e geógrafo, Dr. Jamie Linton, apresenta um desafio para a maneira ortodoxa como compreendemos a água no mundo moderno. Por "mundo moderno" Linton quer dizer o mundo ocidental pós-industrial e sua criação de uma visão da água como uma abstração científica, removida de suas raízes culturais, sociais, espirituais e ecológicas. Em tempos pré-modernos, escreve Linton, a água é infinitamente variada e diversamente conhecida, um aspecto da "história do lugar", um elemento vivo. Ao reduzir a água a um composto químico chamado $H_2O$ e descrevendo toda a água, em todas as escalas, como parte de um único ciclo hidrológico, a ciência moderna retirou todas as qualidades sociais e culturalmente específicas das diferentes águas. Agora reservas abundantes deste "composto de oxigênio e hidrogênio incolor, transparente, sem gosto" ocorrendo em forma universal estão disponíveis para o serviço do desenvolvimento industrial.[1]

Roubada da sua natureza social, a "água apanhada" tornou-se uma ferramenta a ser mensurada, quantificada, administrada, manipulada, removida das bacias hidrográficas e controlada para o crescimento econômico. O Estado tornou-se um agente na conquista da água, diz Linton, e esse "recurso" foi explorado para produzir o maior retorno possível. Rios caudalosos tornaram-se energia hidrelétrica esperando para ser aproveitada a serviço do "hidro-nacionalismo" – o ímpeto do governo de adquirir o controle das vias navegáveis da sua nação para o desenvolvimento. Linton cita Michael Straus, comissário de recuperação do presidente norte-americano Harry Truman, que afirmou que o controle da água era um pré-requisito para o tipo de desenvolvimento representado pela Represa Hoover e outras grandes represas construídas nos anos de 1930 e 1940.

Alguns países drenaram as terras úmidas e os canais, ressecaram as margens e dragaram as vias navegáveis para abrir caminho para o desenvolvimento urbano. Assim se construiu o Canal de Suez e o Canal de São Lourenço. A sua maleabilidade mais tarde permitiu que a água fosse transportada mundo afora em navios-tanque, vendida em garrafas plásticas e usada para cultivar produtos para o comércio mundial de alimentos. A construção de mega-represas alteradoras de rios e fábricas de dessalinização com alto consumo de energia faz parte do mundo atual.

A água subterrânea passou a ser um receptáculo legítimo para o nosso lixo industrial. Ao longo das últimas décadas, as indústrias norte-americanas injetaram mais de 120 trilhões de líquido tóxico nas profundezas da terra, usando uma vasta extensão da geologia do país como um local para despejo invisível, relata a ProPublica, um consórcio norte-americano de jornalistas investigativos. Há mais de 680 mil poços de injeção e lixo subterrâneo somente nos Estados Unidos, mais de 150 mil dos quais lançam fluídos industriais centenas de metros abaixo da superfície. Registros mostram que esses locais estão vazando, embora na prática não exista uma supervisão federal. "Em cerca de 10 a 100 anos, descobriremos que a maior parte da nossa água subterrânea está poluída", diz Mario Salazar, um engenheiro que trabalhou como especialista técnico que faz parte do programa de injeção subterrânea da EPA. "Muita gente vai ficar doente, e muitos podem morrer"[2] (A Cidade do México planeja retirar água potável de um aquífero com um quilômetro de profundidade previamente não mapeado e recentemente descoberto. A ProPublica diz que isso desafia uma doutrina-chave da política de água dos Estados Unidos de que a água subterrânea muito distante pode ser intencionalmente poluída porque ela jamais será usada. Se o México tivesse permitido o uso similar da água subterrânea como lixo, o novo achado de água talvez não pudesse ser utilizável).

Linton explica que a água hoje se tornou a "água imperial" quando ela foi imposta ao hemisfério sul como parte da expansão colonial dos impérios europeu e britânico. As relações indígenas com a água foram em geral substituídas pelas tecnologias hidrológicas ocidentais. A fim de prover o mercado doméstico na Inglaterra, por exemplo, a água da Índia foi utilizada e represada para irrigação, e o conhecimento local foi substituído pela "tecnologia mecânica" da água na atualidade, um processo que ainda está acontecendo.

Paisagens áridas e semiáridas são vistas como estéreis e precisam de reengenharia hidrológica para se tornar produtivas. Desertos tornaram-se verdes por desvios de água maciços que drenaram lagos e aquíferos. Costumes locais de agricultura em terras áridas, conservação e coleta de água da chuva foram abandonados. Ver a água dessa maneira levou a enormes aumentos nas retiradas de água por todo o mundo e permitiu que a água fosse transferida para criar riqueza em algumas áreas enquanto produziu seca em outras. A água vista e usada dessa maneira beneficia os ricos e os poderosos.

A crise de água global é uma crise da água atual. A noção de que há uma crise de água em vez de uma "crise de água atual" permitiu que alguns interesses muito poderosos controlassem o debate. A água foi definida como um recurso escasso – em oposição a um recurso mal gerido – e isso permite que se caracterize a água como bem econômico a ser abordado de maneira econômica e integrada. Em vez de se enfatizar a necessidade de reduzir a demanda por água e proteger as reservas locais, são definidas políticas que aumentam a quantidade de água disponível através de investimentos em grandes infraestruturas. Definir a crise da água em termos de um mundo ficando sem água repercute mais forte para aqueles que se beneficiariam da provisão das reservas de água.

Linton segue em frente para dizer que o investimento privado na provisão de água e melhoria da produtividade econômica da água tornou-se a "esperança hidrológica gêmea" dos planejadores estatais, especialistas em água e líderes corporativos. E, é claro, o único meio de fazê-lo é por meio do mercado.

## BOTSUANA E SEU EXPERIMENTO MODERNO

O ex-presidente de Botsuana, Festus Mogae, é uma celebridade africana. Educado nas Universidades de Oxford e Sussex na Grã Bretanha, Mogae foi presidente de Botsuana de 1998 a 2008, e modernizou a sua economia de maneira que agradou aos interesses do mercado internacional. Ele abriu a porta aos investimentos estrangeiros diretos e privatizou serviços essenciais. Por isso e por seu trabalho para reduzir a AIDS no seu país, ele recebeu muitas honras. O ex-Secretário Geral da ONU Kofi Annan elogiou Mogae por sua "liderança extraordinária", e hoje ele atua como um enviado especial sobre mudança climática para o Secretário Geral da ONU.

Nem todos compartilham essa avaliação de Festus Mogae. A Survival International, que trabalha para proteger os direitos dos povos tribais mundo afora, nos lembra que a perseguição aos boxímanes do Kalahari e a expansão da mineração de diamantes no Kalahari ocorreram em sua presidência. Realmente, Mogae disse uma vez: "Como você pode ter uma criatura da Idade da Pedra ainda existindo na era dos computadores? Se os boxímanes quiserem sobreviver, eles precisam mudar ou, como o dodô, eles perecerão".[3] É a sua aceitação de todas as facetas da água na atualidade que o jornalista norte-americano expôs em seu livro *Heart of Dryness*. No entanto, Botsuana é um país semi-árido no sul da África, sem saída para o mar e com recursos hídricos escassos, mas o presidente Mogae queria um estado moderno, e um estado moderno precisa de água "moderna".[4]

O Plano Master de Água de Botsuana de 1991 (que precedeu a Mogae) incluiu a criação de um sistema de agricultura industrial irrigada e expansão maciça da criação de gado. Por isso e pela mineração de diamantes – Workman diz que a De Beers sozinha usou 11% da água de Botsuana – o governo precisava de água. Para obtê-la, eles bombearam o aquífero do Kalahari para suprir o Rio Limpopo. O país abriu 21 mil poços profundos na água subterrânea do deserto, removendo centenas de trilhões de litros de água fóssil antiga. Na verdade, o aquífero secou. De maneira pouco surpreendente, a maior parte da água de irrigação evaporou-se no sol quente africano, as safras fracassaram e o gado morreu.

Mogae aumentou os infortúnios do seu país aos instalar sistemas de saneamento modernos que usam privadas com descarga de água e que dependem de fontes de água abundantes. O "ensopado séptico" que esse sistema criou ajudou a disseminar parasitas intestinais, fornecendo a eles um habitat apropriado no qual se reproduzir. À medida que a população da capital de Botsuana explodia, o sistema de esgoto transbordou e espalhou a cólera, a disenteria e a diarreia. Tão recentemente quando fevereiro 2013, a embaixada norte-americana em Botsuana anunciou que havia testado a água em Gaborone e descoberto que ela não é qualificada para o consumo humano: a água que corria das torneiras residenciais continha bactérias e contaminantes biológicos.[5]

A Represa de Gaborone forneceu a água da cidade desde que ela foi construída nos anos de 1960. Mas a intenção de Mogae de criar um centro industrial e econômico moderno na África aumentou a demanda por água dramaticamente durante os seus anos no poder, e a pressão sobre a represa e o Rio Notwane que a abastece cresceu exponencialmente. Quando Mogae chegou ao poder, a reserva da represa estava cheia; em 2005 ela havia diminuído para 17% da sua capacidade. Em fevereiro de 2013, a autoridade da cidade divulgou uma declaração que dizia: "A Corporação de Serviços Hídricos gostaria de informar aos residentes de Gaborone e região metropolitana que no momento ela está experimentando dificuldades no fornecimento de água. Portanto, vocês terão uma pressão baixa ou nenhuma água".

Para o horror de Botsuana, descobriu-se que a Represa de Gaborone tinha uma falha grave e potencialmente fatal: reservas em grande escala centralizadas tornam países áridos cada vez mais vulneráveis à mudança climática. "Após décadas seguindo obediente e fielmente os conselhos de países estrangeiros", diz Workman, "Botsuana sofreu uma crise de meia-idade. O país havia copiado as melhores práticas de desenvolvimento dos Estados Unidos e Suécia, passando pela ONU e Banco Mundial. Sua população havia progredido da pobreza abjeta para um status de classe média. E, no entanto, agora estava à beira de quebrar por falta de água".

## REPRESAS GRANDES DESTROEM RIOS VIVOS

O governo de Botsuana não está sozinho em pensar que represas grandes – a mais visível expressão de água do mundo moderno – controlarão inundações, proverão água para as massas e trarão prosperidade. O século XX viu uma corrida frenética para aproveitar os rios do mundo. A International Rivers, que trabalha para proteger os rios e defender comunidades que dependem deles, diz que no final do século XX a indústria de represas havia estrangulado mais de metade dos principais rios da Terra com aproximadamente 50.000 grandes represas. As consequências desse programa maciço de engenharia foram devastadoras.

O Fundo Mundial da Vida Selvagem relata que as grandes represas (com mais de 15 metros de altura) construídas para fornecer energia hidrelétrica e irrigação de inundação estão matando os ecossistemas dos principais rios do mundo. Apenas 21 (12%) dos rios mais longos do mundo correm livremente da sua fonte até o mar. As grandes represas do mundo acabaram com espécies, inundaram áreas enormes de terras úmidas, florestas e lavouras, e desapropriaram muitos milhões de pessoas. Ecossistemas de água doce têm a proporção mais alta de espécies ameaçadas de extinção[6], e mais de 20% das dez mil espécies de água doce do mundo já se tornaram extintas. Cumulativamente, diz a International Rivers, essas represas comprometeram rios em um experimento imenso que deixou a água doce do planeta em uma situação muito pior do que qualquer outra categoria importante de ecossistema, mesmo as florestas tropicais.

Represas reduzem a biodiversidade, diminuem as populações de peixes, restringem a produção das safras, interrompem o fluxo de nutrientes necessários para a saúde da água, e contribuem para o aquecimento global ao prender metano e vegetação apodrecendo em seus reservatórios. Cientistas canadenses fizeram uma estimativa preliminar de que os reservatórios mundo afora liberam até 70 milhões de toneladas de metano e aproximadamente um bilhão de toneladas de dióxido de carbono todos os anos. Quase um quinto das emissões de aquecimento global da Índia vem de suas grandes represas, diz um relatório do Instituto Nacional de Pesquisas Espaciais do Brasil.[7]

Grandes represas também afetam a provisão de água. Florações de algas tóxicas tornaram a água de alguns reservatórios inadequada para beber. Elas também provocam o aprofundamento dos rios, o que por sua vez baixa o nível da água subterrânea. E como elas aumentam muito a área de superfície da água, as represas aumentam a evaporação. Aproximadamente 170 quilômetros cúbicos de água evaporam dos reservatórios mundiais a cada ano, mais de 7% da quantidade de água doce consumida por todas as atividades humanas. A média anual de 11,2 quilômetros cúbicos de água que evapora do Reservatório Nasser, atrás da Represa Alta de Assuã no Egito, representa em torno de 10% da sua capacidade e é aproximadamente igual às retiradas totais de água para o uso residencial e comercial por toda a África.[8]


## TURQUIA

A Turquia, onde quase metade da população não tem acesso ao saneamento, embarcou em um dos maiores projetos de construção de represas no mundo. Já existem 635 represas na Turquia, mas os planos são de construir um número incrível de mais 1.700 represas até 2023. Virtualmente, todos os rios serão represados, e a antiga cidade de Hasankeyf, considerada um dos povoamentos continuamente habitados mais antigos do mundo, será submersa.

ÁGUA – FUTURO AZUL 137

A ONU observa em um relatório que o governo turco não conduziu uma avaliação dos impactos ambientais e sociais das represas, provavelmente porque a maioria das pessoas afetadas é composta de grupos marginalizados: camponeses pobres, pequenos produtores agrícolas, nômades e curdos. A ONU preocupa-se particularmente com a Represa Ilisu no Rio Tigre, que forçará a recolonização de até setenta mil pessoas. Não há um plano sendo desenvolvido para elas, algo que a ONU chama de "absolutamente perturbador", e a represa restringirá "severamente" a provisão de água no Iraque, seu vizinho corrente abaixo. Isso viola as "obrigações extraterritoriais de respeitar o direito á água dos produtores agrícolas e outros residentes no Iraque dependendo do Rio Tigre" da Turquia.[9]

O governo da Turquia também está planejando vender os rios e lagos no que Olivier Hoedeman e Orsan Senalp do Observatório Europa Corporativa chamam de a maior privatização de água no mundo. O governo está privatizando os serviços hídricos, substituindo a gestão agrícola rural cooperativa por um sistema de direitos de concessão vendidos a empresas privadas, assim como a venda de vias navegáveis para interesses privados por períodos de até quarenta e nove anos. "Alguns países vendem petróleo. Nós venderemos água", orgulhava-se abertamente o ex-presidente turco Turgut Özal.[10] Em uma nota positiva, a forte oposição nos seus próprios países fez com que os grandes bancos e companhias europeias abandonassem o projeto da represa turca e os governos alemão, suíço e austríaco revogassem suas garantias de créditos à exportação também.

## CHINA

A maior represa no mundo é a de Três Gargantas na China, iniciada em 1994. Ela estabelece o recorde para o número de pessoas desapropriadas (1,4 milhão), o número de comunidades inundadas (13 cidades, 140 vilas e 1.350 povoados), e comprimento (mais de 600 quilômetros). A International Rivers diz que a submersão de centenas de fábricas, minas e depósitos de lixo, assim como a presença de vastos centros industriais rio acima está criando um charco apodrecido de efluentes, sedimento, poluição industrial e lixo no reservatório.

Após anos de negação, o governo da China recentemente admitiu que há problemas "urgentes" com a represa. Em torno de 16 milhões de toneladas de concreto foram derramadas na barreira através do Rio Yangtze, criando um reservatório com quase a extensão da Grã-Bretanha que impulsiona 26 turbinas gigantes. Algas e poluição que um dia seguiriam o seu curso para longe infestam o reservatório, disse o governo, e o peso da água que ela contém causou tremores, deslizamentos e erosão. Enquanto isso, o Rio Yangtze, cujo delta sustenta 400 milhões de pessoas e 40% da atividade econômica da China, está experimentando sua pior seca em cinquenta anos, prejudicando as safras, ameaçando a vida selvagem e encalhando milhares de barcos e cargueiros. Autoridades regionais declaram mais de 1.300 lagos na região como "mortos". [11]

Mas admitir os problemas afligidos a Três Gargantas não significa que as represas estão perdendo o seu apelo para o governo chinês. Metade das grandes represas no mundo está na China. Turquia, Irã, China e Japão são responsáveis por dois terços das grandes represas atualmente sendo construídas. Muitas das represas da China foram construídas apressadamente pelo Partido Comunista nos anos de 1950 e 1960 (prova de que a água moderna não é apenas um fenômeno ocidental) e são estruturalmente inseguras. Desde os anos de 1950, uma média de sessenta e cinco represas rompeu por ano. A pior envolveu uma represa rompida na Província de Henan em 1975 que matou 26 mil pessoas. O governo admite que 40 mil das suas 87 mil represas corram o risco de um rompimento, e lançou um programa para repará-las. Apesar desses fracassos e o ocorrido na Represa de Três Gargantas, a China está avançando a duras penas com mais cem grandes represas planejadas somente para o Yangtze, e quarenta e três em construção em Mekong. [12]

Além disso, a China está construindo represas mundo afora – em torno de trezentas delas – da Argélia passando por Burma. Muitas delas são projetos que o Banco Mundial, as companhias ocidentais e os governos não tocarão, relata Denis Gray, editor correspondente da Associated Press em Bangkok. Países pobres querem represas para o desenvolvimento econômico e para incrementar os padrões de vida. Eles também veem as represas como "ícones de progresso".

A China, construtora número um de represas no mundo, é capaz e está disposta a financiar projetos que não atendem os padrões internacionais, diz Ian Baird, um professor de geografia na Universidade de Wisconsin que trabalhou no sudoeste asiático por décadas. As consequências, dizem os críticos, é um retorno a uma era de mega represas mal concebidas e que causam destruição que muitos acharam haver passado. "A tendência mais recente", escreve Gray, "é represar rios inteiros com uma sequência de barreiras, como a estatal chinesa Sinohydro propôs fazer no Rio Magdalene na Colômbia e no Nam ou no Laos, onde contratos para sete represas foram assinados". Protestos contra essas repre-

ÁGUA – FUTURO AZUL 139

sas estão crescendo na África, América Latina e Burma, onde a China planeja construir até cinquenta represas.[13]

## AMÉRICA DO SUL

Represas são uma ameaça enorme para os ecossistemas, espécies e as populações humanas da Bacia do Rio da Prata, a segunda maior bacia de rios na América do Sul, que cruza Paraguai, Brasil, Argentina, Uruguai e Bolívia. A bacia é o lar de uma vasta gama de vida selvagem, incluindo 650 espécies de pássaros, 260 espécies de peixes, 90 espécies de répteis e mais de 80 espécies de mamíferos, incluindo jaguatirica, jaguar e anta, de acordo com o Fundo Mundial da Vida Selvagem. É o local de maior terra úmida de água doce no mundo.

Mas a bacia também é o lar da represa de Itaipu, a maior usina hidrelétrica da Terra, capaz de fornecer mais energia do que dez usinas nucleares. A sua construção represou o Rio Paraná, o segundo maior rio na América do Sul, e inundou 100 mil hectares de terras. Ao fazer isso, ela submergiu o Salto Guaíra, a maior queda de água em volume, e um parque nacional. A bacia está diante do maior número de represas planejadas no mundo depois da China, diz a WWF, vinte e sete delas. Isso causará uma contenção maciça de águas dos rios e destruirá as nascentes de vários deles.

O maior desses projetos é a Hidrovia, um plano dos cinco países pelos quais os rios passam para converter os rios Paraguai e Paraná em um canal de navegação industrial. Apoiado pelo Banco de Desenvolvimento Interamericano e o Programa de Desenvolvimento das Nações Unidas (ambos amigos da água moderna), o plano original teria dragado e redirecionado os rios para criar um canal de navegação de 3.442 quilômetros que permitiria que os cargueiros acessassem o interior do continente durante a estação seca. O Fundo Mundial da Vida Selvagem exacerbaria seriamente a perda de fluxo de entrada de água causada pela mudança climática, aumentaria as enchentes corrente abaixo e desapropriaria muitas comunidades indígenas. Embora uma forte resistência tenha conseguido deter a hidrovia por ora, as demandas por ela e por outras represas na região ainda são fortes.

Povos indígenas e camponeses reduziram a marcha da construção da Represa de Belo Monte no Rio Xingu no estado do Pará, com sucesso. Belo Monte será a terceira maior represa no mundo e cobrirá 500 quilômetros quadrados de mata tropical, inundando parte do território da tribo Kayapó. Na estação seca mais de 6 mil quilômetros quadrados adicionais serão inundados, afetando mais de cinquenta mil pessoas. Em março de 2013, o governo brasileiro ordenou a ida de tropas para o local a fim de controlar os protestos e confrontos a respeito da represa.

## A DESSALINIZAÇÃO AUMENTA A CRISE DA ÁGUA

Apesar dos seus altos custos de produção, a dessalinização como uma resposta para a escassez da água está crescendo. De 2001 a 2011, a capacidade industrial para água dessalinizada expandiu 276%, para 6,7 bilhões de metros cúbicos por dia, de acordo com a Associação Internacional de Dessalinização. Mais de dezesseis mil usinas estão agora em operação e o setor está crescendo 15% ao ano.[14] Enquanto o Oriente Médio atualmente reivindica ter o número mais alto de usinas de dessalinização, a China logo vai ultrapassá-lo, mais do que triplicando a sua produção nos próximos anos. A água dessalinizada fornecerá 15% das necessidades das fábricas da China ao longo da sua costa oriental industrial, de acordo com a Comissão de Reforma e Desenvolvimento Nacional Chinesa.

Há duas tecnologias comerciais para a dessalinização da água, ambas de consumo intensivo de energia. A primeira, e mais comum, é forçar a água do mar através de filtros com membranas misturadas com químicos a uma alta pressão. A segunda usa a condensação e a evaporação. Fora usar grandes quantidades de energia, essas tecnologias lançam sal concentrado de volta para os oceanos, prejudicando a vida selvagem local e poluindo a água do mar. Em seu relatório *Desalination: An Ocean of Problems*, a Food and Water Watch descobriu que a dessalinização utiliza até nove vezes a quantidade de energia que o tratamento de água da superfície e até quatorze vezes a quantidade da produção de água subterrânea.

Da mesma maneira, a dessalinização cria quase duas vezes mais emissões que o tratamento e reutilização da mesma quantidade de água doce. Estruturas de tomadas de água matam bilhões de peixes somente nos Estados Unidos. A água dessalinizada custa duas vezes mais que a água da torneira, não contando o custo da energia para produzi-la. A dessalinização demanda um controle corporativo da provisão da água, disse o relatório, e advertiu que as corporações privadas planejavam vender a água dessalinizada para o público a uma tarifa mais cara.[15]

Estudos mostram que a conservação da água e a melhoria das infraestruturas poupariam mais água que a dessalinização poderia produzir um dia, e de maneira muito mais barata. Peter Gleick, do Pacific Institute baseado na Califórnia, mostrou como a Califórnia poderia poupar até um terço do seu uso atual de água por meio da conservação. Oitenta e cinco por cento disso poderia ser poupado a um custo mais baixo do que a produção de fontes de água novas a partir da dessalinização.

A Bloomberg News fornece um exemplo claro da contradição inerente em ver a água como uma mercadoria, em um relatório de março de 2013 sobre a crise da água na América Latina. O repórter Michael Smith descreve como os residentes da cidade de Copiapó, Chile, sofrem cortes de água diários em suas casas à medida que as companhias de mineração estrangeiras drenam os aquíferos locais para suas minas. Elas estão operando no Deserto do Atacama, lar das maiores minas de cobre no mundo, e uma área tão seca que a chuva nunca foi registrada em alguns lugares. Em vez de cortar as companhias de mineração e buscar prover as necessidades das pessoas, o governo do presidente Sebastián Piñera convenceu diversas companhias de mineração, incluindo a Anglo American, com sede em Londres, a construir usinas de dessalinização a 60 quilômetros de distância do Oceano Pacífico e bombear água dessalinizada em duas minas.[16] Enquanto a empresa alega que está poupando as reservas de água da região, na verdade, usa grandes quantidades de energia para produzir e enviar a água dessalinizada. Ao fazer isso, ela gera mais emissões de gases de efeito estufa em uma das áreas mais secas na América do Sul.

## FICANDO SEM ÁGUA NO ORIENTE MÉDIO

A dessalinização é vista por muitos como a resposta para a crise da água no Oriente Médio. Isso deu a alguns países a falsa impressão de que eles podem usar o quanto eles quiserem de suas escassas provisões de água para construir cidades e irrigar desertos. Setenta por cento das usinas de dessalinização do mundo estão nessa região, a maioria na Arábia Saudita, nos Emirados Árabes Unidos, Kuwait, Bahrain e Israel. Essas usinas estão jogando tanto sal concentrado de volta no Golfo Pérsico que os especialistas dizem que eles precisam começar a falar sobre um "pico salino" – o ponto no qual o Golfo torna-se tão salgado que contar com ele para água doce deixa de ser economicamente exequível.

O jornal de Abu Dhabi *The National* cita o Dr. Shawki Barghouti, diretor geral do Centro Internacional para Agricultura Biosalina em Dubai, que está profundamente preocupado com a quantidade de salmoura sendo jogada de volta no oceano. Ele diz que o represamento de tantos rios na região cortou o fluxo de água doce para o Golfo, água que teria diluído as concentrações de sal. Além disso, a água que flui para o Golfo está poluída. Ao norte, o fluxo de saída do Rio Shatt al-Arab carrega consigo as águas poluídas de Basra e Bagdá, e muitos países, incluindo o Kuwait, Arábia Saudita e Qatar têm fábricas de tratamento de água abaixo do padrão. Essa poluição é piorada com os milhares de navios-tanque entrando no Golfo e que lavam seus tanques ilegalmente. Tudo isso é exacerbado pelo tamanho pequeno do Golfo, profundidade relativa pequena e circulação lenta. "Entre os navios-tanque, a poluição de centros urbanos e a salmoura jogada pelas plantas de dessalinização, o Golfo está quase morto", diz Barghouti.[17]

Israel é outro país que luta contra a escassez de água e que está cada dia mais dependente da dessalinização para suas necessidades hídricas. Os seus aquíferos estão secando por causa da extração excessiva e o Mar da Galileia, conhecido em Israel como Lago Kinneret, atingiu baixos níveis recordes. O país tem três grandes centros de dessalinização em operação, um dos quais é a maior usina de osmose reversa no mundo. Duas usinas mais entrarão em operação em 2014. Quando elas forem completadas, a água dessalinizada fornecerá 50% da água potável de Israel. Muitos ambientalistas estão profundamente preocupados a respeito das plumas vermelhas de concentrados de ferro lançadas por essas usinas no já pesadamente poluído Mediterrâneo. O Programa de Meio Ambiente das Nações Unidas advertiu que o lançamento de esgoto, mercúrio, fosfatos e outros poluentes colocou a maior parte da vida marinha do Mediterrâneo em perigo. A poluição dessas usinas de dessalinização torna mais pesado ainda o fardo suportado por essas águas.

## A RIQUEZA DO PETRÓLEO ESCONDE A CRISE

O Water Project, uma instituição de caridade com sede nos Estados Unidos, observa que a combinação de grandes reservas de petróleo e provisões de água

ÁGUA – FUTURO AZUL

escassas criou uma combinação particularmente mortal de fatores no Oriente Médio. A desertificação é um vasto problema ambiental em países como a Síria, Jordânia, Iraque e Irã. Os maiores culpados são as práticas agrícolas insustentáveis e o sobrepastoreio. A agricultura usa 85% da água no Oriente Médio, e as represas e os desvios para irrigação pesada estão destruindo as fontes de água a uma taxa alarmante.[18]

O Mar Morto faz fronteira com Israel, Jordânia e Cisjordânia e é o ponto terrestre mais baixo no planeta. Ele está morrendo. Desvios para o Rio Jordão levaram os níveis de água a caírem mais de um metro por ano, e a uma queda no fluxo do Rio Jordão de 98%. Milhares de crateras surgiram em torno da planície costeira do Mar Morto, criadas quando a água subterrânea dos aquíferos adjacentes flui para dentro para substituir a água do mar que está recuando.[19]

Cientistas temem que o tempo esteja acabando para a solução em outro país vivendo a escassez de água, o Iêmen, que não consegue mais produzir alimentos para sustentar a sua população. Os seus cursos d'água e aquíferos naturais estão tornando-se mais rasos a cada dia que passa, e Sana'a corre o risco de tornar-se a primeira cidade capital no mundo a ficar totalmente sem água. Perfurações irregulares fizeram com que o lençol freático caísse em 1.200 metros em alguns lugares. Mais da metade da sua água é usada para cultivar o khat, uma planta narcótica que não alimenta ninguém.[20]

O problema é em toda a região. Um novo estudo perturbador usando dados de dois satélites da NASA, mensuradores de gravidade, constatou que grandes partes da região do Oriente Médio perderam muito mais reservas de água doce na última década do que se achava anteriormente. No período de sete anos de 2003 a 2010, partes da Turquia, Síria, Iraque e Irã ao longo das bacias dos rios Tigre e Eufrates perderam 144 quilômetros cúbicos de água doce total armazenada. Isso é quase a totalidade de água no Mar Morto. Os pesquisadores atribuem aproximadamente 60% da perda ao bombeamento da água subterrânea, e o principal investigador Jay Famiglietti advertiu que a área não pode sustentar esse tipo de perda de água.[21]

A grande riqueza do petróleo em alguns países gerou na região a falsa impressão de que ela pode comprar a sua saída da crise. Os estados árabes mais ricos, fundamentalmente os produtores de petróleo do Golfo Pérsico, não têm rios e apresentam pouca chuva. O mundo árabe tem 5% da população mundial, mas apenas 1,4% das reservas de água doce renováveis do planeta. Em 2025 estima-se que a população árabe chegará a um total de aproximadamente 568 milhões de pessoas, gravemente pressionando os recursos hídricos cada vez menores da região. O Banco Mundial diz que a mudança climática resultará em uma redução de 25% na precipitação e um aumento correspondente nos índices de evaporação ao final desse século. Um relatório de 2010 do Fórum Árabe para o Meio Ambiente e Desenvolvimento afirma que em 2015, os árabes terão de se virar com menos de um décimo da distribuição de água *per capita* média mundial.

Os Emirados Árabes Unidos são especialmente vulneráveis. Um relatório do Banco Industrial dos Emirados Árabes Unidos observa que os Emirados têm o consumo de água *per capita* mais alto no mundo. Na sua taxa atual de retiradas de água, a região vai exaurir suas reservas de água doce em cinquenta anos. No entanto, ao olhar para o crescimento urbano espetacular na área, jamais perceberíamos que há um problema. O Water Project observa que os Emirados Árabes Unidos são famosos por suas cidades luxuosas cheias de *resorts* generosos, shopping centers e arranha-céus cintilantes.

Poucos lugares no mundo conseguem rivalizar os excessos da cidade-estado de Dubai nos Emirados Árabes Unidos. Trinta anos atrás, Dubai era um deserto habitado por moitas ressequidas e escorpiões. Mas hoje em dia, graças ao dinheiro do petróleo, ela é um testemunho da extravagância humana, orgulhando-se de ter o arranha-céu mais alto no mundo, alguns dos shopping centers maiores e mais caros do mundo, uma pista de esqui com neve de verdade e as Ilhas Palmeiras, ilhas artificiais construídas na forma de palmeiras que abrigam grandes hotéis de luxo, resorts e clubes de golfe.

Uma Ilha Palmeira abriga o famoso Hotel Atlantis, um resort temático da vida submarina que custou US$ 1,5 bilhão para ser construído. O Atlantis ostenta 1.500 suítes para hóspedes, duas suítes de três andares subterrâneas com vistas diretamente para a Lagoa Ambassador, e um parque aquático de 17 hectares chamado "Aquaventure Waterpark" que inclui um passeio em um rio de 2,3 quilômetros, completo com cascatas e ondas de maré e um templo zigurate estilo mesopotâmio com mais de 30 metros de altura e sete escorregadores de água – dois dos quais catapultam as pessoas através de lagoas cheias de tubarões. O hotel também ostenta o Aquário Câmaras Perdidas, um espetáculo submarino com mais de 65 mil peixes e criaturas do mar, e a Lagoa Ambassador, um habitat marinho com 11 milhões de litros com um painel de observação para as ruínas míticas de Atlantis.

Na sua reportagem "The Dark Side of Dubai", o jornalista inglês Johann Hari conta sobre o custo humano e ambiental de tal extravagância. Milhares de trabalhadores estrangeiros vivem em alojamentos de concreto no meio do nada a uma hora da cidade; eles são levados de ônibus todos os dias para trabalhar quatorze horas no calor do deserto por baixos salários. As empresas de construção confiscam os seus passaportes quando os trabalhadores chegam e muitos são tratados como escravos, diz Hari, que relata muitos exemplos dolorosos de abusos de direitos humanos.

Mas o custo ecológico é igualmente devastador. Hari fala de parar em um dos muitos gramados bem cuidados de Dubai e ver regadores automáticos por toda parte. Ele conta que o Campo de Golfe Tiger Woods precisaria de 16 milhões de litros de água todos os dias, e que o calor é tão intenso que ele cozinha tudo que não for mantido de maneira artificial constantemente molhado. A água vem do mar através de usinas de dessalinização, tornando-a a água mais cara do mundo. A energia necessária para suprir essa miragem é a razão por que os residentes de Dubai têm a maior pegada de carbono média da terra.

Hari relata a conversa que teve com o Dr. Mohammed Raouf, o diretor ambiental do Centro de Pesquisa do Golfo, que adverte que depender dessa água cara – e tanto dela – tornará Dubai vulnerável a uma recessão econômica. Se o mundo trocar por uma alternativa ao petróleo e área perder a sua influência financeira, isso seria uma catástrofe. Dubai tem água suficiente apenas para durar uma semana.[23]

As leis da natureza foram quebradas em Dubai e Botsuana, em Las Vegas e na realidade por todo o mundo. A água tornou-se uma ferramenta para uma determinada visão da vida moderna e para a elite humana por toda parte. A perda de respeito pela água está entrando em um novo estágio letal na busca global por recursos e as demandas de um mercado global.

# 10

# O CONTROLE CORPORATIVO DA AGRICULTURA ESTÁ EXTINGUINDO A ÁGUA

As guerras sobre a água que a mídia popular gostaria que acreditássemos que serão inevitáveis não serão travadas no campo de batalha entre exércitos inimigos, mas nas bolsas de valores dos mercados mundiais de grãos, entre guerreiros de água virtuais na forma de negociantes de *commodities*. — **Anthony Turton, cientista e gestor de recursos da África do Sul**

O WORLD WATCH INSTITUTE TEM UMA advertência para o mundo: nosso método de produção de alimentos está usando e poluindo água demais e criando grandes quantidades de gases de efeito estufa. Os governos e as companhias transnacionais de sementes e alimentos promovem um sistema de comércio mundial que coloca os produtores agrícolas em um país contra os produtores em outro para manter o sistema "competitivo". Isso permite o controle vertical das *commodities* pelos grandes jogadores. A produção de alimentos controlada pelas corporações é um caso clássico de água na era moderna.

Esse sistema oprime os produtores agrícolas de pequena escala e tem impacto negativo sobre a biodiversidade necessária para bacias hidrográficas saudáveis. A agricultura industrial é responsável por US$ 1 trilhão da economia – razão pela qual as corporações e os governos são tão atraídos por ela – mas também por pelo menos 70% das retiradas de água e 15% das emissões de gases

ÁGUA – FUTURO AZUL

de efeito estufa. Os governos recompensam os produtores pela quantidade absoluta, com pouca orientação a respeito do impacto ambiental das suas operações.

O agronegócio também exaure os rios com a água que eles retiram para a irrigação, e muitos agora secam antes de chegar ao mar. Esses incluem o Rio Amarelo na China; o Amu Darya Syr Darya e Indus na Ásia; o Eufrates e o Tigre no Oriente Médio; o Colorado e o Rio Grande na América; e os rios Murray e Darling Austrália, todos os quais foram explorados excessivamente pela agricultura industrial. Para evitar o desastre ecológico, o Worldwatch pede por uma mudança no modo como produzimos os alimentos, da produção industrial em larga escala para uma produção de alimentos em pequena escala, local e comunitária.[1]

## LIÇÕES DA *DUST BOWL* * ESQUECIDAS

Alguns classificaram a *Dust Bowl* norte-americana dos anos de 1930 como um dos três maiores desastres ecológicos na história. Foi um período de seis anos de severas tempestades de poeira causadas pela seca prolongada, cultivo excessivo de terras marginalmente produtivas, e métodos de produção desqualificados. A retirada extensiva das gramíneas de pradaria naturais das Grandes Planícies do Canadá e dos Estados Unidos para agricultura fizeram com que o solo se soltasse. O solo secou e literalmente foi soprado, causando frequentes e severas tempestades de poeira. Em maio de 1934, a maior tempestade de poeira já registrada soprou a camada superior do solo pelo continente, degradando mais de 7 milhões de hectares de terras agrícolas.[2] Quatro mil e quinhentas pessoas morreram de calor antes que a seca terminasse.

A sabedoria tradicional dizia que a seca era um ato divino, um evento imprevisível que devastava o solo mal gerido. Mas os cientistas estão começando a compreender que a destruição da vegetação pode alterar os padrões de chuva e pode por si mesma causar a seca. Quando o ciclo da água é alterado porque a vegetação foi removida, o vapor da água é perdido para a bacia hidrográfica local. Estudos mostram agora, por exemplo, que cortar as matas tropicais na realidade reduz a quantidade de precipitação na área. Novas pesquisas do Earth Institute da Universidade de Colúmbia relatam que as tempestades de poeira da *Dust Bowl* amplificaram a queda natural na precipitação de chuva e transforma-

---

\* Nuvem de Poeira. (N. T.)

ram um ciclo de seca comum em um desastre natural e agrícola. A poeira reduziu pela metade a precipitação de chuva e chegou até a levar a seca mais para o norte, para outras regiões agrícolas.[3]

No seu livro provocativo *Restoring the Flow*, o pesquisador da água e autor canadense Robert Sandford escreve a respeito das lições aprendidas e esquecidas a respeito da *Dust Bowl*, lições que faríamos bem em reaprender. Uma é a de que as pessoas que estavam lucrando à distância – os operadores não-residentes que compreendiam um terço dos produtores agrícolas nos anos de 1930 –, abandonaram as terras primeiro, não tendo interesse nelas no longo prazo. A outra lição diz que a *Dust Bowl* foi causada por uma ruptura ecológica e pela má utilização das terras, e se a ideia fosse não repeti-la, as atitudes e as práticas teriam de ser modificadas dramaticamente.

Em dezembro de 1936, relata Sandford, conselheiros da Agência de Recuperação dos Estados Unidos, a Administração de Progresso e Obras e o Comitê de Recursos Nacionais colocaram um relatório de 194 páginas chamado *O Futuro das Grandes Planícies* nas mãos do presidente Franklin D. Roosevelt. Eles culparam as leis pela *Dust Bowl* que permitiram que uma cultura expansionista de livre empreendimento explorasse as Grandes Planícies, e propuseram um novo modelo para um planejamento de uso regional das terras que ainda é relevante hoje em dia, diz Sandford.

Vários autoenganos levaram a essa crise: a ética da dominação da natureza, que reduziu as terras a nada mais do que uma matéria-prima a ser explorada; a visão de que os recursos naturais não acabariam nunca; a noção de que o que é bom para o indivíduo é bom para todos; a ideia de que o proprietário de uma propriedade pode fazer o que quiser com a sua propriedade; a fé de que os mercados vão se expandir indefinidamente; e a noção de que a produção agrícola industrial é desejável. Isso levou a uma propriedade irresponsável, ao comércio especulativo e ao arrendamento abusivo das terras.

Como resultado desse relatório e suas recomendações detalhadas, um programa para restaurar as terras e a água das Grandes Planícies foi formado e um extensivo programa de longo prazo de conservação do solo foi colocado em prática. Isso incluía um compromisso de terminar com a produção agrícola industrial; controles rigorosos sobre os investimentos agrícolas, realização de lucros e propriedade de terras; e estabelecimento de uma cultura permanente e duradoura das Grandes Planícies. Por um tempo esses valores, práticas e medidas de conservação funcionaram.

Mas Sandford destaca que nossa memória é curta. Quando as chuvas vieram e os lucros retornaram, as lições foram esquecidas. Com a Segunda Guerra Mundial, vieram oportunidades maiores para a exportação e o crescimento dos interesses agrícolas corporativos em larga escala. A produção agrícola corporativa desprezou os preceitos de uso limitado das terras e da água para proteger o meio ambiente a longo prazo, e a monocultura agrícola foi estabelecida nas Grandes Planícies. "Os seis anos de duração da *Dust Bowl* aparentemente não foram suficientes para causar uma mudança nos valores fundamentais da sociedade que favoreciam a busca incessante por uma riqueza maior em detrimento da saúde do ecossistema das Grandes Planícies"[4], diz Sandford. Embora os programas de conservação e fundos reservados ainda continuem em vigor, os subsídios governamentais aos produtores agrícolas para a conservação caíram até o nível mais baixo da história, na última década. Esse dinheiro simplesmente não pode competir com os lucros a serem conseguidos com a alta do etanol, o que torna financeiramente atraente usar terras reservadas para produção, apesar dos incentivos de conservação.[5]

## CORPORAÇÕES DE ALIMENTOS CONTROLAM O SISTEMA NOS ESTADOS UNIDOS

Em seu poderoso livro novo *Foodopoly*, o diretor executivo da Food and Water Watch Wenonah Hauter diz que o abandono da produção agrícola sustentável não foi um acidente. Em vez disso, ela foi resultado de políticas alimentícias e agrícolas propostas pela primeira vez por alguns dos interesses mais poderosos nos negócios e no governo após a Segunda Guerra Mundial. Esses homens previram um futuro no qual a maioria dos homens jovens rurais forneceria a mão de obra para a manufatura na região norte industrial em vez de continuar a produzir no campo, e os alimentos seriam cultivados em um pequeno número de grandes fazendas industriais. Eles previram um futuro no qual a produção de alimentos seria globalizada em busca de eficiência econômica, e o "livre mercado" criaria os investimentos baratos necessários para os alimentos processados. Eles mapearam um programa pós-guerra para expandir a agricultura com o uso intensivo de produtos químicos e para conceder os interesses industriais e financeiros sobre ela. Os produtores agrícolas tornaram-se o alvo de políticas com a intenção de reduzir os seus números, diz Hauter, políticas que mais tarde foram sacramentadas em lei.

Como resultado, milhões de propriedades agrícolas familiares norte-americanas fecharam suas operações nas últimas décadas à medida que as políticas governamentais encorajam operações agrícolas maiores e mais intensivas, como as fazendas industriais. Um punhado de corporações de sementes, carne e laticínios dominam agora a maioria dos aspectos do sistema produtor de alimentos, dando a eles um controle enorme sobre os mercados e o estabelecimento de preços e permitindo que influenciem as políticas agrícolas. Hauter é profundamente crítico do controle corporativo da cadeia alimentar. "As grandes corporações veem nossas cozinhas e estômagos como centros de lucros", ela escreve. Produtos alimentares e agrícolas foram reduzidos a uma forma de moeda nas declarações de renda. O valor desses produtos é medido no retorno sobre o investimento ou oportunidades para fusões ou aquisições. O seu valor é descrito em um "linguajar de negócios, sinergias, diversificação e grandes jogadas". Os resultados têm sido negativos para todos com exceção das grandes companhias. Os consumidores estão pagando para manter os lucros corporativos tomados em cada estágio da produção.[6]

Uma expansão industrial desenfreada nas Grandes Planícies, combinada com a mudança climática, pode estar afetando os padrões de chuva e causando secas até hoje, diz Benjamin Cook e Richard Seager, os autores do estudo do Instituto Columbia Earth. O cientista da água canadense David Schindler esmiúça a questão dizendo que parte do efeito da retirada da vegetação é aumentar a velocidade do escoamento da água. Quando chove, não há vegetação para interceptar a água. Terras úmidas comprometidas e ressequidas também seguram menos água. Então, não somente chove menos como há o comprometimento da retenção dessa água. E com as temperaturas mais altas à medida que o clima esquenta, a evaporação rouba mais e mais do que cai.

Na realidade, a região oeste dos Estados Unidos está aquecendo quase duas vezes mais rápido do que o resto do mundo, relata a Organização do Clima de Rocky Mountain e o Conselho de Defesa de Recursos Naturais. No período de cinco anos de 2003 a 2007, a temperatura média na Bacia do Rio Colorado, que vai do Wyoming até o México, foi 2,2 graus mais quente que a média histórica para o século XX. Esse aumento foi mais do que duas vezes o aumento médio global de 1 grau durante o mesmo período.[7] Há uma conexão clara entre os mé-

ÁGUA – FUTURO AZUL                    151

todos de produção agrícola atuais e o uso das terras e a crescente seca e aquecimento do oeste norte-americano.

Da mesma maneira, a extração excessiva da água subterrânea da região
está levando ao desastre, dizem os cientistas. Em 1953, o pivô central de irrigação foi patenteado, desencadeando uma investida sobre a água subterrânea do
oeste. Esse método de irrigação das safras usa canos que giram sobre um pivô
para lançar incessantemente água subterrânea bombeada, criando "círculos de
cultivo" que podem ser vistos do ar. Uma história de maio de 2013 no *The New
York Times* diz que o pivô central de irrigação ajudou a começar uma revolução
que levou a produção agrícola de um trabalho árduo para um negócio lucrativo,
assim como a um crescimento exponencial na produção intensiva de água em
alimentos como o milho. Desde a estreia do pivô, somente no Kansas a quantidade de terras cultivadas irrigadas cresceu mais de nove vezes. O *Times* chama
o pivô de um "vilão" que levou ao esgotamento do Aquífero das High Plains,
incluindo o Aquífero de Ogallala.[8]

Em 2010, o Departamento de Agricultura norte-americano declarou que
o Aquífero de Ogallala estaria praticamente exaurido durante as nossas vidas.
O escritor ambientalista de Oregon, William Ashworth, autor do livro *Ogallala
Blue*, diz que se o aquífero secar, mais de US$ 20 bilhões em alimentos e outras
fibras desaparecerão dos mercados mundiais. "A mineração de água subterrânea", ele disse, "não é um acidente aqui. É um meio de vida. É um meio de morte
também".[9]

A produção agrícola corporativa é profundamente danosa à água e às bacias hidrográficas. Quatro empresas, lideradas pela Tyson e Cargill, controlam
83% da indústria de carne de gado. Fazendas pequenas e médias foram substituídas por fazendas de produção industrial que confinam milhares de vacas,
porcos e frangos em armazéns apertados, onde eles geram toneladas de dejetos
líquidos e sólidos. Hauter diz que a maior produtora de carne de gado do mundo, a JBS do Brasil, é proprietária da empresa Five Rivers Cattle Feeding, que
tem uma capacidade para 980 mil cabeças de gado em 13 lotes de alimentação
em vários estados dos EUA, assim como no Canadá (Brooks, Alberta). O maior,
em Yuma, Colorado, tem uma capacidade de 110 mil cabeças.

As fezes e a urina produzidas pelas fazendas de suínos de corporações
como a Smithfield – a maior produtora de carne suína no mundo –, contêm
amônia, metano, sulfeto de hidrogênio, cianeto, fosfatos, nitratos, metais pesados, antibióticos e outras drogas. Elas caem pelos pisos de captação até as lagoas

abaixo que podem conter até 180 milhões de litros de água residual tóxica. Os 11 milhões de porcos da Carolina do Norte criam quantidades maciças de esgoto. Em apenas uma dessas fábricas, 2.500 porcos produzem 100 milhões de litros de dejetos líquidos, 4 milhões de litros de lama e 44 milhões de litros de mistura de água com esterco por ano. Ao longo da última década, muitas lagoas vazaram seu conteúdo tóxico nas vias navegáveis locais, e os dejetos dos porcos são em grande parte considerados os culpados por uma mortandade de peixes no Rio Neuse em 2003.

Matadouros também poluíram demais os sistemas de água locais. Hauter escreve sobre o matadouro Smithfield em Tar Heel, Carolina do Norte, o segundo maior do mundo, que abate 34 mil porcos todos os dias. Ele utiliza 8 milhões de litros de água diariamente do aquífero local e retorna aproximadamente 12 milhões de litros de água residual para o Rio Cape Fear.

## A *ALGAL BOWL*

Os vazamentos de águas residuais estão afetando as vias navegáveis. A sobrecarga de nutrientes dos fertilizantes, assim como dejetos humanos e animais causa a eutrofização e o crescimento de algas verde-azuladas. O nitrogênio e o fósforo, subprodutos das operações de criação de animais intensivas, fazem com que a vida de plantas aquáticas se multiplique. O renomado cientista canadense da água Dr. David Schindler, da Universidade de Alberta, escreve em seu livro seminal *The Algal Bowl* que, enquanto a *Dust Bowl* ocorreu devido ao manejo equivocado da terra, a *Algal Bowl* deve-se ao manejo equivocado tanto da terra, quanto da água, pois o equívoco no manejo da terra geralmente está na captação de um lago ou curso d'água.[10]

Schindler cita o falecido John R. Vallentyne, um estudioso da água doce, anteriormente com o Departamento Canadense de Pescas e Oceanos, que escreveu a primeira edição do livro em 1974. Nele, previu que os norte-americanos estariam vivendo no meio de uma *Algal Bowl* no ano de 2000. As previsões de Vallentyne provaram-se em grande parte verdadeiras, diz Schindler, em parte por razões que ele antecipou e em parte devido a mudanças climáticas e à rápida expansão da cultura de criação de animais, que não foram previstas na época. Em tempos passados mais prevalente na Europa e América do Norte oriental, a eutrofização foi de certa maneira reduzida através de leis severas na Europa, um

ÁGUA – FUTURO AZUL

esforço conjunto para lidar com sua presença nos Grandes Lagos, e o abandono gradativo dos fosfatos nos detergentes. Mas o crescimento das fazendas industriais e os regulamentos mais indulgentes na região oeste dos Estados Unidos levaram o problema para o oeste. O *Algal Bowl* ameaça agora a região que foi um dia o lar da *Dust Bowl*.

O comércio de alimentos global criou um mercado enorme para a carne e grande parte da produção da América do Norte é enviada para o Extremo Oriente, onde a demanda está crescendo. Operações intensivas de criação de animais explodiram como resultado. De acordo com a Organização para Agricultura e Alimentação das Nações Unidas, (*FAO – Food and Agriculture Organization*), se nós incluirmos as terras usadas para cultivar safras para alimentar animais, 70% das terras agrícolas estão sendo usadas hoje em dia para produção de animais. Nos Estados Unidos, 70% dos grãos que são cultivados alimentam animais de fazendas, e mais da metade da água usada diariamente para todos os fins vai para a criação de animais.

Florestas, terras úmidas e áreas ribeirinhas foram limpas para a instalação de fazendas industriais, e as regras para a dispensa de dejetos são em muitos lugares, incluindo a América do Norte, "primitivas". Uma vaca de corte média produz 11 vezes mais fósforo nos seus dejetos do que um ser humano, e um porco médio produz dez vezes mais. Uma fazenda industrial de tamanho médio pode facilmente produzir tanto fósforo quanto uma cidade de porte médio, mas sem o tratamento de esgoto de uma cidade. Onde fazendas industriais estão concentradas, danos intensos podem ser causados a uma única bacia hidrográfica.

A poluição residual dos lotes de alimentação no Texas é em grande parte responsável pela zona morta de 12 mil quilômetros quadrados no Golfo do México, uma das maiores no mundo. Zonas mortas são áreas de baixo oxigênio dos oceanos e grandes lagos do mundo causadas pelo carregamento de nutrientes e eutrofização. A produção intensiva de suínos é em grande parte culpada pelo estado do Lago Winnipeg do Canadá, o décimo maior lago do mundo e muitas vezes referido como o "lago mais doente do Canadá". "O que foi um dia uma mancha pequena de algas... agora cresce para sufocar mais da metade dos 24.500 quilômetros quadrados do lago na maioria dos verões", relata a revista *Maclean's*.[11] A mancha escura, duas vezes o tamanho da Ilha Prince Edward, está matando os peixes e destruindo a indústria do turismo. Alguns cientistas dizem que o Lago Winnipeg já está morto.

O problema está piorando em toda parte. A hidricamente rica Nova Zelândia colocou seus lagos, rios e água subterrânea em risco devido à sua indústria de laticínios, que agora fornece leite em pó para grande parte da Ásia. Matas e terras úmidas foram limpas para abrir espaço para enormes rebanhos de gado produtor de leite por toda a ilha. A indústria, que usa pivôs de irrigação, está exaurindo as fontes de água subterrânea; cada uma das 6,5 milhões de vacas exige aproximadamente 10 mil litros de água por dia. O nitrato despejado também está envenenando as bacias hidrográficas. O Partido Verde da Nova Zelândia diz que mais da metade dos rios e um terço dos lagos do país não são seguros para nadar, e a água subterrânea em algumas áreas tem níveis de nitrato que estão dez a vinte vezes acima dos níveis naturais. Dois terços dos peixes de água doce nativos estão correndo risco ou ameaçados de extinção. Algas verde-azuladas estão por toda parte agora, e em 2013 a Nova Zelândia viveu a sua pior seca em setenta anos.

A Fundação do Comitê Internacional do Meio Ambiente Lacustre (*ILEC – International Lake Environment Committee Foundation*) do Programa de Meio Ambiente das Nações Unidas realizou uma pesquisa do estado dos lagos mundiais examinando os 217 maiores lagos por uma variedade de problemas. A ILEC concluiu que a eutrofização aumentou em cada um dos lagos ao longo dos últimos cinquenta anos. A restauração de lagos em alguns países ricos refreou a eutrofização, mas não solucionou o problema, resultado da quantidade de sedimento já depositado nos lagos. Os lagos que tiveram mais sucesso estão em áreas com pouca agricultura.

O problema está alcançando proporções de crise em países em desenvolvimento, disse a ONU, por causa ao custo da redução da poluição. Os Lagos Dianchi e Taihu, na China, estão cobertos por densas florações de algas; a criação de peixes foi abandonada, à medida que não há oxigênio na água. Coberturas densas de plantas cobrem partes do Lago Vitória na África, e muitas espécies de peixes tornaram-se extintas. A ILEC relata que mesmo o Lago Baikal na Sibéria, o maior corpo de água doce no mundo e com 1,7 quilômetros de profundidade, mostra sinais de eutrofização, incluindo uma transparência menor e maiores concentrações de algas. "Uma solução para a entrofização nos países em desenvolvimento é urgente", diz o relatório, "tendo em vista que parar a entrofização torna-se cada vez mais difícil e caro, cada ano ela é adiada devido ao acúmulo crescente de nutrientes em sedimentos".[12]

A solução para a eutrofização é simples, diz David Schindler. Nós temos de evitar a entrada excessiva de nutrientes nos lagos; manter intactos os fluxos de entrada e saída nas bacias dos lagos, assim como as suas terras úmidas; e permitir que as cadeias de alimentação e habitats de peixes dos lagos permaneçam em seus estados naturais.

O problema é político. Os líderes mundiais, que promovem o comércio mundial de alimentos, não dão ouvidos para a ciência do uso excessivo, apesar de o problema estar se intensificando.

## COMÉRCIO NA ÁGUA VIRTUAL: A HISTÓRIA OCULTA

Outra ameaça à água mundial surge do nosso sistema de produção de alimentos. O comércio global de alimentos diz respeito na realidade ao comércio de água. É necessário bastante água para produzir alimentos: 140 litros para uma xícara de café e 2.400 litros para um hambúrguer. A água usada para produzir alimentos é chamada de "água virtual" e quando o alimento é exportado, a água embutida nele é exportada também, direto para fora da bacia hidrográfica e do país. Isso está ligado à nossa "pegada de água" – toda a água necessária para a atividade humana. Cada vez mais, em um mundo de mercados de alimentos global, a questão é se um estado-nação está fornecendo a sua pegada de água das suas próprias fontes ou se ele está dependendo das fontes de água de outros países e regiões para suprir sua população com suas necessidades de água.

O conceito foi desenvolvido no início dos anos de 1990 por J. A. Allan, um professor de geografia no King's College, Londres, para indicar a quantidade de água disponibilizada através do comércio de *commodities* agrícolas. Arjen Y. Hoekstra, um cientista na Universidade de Twente, nos Países Baixos, e diretor científico da Water Footprint Network, refinou mais ainda o conceito incluindo a água usada em todos os estágios do processo de produção das *commodities*, incluindo a água residual, como formando o "conteúdo de água virtual" de uma mercadoria. O conteúdo de água virtual consiste de todos os diferentes componentes:

- Água azul – a água nos aquíferos, rios, lagos e escoada;
- Água verde – água da chuva diretamente transpirada pela vegetação;
- Água marrom – água contida no solo; e
- Água cinza – água residual do processo de produção.

À parte, há água virtual na maioria dos serviços e produtos também, da energia a roupas. Por exemplo, são necessários 2.400 litros de água para produzir uma camisa de algodão. Também é necessária uma grande quantidade de água para manufaturar um chip de computador, e ainda mais para gerir as enormes "fazendas de servidores" que são agrupamentos de redes de servidores de dados guardados em armazéns gigantescos. Um gerente de um centro de dados da Amazon.com estimou que um centro de dados de quinze megawatts pode usar até 1,5 milhões de litros de água por dia para esfriar os computadores.[13]

Até recentemente nosso uso de água *per capita* era calculado como sendo a água que nós manuseamos e consumimos fisicamente: a água que nós usamos para cozinhar, cuidar do jardim, tomar banho e por aí afora. O número varia amplamente de região para região. Mas um estudo compreensivo de 2012 realizado por Arjen Hoekstra e seus colegas diz que se incluirmos toda a água embutida nos alimentos que comemos e os outros produtos que consumimos, a pegada global *per capita* é de quatro mil litros de água por dia – dez a doze vezes mais alta do que ela havia sido estimada anteriormente. O estudo, um dos maiores já feitos sobre o assunto, quantificou e mapeou a pegada de água global. Ele encontrou que a água usada pelo setor agrícola é responsável hoje em dia por quase 92% do consumo de água doce anual (em oposição a 70% geralmente citados pela ONU, o Banco Mundial e outros). O aumento, dizem os autores, é devido ao crescimento no comércio de alimentos global.[14] Esses são números chocantes que demandam um exame de pressupostos anteriores a respeito do comércio global em água virtual.

Quando Alan concebeu pela primeira vez o conceito de água virtual, ele o viu como um instrumento pelo qual estados com escassez de água poderiam conservar a sua água importando-a de estados com abundância de água, dessa maneira alcançando uma segurança hídrica. Ele também promoveu a noção de um comércio de água virtual como uma maneira de alcançar uma eficiência no uso da água global. Enquanto Hoekstra relata que o comércio internacional reduz o uso de água global na agricultura por montantes muito pequenos (5%) – pois *commodities* com produção intensiva de água são negociadas mais seguidamente de países com alta produtividade de água para países com baixa produtividade de água – hoje em dia as evidências sugerem que não há um planejamento racional por trás do comércio de alimentos e de água virtual, apenas competição impulsionada por forças de mercado.

De acordo com um estudo publicado por Vijay Kumar e Sharad Jain em *Current Science*: "Análises de dados por país sobre a disponibilidade de água doce e o comércio de água virtual líquido em 146 países mostrou que o comércio de água virtual de um país não é determinado por sua situação de água". Na realidade, dizem os autores, a água virtual é exportada de países que são ricos em terras, mas não necessariamente ricos em água.[15] Um fator importante a ser compreendido é que a produção agrícola é um uso consuntivo de água; isto é, a água não é devolvida para a sua fonte original. Como explicado em um relatório sobre água virtual para o Conselho de Canadenses pela pesquisadora Nabeela Rahman e o ativista do Projeto Blue Planet, Meera Karunananthan, a produção intensiva de água para consumo doméstico não tem o mesmo impacto que a produção intensiva de água para exportação. Uma vez exportada, a água embutida no produto é removida inteiramente da bacia hidrográfica local.

Em um mundo com recursos hídricos escassos, a capacidade de importar produtos com uma produção intensiva de água reflete uma fonte de poder invisível para os estados que são capazes de conservar os seus próprios recursos de água para importar produtos com uma produção intensiva de água.[16] A Alemanha, por exemplo, não é um país que passa por uma escassez de água, mas é um importador líquido de água virtual. Ela deixa sua pegada de água em países como o Brasil, a Costa do Marfim e a Índia, da qual ela importa café, algodão e outros produtos. O Reino Unido importa dois terços da sua pegada de água. A Arábia Saudita e o Japão importam a maior parte da sua pegada de água.

Os países ricos são capazes de manter sua segurança de água contando com outros países por produtos com uma produção intensiva de água; eles veem a água virtual como uma alternativa para suas próprias fontes de água. O estudo de Hoekstra destacou como os padrões no comércio internacional criam disparidades no uso de água. Pela primeira vez nós temos uma análise espacial do consumo de água e poluição baseada em indicadores de comércio mundiais. O estudo vinculou a pegada de água mundial ao livre comércio e encontrou que mais de um quinto das reservas de água mundiais vão para safras e *commodities* produzidas para exportação. Hoekstra antecipa uma mudança "drástica" no consumo na China à medida que ela conta cada vez mais com as terras produtivas na África. Isso, ele diz, levará a maiores importações de água.

"Esses são todos indicadores claros", observou um comunicado de imprensa da Universidade de Twente no estudo de Hoekstra, "de que a escassez de água não é um problema local, e deve ser visto a partir de uma perspectiva global. Portanto, os pesquisadores estão questionando se o uso continuado da PA (pegada de água) azul limitada para exportação é uma opção sustentável e eficiente". Rahman e Karunananthan destacam que, diferentemente da maior parte das exportações de água, que geralmente alimenta a indignação pública, as exportações de água virtual são uma forma mais dissimulada que ajuda os líderes nacionais a evitar alimentar a insatisfação política que viria com a consciência pública. Ou como J. A. Allan disse: "Isso evita que as crises de água tornem-se guerras".[17]

Mas o dano é real. Quando a água é removida de uma bacia hidrográfica, ela é retirada do ciclo hidrológico local também. Isso por sua vez reduz a evaporação, aquecendo a atmosfera e provocando o caos climático. Não é coincidência que os desertos estão aumentando em mais de uma centena de países. E o dano não é restrito aos países pobres. Os Estados Unidos, Canadá, Brasil e Austrália exportam água virtual também.

Os norte-americanos, que lideram o mundo em exportações de água virtual, ficam chocados ao saber que exportam aproximadamente um terço das suas retiradas diárias de água em exportações de *commodities*. A maior parte dessa água vem de estados com a menor quantidade de água. A Califórnia exporta grandes quantidades de feno com uma produção intensiva de água e mais da metade da sua produção de arroz – outra safra com uma produção intensiva de água – para o Japão. O escritor britânico Fred Pearce diz que o comércio virtual de água está esvaziando os rios Colorado e Grande e ressecando o Aquífero Ogallala.[18]

A Austrália, o continente habitado mais seco da Terra, é a maior exportadora de água virtual líquida do mundo, querendo dizer que ela envia mais água para fora do país na forma virtual do que importa. Por décadas, o sistema do Rio Murray-Darling foi explorado para irrigação para produzir arroz, algodão, vinho e outros produtos com um uso intensivo de água para o mercado mundial. Somente a produção de algodão usa 40% do total de água extraído para irrigação do Murray-Darling, e a maioria daquele algodão – e a água – é exportada. A Austrália é uma exportadora líquida de apenas um pouco menos de 64 bilhões de metros cúbicos de água virtual a cada ano, enviando para fora muito mais água do que ela deixa entrar no país.

Dr. Ian Douglas da Fair Water Use Australia diz: "Embora poucas pessoas questionem a contribuição importante feita pela maioria dos produtores agrícolas australianos, é difícil de acreditar que um país continuamente lutando com uma precipitação de chuva inconfiável e várias secas, permita que mais água

## ÁGUA – FUTURO AZUL

virtual seja perdida do que qualquer outra nação no planeta". Douglas diz que a situação é piorada pelo fato de que o governo está tendo dificuldade em encontrar uma fração dessa quantidade para retornar ao rio para restauração.[19]

Mesmo o Canadá, com sua suposta abundância de água, está colocando suas reservas em risco com seu aumento persistente nas exportações de *commodities*. O Canadá é um exportador de água virtual líquida, ficando em segundo lugar apenas atrás da Austrália. As exportações de água virtuais anuais líquidas do Canadá encheriam o Rogers Centre em Toronto 37.500 vezes. Todos os anos, o Canadá exporta água virtual armazenada no trigo, cevada, centeio e aveia que é equivalente a duas vezes a descarga anual do Rio Athabasca. Essas exportações de água virtual estão se tornando um fardo enorme para a província de Alberta. Com apenas 2% das reservas de água do Canadá, Alberta é responsável por dois terços da água usada para irrigação, grande parte dela para exportação.

O cientista da Universidade de Alberta David Schindler espera que Alberta venha a ser a primeira província a "não ter" água no Canadá. A sua reserva de água já está completamente alocada, mas planos de livre comércio ambiciosos dos governos canadense e de Alberta criaram um aumento enorme nas operações de produção de gado intensivas em antecipação a uma grande demanda de exportação. O uso de água pelo gado em Alberta deverá dobrar na próxima década. Ninguém sabe de onde virá a água.[20] Ironicamente, na maioria desses exemplos os governos concedem aos agronegócios um acesso ilimitado à água gratuita ou barata, um caso claro de subsídios que aumentam os seus resultados e uma transferência da propriedade pública da água para mãos privadas.

O nosso sistema global de produção de alimentos orientado pelo mercado e dominado pelas corporações está usando uma quantidade inaceitável e insustentável da água doce do mundo. A água é saqueada das bacias hidrográficas, rios e aquíferos e enviada mundo afora. As vias navegáveis estão sujas e morrendo em nome do comércio e do lucro. Nesse sistema, a água não tem sido considerada um custo de produção não renovável e seu uso ilimitado suporta um mercado de alimentos gigante que não conhece fronteiras. À medida que a demanda cresce, a capacidade das bacias hidrográficas de absorver esse abuso diminui enquanto a demanda continua implacável. A ONU estima que em 2025 teremos de reservar dois mil quilômetros cúbicos adicionais de água para irrigação para atender as demandas do comércio mundial de alimentos. Isso é o equivalente a quase um bilhão de piscinas olímpicas. Ninguém sabe de onde virá essa água também.

# 11

# AS DEMANDAS DE ENERGIA TORNAM-SE UM FARDO INSUSTENTÁVEL PARA A ÁGUA

A energia e a água estão estreitamente enlaçadas. É necessária uma grande quantidade de energia para fornecer a água, e uma grande quantidade de água para fornecer a energia. Com o estresse da água se disseminando e intensificando mundo afora, é fundamental que os legisladores não promovam opções de energia com um uso intensivo de água. — **Sandra Postel, Projeto Global de Políticas Hídricas**[1]

A BUSCA IMPLACÁVEL POR NOVOS RECURSOS minerais e hídricos está se tornando um fardo insuportável para as reservas de água mundiais. Da mesma maneira que ela é usada para fornecer um recurso barato (e presumivelmente ilimitado) para o comércio global de alimentos, a água é usada para promover a exploração e a produção de energia. Assim como no comércio de alimentos, a água é ao mesmo tempo excessivamente explorada e poluída na caça por recursos de energia.

No início de 2013, a Agência Internacional de Energia (*IEA – International Energy Agency*), uma organização intergovernamental com sede em Paris que conduz pesquisas e aconselha os estados membros sobre políticas de energia, publicou um relatório abrangente prevendo que o volume de água consumida para a produção de energia mundo afora dobraria em 2035. Isso é quatro vezes mais que o volume do maior reservatório dos Estados Unidos, o Lago Mead da represa Hoover. Embora a energia convencional continue a ser um problema crescente e a loucura do fraturamento hidráulico preocupante, a agência diz que os maiores culpados são os biocombustíveis e as usinas de energia a carvão.[2]

## ELETRICIDADE GERADA A CARVÃO AUMENTA A DEMANDA PELA ÁGUA

O uso da energia a carvão está aumentando em toda parte exceto nos Estados Unidos, e o carvão pode passar o petróleo como a principal fonte de energia em 2017, de acordo com um relatório da IEA. O carvão é o combustível fóssil mais abundante no mundo e é relativamente barato. Os maiores produtores de carvão são a China (de longe o maior, com 50% da produção mundial), os Estados Unidos, Índia, Austrália, Rússia, África do Sul e Indonésia. A Austrália é a maior exportadora de carvão, enviando aproximadamente 70% da sua produção para o exterior, a maior parte para o Japão. O carvão é considerado o combustível fóssil mais sujo, uma vez que ele lança o carbono diretamente no ar quando queimado. Mas a mineração de carvão também destrói as bacias hidrográficas locais por meio do escoamento ácido e tóxico que permanece por décadas.

Para converter o carvão em eletricidade, ele é moído até ficar um pó fino e lançado em uma câmara de combustão de uma caldeira, onde é queimado a uma alta temperatura. A energia de calor criada converte a água em vapor, que é passado por uma turbina que gira em alta velocidade. Essa turbina gira um gerador de bobinas de cabos em um forte campo magnético, criando a eletricidade. A água é usada para extrair, lavar e transportar o carvão; para criar e então esfriar o vapor usado para fazer a eletricidade na usina de energia; e para controlar a poluição da usina. A água para a usina é geralmente tirada de fontes locais. A Union of Concerned Scientists (União dos Cientistas Preocupados) diz que uma usina de carvão típica retira até 700 bilhões de litros de água por ano e consome até 4 bilhões de litros daquela água.[3]

Se as tendências atuais se mantiverem, diz a Agência Internacional de Energia, o consumo de água para eletricidade gerada a carvão saltará para 84% até 2035, para 70 bilhões de metros cúbicos anualmente, e será responsável por mais de metade de toda a água consumida na produção de energia. O Greenpeace diz que isso levará a uma crise de água na África do Sul, onde a empresa de serviços Eskom está construindo duas grandes usinas de energia novas. Estima-se que as usinas usarão 173% mais água por unidade de eletricidade que a energia eólica, e há temores de que a água será desviada da produção de alimentos e uso residencial para atender as demandas da indústria de mineração. A projeção feita é a de que a África do Sul vivenciará uma diferença entre o fornecimento e a demanda de água na ordem de 17% em 2030.[4]

Uma advertência similar foi soada pela China. Uma análise de março de 2013 pela Bloomberg New Energy Finance diz que aproximadamente 60% das novas usinas chinesas de energia movidas a carvão estão localizadas na região norte da China, mas apenas 20% da água do país é encontrada no norte. Em 2030 a quantidade de água usada pelo setor de energia da China pode chegar a 190 bilhões de metros cúbicos, comparados a 102 bilhões de metros cúbicos em 2010. Isso constituiria um quarto da reserva de água do país naquele ano. "Levando-se em consideração que algumas regiões já apresentam déficit hídrico hoje em dia, o aumento projetado nas retiradas de água relacionadas à energia poderia rapidamente tornar-se insustentável", diz o relatório.[5]

## OS BIOCOMBUSTÍVEIS DESPERDIÇAM UMA ÁGUA PRECIOSA

Na última década, a produção de biocombustíveis aumentou exponencialmente. Pensada como uma maneira de diminuir o uso de combustíveis fósseis e cortar os gases de efeito estufa, a noção dos biocombustíveis encontrou apoio através do espectro político. Era uma decisão política bem intencionada com ramificações que não foram devidamente consideradas. Nos Estados Unidos, 40% da safra de milho atualmente são desviadas para fazer combustível para carros. Lester Brown, do *Earth Policy Institute*, diz que o milho teria alimentado 350 milhões de pessoas.[6] O professor de ecologia e agricultura da Universidade de Cornell David Pimentel, que estudou os biocombustíveis extensivamente, relata que o milho é a causa número um de erosão do solo nos Estados Unidos, e sua dependência excessiva de nitratos, herbicidas e inseticidas é a principal razão para a zona morta nas águas do Golfo do México.[7]

As preocupações também estão aumentando a respeito da quantidade de energia que é necessária para produzir biocombustíveis. George Monbiot do *The Guardian* cita um relatório sobre a rápida destruição da floresta tropical indonésia por causa do desmatamento para  plantar óleo de palma para biocombustíveis ao longo da próxima década. À medida que florestas são queimadas, tanto as árvores quanto a turfa na qual elas crescem transformam-se em dióxido de carbono. Ele também cita um estudo holandês que mostra que cada tonelada de óleo de palma resulta em trinta e três toneladas de dióxido de carbono – dez vezes mais que o petróleo produz.[8]

Mas mais alarmante ainda é a quantidade de água consumida na produção de biocombustíveis. São necessários 1.700 litros de água para produzir um litro de etanol de milho nos Estados Unidos. Um estudo publicado na *Environmental Science and Technology* diz que a meta do congresso norte-americano de produzir 60 bilhões de litros de etanol de milho ao ano até 2015 exigiria estimados 6 trilhões de litros de água irrigada adicional anualmente, e ainda mais em chuva direta – um volume que excede as retiradas de água anuais de todo o estado de Iowa. Pesquisadores altamente respeitados observam que substituir a gasolina pelo etanol de milho resulta em um deslocamento significativo do problema e causa um dano maior que a gasolina: "Nosso estudo indica que substituir a gasolina por etanol de milho pode resultar apenas no deslocamento dos impactos ambientais efetivos fundamentalmente na direção de uma crescente eutrofização, assim como uma maior escassez de água."[9]

De acordo com o International Water Management Institute, em áreas onde a única fonte de água para a produção de biocombustível é a irrigação, a quantidade de água consumida é ainda mais alta. Por exemplo, um litro de etanol na Índia exige 3.500 litros de água de irrigação. Na China ele exige 2.400 litros.[10] No entanto, apesar de sua pegada de água pesada, a produção mundo afora de biocombustíveis está crescendo, tendo aumentado em um ano em 17%, para 105 bilhões de litros, em 2010. A Agência Internacional de Energia espera que os biocombustíveis atendam mais de um quarto da demanda mundial para transporte em 2020. No seu relatório *Biofuels Markets and Technologies*, Navigant Research, uma empresa de consultoria de tecnologia prevê um crescimento constante na indústria de biocombustíveis até 2021, quando a produção alcançará 260 bilhões de litros.[11]

A Agência Internacional de Energia adverte que isso acarretará em um fardo intolerável sobre as reservas disponíveis do mundo. No seu relatório sobre a produção de energia mundial, a agência antecipa um aumento de 242% no consumo de água para a produção de biocombustível até 2035, de 12 bilhões de metros cúbicos para 41 bilhões de metros cúbicos anualmente, e diz que os biocombustíveis serão responsáveis por 72% da água usada para produção de energia primária.[12]

Vários estudos recentes comparando diferentes tipos de combustíveis usados em carros concluíram que os biocombustíveis são de longe os que mais consomem água. Carey King e Michael Webber, da Universidade do Texas, notaram que para cada quilômetro dirigido, a eletricidade da rede usa 0,56 litros de água, enquanto a gasolina do petróleo usa 1,5 litros de água. Mas o combustível do milho irrigado ou soja irrigada usa 35 litros de água. E como eles são feitos de produtos agrícolas, os biocombustíveis têm níveis de consumo muito maiores – isto é, a água não é retornada para a fonte.[13] Três cientistas norte-americanos publicaram achados similares em um estudo chamado "Buring Water: A Comparative Analysis of the Energy Return on Water Invested". Os cientistas dizem que desenvolver biocombustíveis em larga escala para ajudar a combater o problema dos combustíveis fósseis "pode produzir ou exacerbar a escassez de água mundo afora e ser limitado pela disponibilidade de água doce"[14]

Uma crítica dos biocombustíveis de maneira alguma endossa o uso de combustíveis fósseis ou diminui a necessidade urgente de cortar suas emissões. Trata-se, no entanto, de um grito de alerta para o mundo não colocar o ar contra a água e presumir que esta tenha a capacidade de sustentar esse nível de consumo.

## BRASIL NA LIDERANÇA

O Brasil e os Estados Unidos produzem quase 90% dos biocombustíveis do mundo. O Brasil é o principal fabricante e exportador de etanol de cana-de-açúcar, e a maioria dos carros no Brasil anda hoje com uma mistura de etanol e gasolina. O Brasil produz atualmente 28 bilhões de litros de etanol de cana-de-açúcar (dos quais 2 bilhões de litros são exportados) e almeja estar produzindo 200 bilhões de litros em 2020, embora o Departamento de Agricultura dos Estados Unidos preveja que esse número provavelmente estará mais próximo dos 44 bilhões de litros.[15]

É necessária uma grande quantidade de água para produzir esse biocombustível. O professor da Universidade de Cornell, Pimentel, estima que são necessários 2.655 litros de água se a safra for irrigada (1.720 litros se ela for alimentada pela chuva) para produzir um litro, contando a água usada para produzir a cana-de-açúcar assim como aquela usada no processo de produção.[16] Os cientistas A. Y. Hoekstra e P. W. Gerbens-Leenes corroboram esse número em

ÁGUA – FUTURO AZUL 165

um estudo para a UNESCO.[17] Atualmente 7 trilhões de litros de água são extraídos todos os dias para produzir etanol no Brasil. Em menos de uma década esse número poderá chegar a incríveis 65 trilhões de litros de água.

A produção de biocombustível no Brasil destrói as florestas, que são cortadas para abrir caminho para vastos campos de cana-de-açúcar; ameaça a vegetação e a Bacia do Rio Amazonas; e contamina a água e o solo com fertilizantes químicos. Pequenos produtores agrícolas e proprietários de terras indígenas foram tirados das suas terras para abrir caminho para novos agronegócios. Dois terços do Cerrado, a savana mais diversa do mundo, estão entre a Amazônia e a Mata Atlântica e é conhecido pelos moradores como o "Pai da Água" – foi degradado para a criação de gado e a produção de cana-de-açúcar. O Rio Ipojuca na região nordeste do Brasil foi contaminado pela lixiviação de nitrato, acidificação e desequilíbrio de oxigênio pela produção de biocombustível. Muitos cursos d'água e rios rurais secaram à medida que grandes fazendas de biocombustível se instalam em áreas próximas e extraem sua água.

Tudo isso coloca o Aquífero Guarani – o maior aquífero do mundo, que se localiza debaixo do Brasil, Argentina, Paraguai e Uruguai – em risco. A água está sendo extraída do aquífero mais rápido do que ela pode ser recarregada. Disso resultam altos níveis de sal e uma redução na pressão da água, possivelmente tornando o processo de extração muito difícil no futuro. Metais pesados, toxinas das indústrias de mineração e florestal, ocupação urbana, esgoto mal tratado, fósforo, fertilizantes, agro-químicos e contaminação em múltiplos pontos, combinam-se para o derramamento de uma verdadeira poção de venenos no aquífero. Karin Kemper, especialista sênior em recursos hídricos junto ao Banco Mundial, diz: "O Guarani é um exemplo claro de um corpo de água internacional ameaçado pela degradação ambiental. Sem uma gestão melhor, é provável que o aquífero sofra com a poluição e rápido esgotamento. A exploração descontrolada poderá reduzi-lo de uma reserva de água estratégica para um recurso degradado que será um foco de conflito na região".[18]

As grandes companhias de agronegócios recebem acesso preferencial para as águas da região sobre as necessidades locais. As companhias de agronegócios globais como a Cargill, principal produtora e negociadora de cana-de-açúcar do mundo, e gigantes de energia como a Royal Dutch Shell e a BP estão se atirando no Brasil em antecipação a um crescimento enorme na indústria de biocombustíveis. Enquanto isso, a água potável e os serviços de saneamento não chegam sequer a 25% das pessoas da região. Como em toda parte, são os índios, os pobres e os moradores das favelas que são deixados para trás na corrida para usar os recursos hídricos da região para exportação e lucro.

O argumento usado por governo brasileiro, indústria e proponentes do biocombustível diz que o Brasil tem abundância de água, então esse uso é uma troca aceitável. Mas essa é uma visão equivocada e não leva em consideração a crescente evidência de que mesmo regiões abençoadas com plenitude de água podem ficar secas se elas abusarem (e exportarem) seu patrimônio hídrico. Não causa surpresa que o Brasil tenha começado a experimentar algo relativamente raro: secas sérias, frequentes e prolongadas. O país passou por uma seca intensa em 2005 que provocou a morte maciça de árvores nas matas tropicais, e outra no outono de 2010 que marcou uma das piores secas na história para a Amazônia. O Rio Negro, um importante afluente do Rio Amazonas, secou. Uma seca de 19 meses, que se estendeu de 2011 a 2012, chegou até a Argentina, Paraguai e Brasil, atingindo duramente os produtores de soja brasileiros. No início de 2013, o nordeste sofreu sua pior seca em cinquenta anos, ameaçando o fornecimento de energia hidrelétrica, deixando o aeroporto do Rio de Janeiro na escuridão, e arrasando com 30% da produção de cana-de-açúcar da região. As represas ficaram com um terço da sua capacidade, e 20 milhões de pessoas vivendo na região semiárida precisaram de ajuda do governo.

Cientistas apontam para a destruição da vegetação natural, o bombeamento das águas subterrâneas e de superfície, o desmatamento e a seca da mata tropical amazônica como causas das secas do Brasil, tudo até certo ponto causado pela loucura do biocombustível. "Todo ecossistema tem algum ponto além do qual ele não pode ir", diz Oliver Phillips, professor da Universidade de Leeds, que passou décadas estudando as florestas tropicais e a mudança climática. "A preocupação agora é a de que partes da Amazônia podem estar chegando a esse limiar".[19]

## EXPLORANDO E SE SUJANDO NAS AREIAS BETUMINOSAS

Embora a eletricidade movida a carvão e os biocombustíves estejam no topo da lista, a exploração e a produção de petróleo e gás ainda são responsáveis por 10% da água consumida para produção de energia até 2035. E grande parte dessa produção apresenta a sua própria ameaça particular às reservas de água. À medida que o mundo vai ficando sem o petróleo e o gás convencionais, ele está lançando mão de métodos menos convencionais e mais ambientalmente perigosos, como a perfuração do mar em grandes profundidades, areias betuminosas ou petrolíferas e fraturamento. Areias betuminosas são um tipo de depósito de petróleo contendo areia, argila e água saturados com uma forma densa de petróleo chamado betume. Ele tem a consistência de um melaço, e o desafio é remover o petróleo do resto da mistura. Embora existam depósitos em outros países, mais de 70% das reservas conhecidas são encontradas no Canadá, a maioria na região norte de Alberta.

Os depósitos em torno de Fort McMurray, Rio Peace e Lago Cold, o maior do mundo, encontram-se debaixo de 141 mil quilômetros quadrados de floresta boreal – uma área maior que a Escócia – e contém aproximadamente 1,7 trilhões de barris de betume, quase 2 milhões dos quais são processados todos os dias. O processo de extrair o petróleo do betume é intensivo em termos de enegia, produzindo muito mais emissões de gás de efeito estufa do que o petróleo convencional. Mas a maior preocupação é com o dando às reservas de água locais.

São necessárias quantidades enormes de água para extrair com o vapor o petróleo das areias. Para cada barril de petróleo recuperado das areias betuminosas, três a cinco barris de água são usados, de acordo com o respeitado Instituto Pembina. Atualmente, operações de areias betuminosas aprovadas são licenciadas para remover uma quantidade de água do Rio Athabasca que é mais que duas vezes o volume necessário para atender às necessidades da cidade de Calgary. Isso representa três quartos da água retirada do rio, e seus fluxos de verão caíram em 30% desde 1970.

Após ser usada, a água é lançada em enormes lagoas tóxicas tão perniciosas que os pássaros morrem no primeiro contato. Cento e setenta quilômetros quadrados desses lagos venenosos vazam 11 milhões de litros de água tóxica para a bacia hidrográfica todos os dias, diz David Schindler e seus colegas. O governo de Alberta e as grandes companhias de energia formularam um plano de expansão de US$ 40 bilhões para as areias betuminosas. Se eles tiverem sucesso, a operação estará produzindo em torno de 5 milhões de barris por dia do petróleo mais sujo da terra, que por sua vez poderá usar – e destruir – aproximadamente 20 milhões de barris de água por dia.

Essa expansão exigiria 14 mil quilômetros adicionais de condutos, gerando uma preocupação profunda a respeito de potenciais vazamentos. Ocorreram mais de quatro mil vazamentos de petróleo no Canadá somente entre 2007 e 2009.[20] Em 25 de julho de 2000, um conduto da Enbridge rompeu-se no Michigan, derramando quase 4 milhões de litros de areias betuminosas de Alberta (diluídas com químicos para ajudar a movê-las pelos canos) no rio Kalamazoo. O dano para o rio, seus estuários e sua vida aquática foi enorme, e várias famílias tiveram de ser evacuadas. No verão de 2012, o gasto com a limpeza do rio para os governos do Michigan e dos Estados Unidos havia chegado a US$ 765 milhões. A Enbridge foi multada em US$ 3,7 milhões pelo Departamento de Transporte norte-americano.[21]

Esses vazamentos, a ameaça para o meio ambiente e a destruição da floresta boreal provocaram a união de uma aliança poderosa de oposição à construção de quaisquer condutos novos. As nações indígenas First Nations estão liderando a oposição em muitas comunidades. Os povos aborígenes vivendo próximos das areias betuminosas relatam taxas extraordinariamente altas de cânceres raros e doenças autoimunes; eles não podem se alimentar da caça local ou beber a água das fontes tradicionais. Eles relatam peixes com três olhos e duas bocas. Trabalhei com a Nação Athabasca Cree de Fort Chipewyan e outros em suas lutas legais e comunitárias para reduzir até fechar essas operações, a fim de proteger o meio ambiente. Andei pela região com ativistas nativos e falei com jovens que dizem que seria melhor o governo atirar neles com armas que os matar um a um com câncer.

Na Colúmbia Britânica – chamada por alguns de "corredor do carbono do Canadá" por causa de todos os seus condutos, terminais de gás, minas de carvão e operações de fraturamento ocorrendo ou planejados – sessenta e duas First Nations, o Sindicato de Municípios da Colúmbia Britânica, e uma enorme coalizão de fazendeiros, ambientalistas, proprietários de casas, assistentes sociais e outros se juntaram para dizer não ao transporte e exportação de petróleo de areias betuminosas de Alberta ao longo da sua província. Sua principal meta é parar a construção do Conduto Northern Gateway, que levaria o betume para mercados na Ásia através de oitocentos rios e cursos d'água prístinos, carregaria navios-tanque gigantes que transportam mais petróleo do que o *Exxon Valdez*.

A oposição ao Conduto Keystone XL, que levaria betume de Alberta para refinarias no Texas, surgiu nos Estados Unidos devido à ameaça de derramamentos no Aquífero Ogallala, sobre o qual a rota original teria passado. Compareci a muitas das sessões de "protesto" em frente à Casa Branca lideradas pelo indomável Bill McKibben e estive lado a lado com jovens norte-americanos enquanto cercávamos a Casa Branca por quatro vezes. Em setembro de 2011, fui presa com centenas de outras pessoas, na frente dos prédios do Parlamento em

ÁGUA – FUTURO AZUL 169

Ottawa após passar por uma barreira policial em um protesto contra a Keystone, fui levada para fora do Parlamento em um carro da polícia – um dos dias de que mais me orgulho em minha vida. Se for permitido que a exploração das areias betuminosas continue como planejado, a região norte de Alberta se tornará eventualmente o local com as maiores emissões de gases de efeito estufa no mundo. Fazer a minha pequena parte para evitar isso significa que poderei olhar nos olhos dos meus netos da próxima vez que os vir.

O governo de Stephen Harper está determinado a transformar o Canadá em uma superpotência de energia e está revendo todos os impedimentos. O primeiro-ministro Harper abandonou o Protocolo de Kyoto, tornando o Canadá o único país no mundo a ratificar e então abandonar aquele tratado climático. Harper neutralizou os programas de conservação de energia e todas as principais leis ambientais que protegem o patrimônio de água doce do Canadá, incluindo a Lei de Pesca e a Lei de Proteção às Águas Navegáveis. Harper engavetou a Lei de Avaliação Ambiental, cancelando mais de três mil avaliações ambientais que já estavam em andamento. Ele cortou o financiamento para muitos programas importantes de proteção à água dentro do governo, assim como projetos de pesquisa e instalações fundamentais que conduziam pesquisas independentes; esses incluíam a Área Experimental dos Lagos, um local para experimentos com água doce sobre a chuva ácida e eutrofização, assim como o Programa Hídrico do Sistema de Monitoramento Ambiental Global que o Canadá manteve por anos. Essa rede de pesquisa monitorava a saúde dos lagos de água doce mundo afora para as Nações Unidas. E em março de 2013, Stephen Harper tirou o Canadá da Convenção das Nações Unidas para Combater a Desertificação, que o ministro das Relações Exteriores, John Baird, chamava de "pura falação".

Esse ataque ao patrimônio de água doce do Canadá e sobre o papel do Canadá em encontrar soluções para os problemas hídricos do mundo é profundamente perturbador. Em um momento em que todos os governos e instituições de influência deveriam estar unindo forças para assumir a responsabilidade e confrontar a crise da água, gente demais está fazendo vistas grossas.

## O CRESCIMENTO DO FRATURAMENTO HIDRÁULICO

A Agência Internacional de Energia observou o crescimento no fraturamento hidráulico mundo afora e diz que, até 2035, o consumo de água para a produção de gás natural aumentará em 86%.[22] Embora isso seja um grande aumento, a pegada de água total do fraturamento hidráulico não chega nem perto da pegada de água dos biocombustíveis e da hidroeletricidade produzida a partir do carvão. Mas o impacto das operações de fraturamento hidráulico sobre as bacias hidrográficas locais pode ser severo. Por exemplo, nas operações de gás de xisto na Pensilvânia, 15 milhões de litros de água são necessários para cada poço explorado, comparados com os 378.540 litros para um poço de gás convencional.[23]

O *fracking*, abreviatura do termo em inglês *hydraulic fracturing* "fraturamento hidráulico", é um processo de uso intensivo de água no qual uma mistura de areia, químicos e água é injetada no fundo na terra a uma alta pressão para soltar o gás natural das formações rochosas. Ele usa grandes quantidades de água de fontes locais e contamina aquela água com o coquetel químico usado no processo. Embora os químicos usados estejam sob proteção de marca registrada e são considerados, portanto, "segredos comerciais", um estudo norte-americano de 2011 identificou mais de seiscentos químicos usados no fraturamento hidráulico, pelo menos um quarto dos quais está ligado ao câncer e a mutações e metade pode afetar os sistemas nervoso, imune e cardiovascular.[24] O fraturamento hidráulico também libera gás metano, que contamina os poços e reservas de água locais e acrescenta emissões de gás de efeito estufa quando solto no ar.

Há relatos de doenças no gado e mortes em fazendas próximas de operações de fraturamento hidráulico, assim como relatos de terremotos próximos de locais de intenso fraturamento de gás de xisto. O jornalista canadense Andrew Nikiforuk relata que tanto a EnCana quanto a Chesapeake Energy, duas das maiores produtoras de gás de xisto, montaram bases iguais em tamanho ao estado da Virgínia Ocidental somente para a perfuração de gás de xisto.[25]

O governo norte-americano estima que as maiores reservas estão na China, nos Estados Unidos, Argentina, México e África do Sul. Nenhum país tem as reservas de água para sustentar essa indústria, mas isso não os fez parar. Uma reportagem da agência de notícias independente de Pequim, Caixin, diz que a China está aumentando suas ambições de fraturamento hidráulico sem consideração pela proteção da água subterrânea. O governo admite que ele provavelmente levará até cinco anos para colocar no papel as regras para lidar com os efeitos ambientais do fraturamento hidráulico, mas mesmo assim deu sinal verde para a indústria implementar a exploração em escala total. Mesmo quando as regras estiverem prontas, é provável que elas não serão vinculativas.

O governo chinês observou que o fraturamento hidráulico nos Estados Unidos cresceu quatorze vezes na sua primeira década. Ele espera seguir esse exemplo e estar retirando 6,5 bilhões de metros cúbicos de gás por ano até 2015 e 100 bilhões de metros cúbicos até 2020. Para atender a meta de 2015 a estimativa é que serão necessários 13,8 milhões de metros cúbicos de água, um pouco menos da metade da água usada atualmente em todo o setor industrial da China.[26]

A indústria do fraturamento hidráulico é consciente das limitações que a escassez de água impõe sobre o seu futuro. Em uma propaganda para uma conferência promovendo o fraturamento hidráulico na Argentina, os patrocinadores corporativos – que incluem companhias de energia e fraturamento hidráulico, a embaixada norte-americana na Argentina e a Associação Internacional de Água Privada – observam que a Argentina tem vastas reservas de gás de xisto. Mas eles reconhecem que têm um problema, pois as provisões de água que seriam necessárias para acessar essas reservas são intimidantes: 140 bilhões de litros, uma quantidade de água igual à quantidade total fornecida diariamente pelos sistemas públicos para o país inteiro. De maneira pouco surpreendente, a "gestão da água para extração do gás de xisto" tem um grande espaço nessa conferência.

A África do Sul também está no meio de uma rápida expansão do fraturamento hidráulico após o governo ter levantado uma proibição de 2011 sobre a exploração em 2012. A preocupação a respeito das reservas de água aumentou no Karoo, uma região semiárida ecologicamente sensível do Cabo Ocidental, debaixo da qual está a maior parte do gás. Royal Dutch Shell, Falcon Oil and Gas e Sunset Energy receberam licenças para explorar o gás.[27]

Ao longo da última década, o fraturamento hidráulico explodiu nos Estados Unidos, especialmente na região do centro-oeste, onde as chamas e luzes das operações podem agora ser vistas do espaço. Apoiado pelo governo de Obama como uma maneira de desabituar o país de sua dependência em relação às reservas de petróleo estrangeiras, o fraturamento hidráulico trouxe devastação ambiental e desvalorização das propriedades para as comunidades rurais. Como relata a Food and Water Watch, a indústria é isenta de proteções federais fundamentais sobre a água, e os inspetores federais e estaduais permitiram a expansão desenfreada do fraturamento hidráulico em muitos países. Isso poluiu as reservas de água potável, contaminou a água subterrânea e vazou para os rios e lagos. Um relatório de 2011 da Food and Water Watch cita uma série de estudos confirmando que as empresas de fraturamento hidráulico injetaram milhões de litros de químicos como o combustível diesel – que contém benzeno, carcinógeno conhecido – nos sistemas hídricos. A quantidade de benzeno de um único poço fraturado poderia contaminar quase 400 bilhões de litros de água potável.[28]

A maior operação de fraturamento hidráulico no mundo geralmente é apontada como sendo a operação EnCana, na Bacia do Rio Horn na região noroeste da Colúmbia Britânica, com 16 sítios de poços de dois hectares e estruturas de poços de oito hectares, transformando uma área selvagem inteira em um parque industrial em apenas alguns anos. Pouca regulamentação ou consulta pública levou a um desenvolvimento desenfreado da região norte da Colúmbia Britânica. O governo da província oferece créditos de *royalties* para cada poço perfurado. A nação indígena de Fort Nelson está profundamente preocupada a respeito dos planos de expansão do fraturamento hidráulico na área que represaria o Rio Peace, inundando centenas de quilômetros quadrados. O governo da província também tem planos para aprovar uma série de novas licenças permitindo que as companhias de energia tomassem bilhões de litros de água dos lagos e rios locais. O grupo chama o projeto de "Vendaval de Xisto" e declarou que ele representa "a maior e mais destrutiva força industrial que nossas águas já viram".[29]

O Centro Canadense para Alternativas de Políticas relata que o governo da Colúmbia Britânica tem planos para dobrar ou mesmo triplicar a quantidade de gás natural produzida na província, grande parte dele através do fraturamento hidráulico, e contribuirá com emissões de gás de efeito estufa equivalentes a colocar pelo menos 24 milhões de carros novos nas estradas. O governo está essencialmente dando à indústria um acesso de vinte anos às reservas de água públicas, com pouca ou nenhuma participação pública apesar do fato de o projeto utilizar até seiscentas piscinas olímpicas de água por estrutura de poço de gás.[30]

## ENERGIA NUCLEAR

Embora o estudo da Agência Internacional de Energia diga que a pegada de água da indústria nuclear seja pequena em comparação com a eletricidade gerada a carvão, biocombustíveis, petróleo e gás, isso não significa que a energia nuclear não ameaça a água. A energia nuclear exige grandes quantidades de água para o processo de resfriamento, razão pela qual usinas nucleares são construídas ao lado de lagos ou oceanos, e a água que elas retornam para as bacias hidrográficas é aproximadamente 25 graus mais quente que originalmente. O dano também é causado para a água subterrânea quando o lixo nuclear é armazenado e vaza.

A maior ameaça da energia nuclear, no entanto, é a possibilidade de um acidente no qual alguns dos elementos mais perigosos para os humanos vazam para os sistemas hídricos locais, contaminando-os por décadas. O desastre de Chernobyl contaminou vastos corpos de água na Ucrânia, Bielorússia e região oeste da Rússia, e afetou as vias navegáveis tão longe quanto Polônia, Noruega e Suécia.

## ENERGIA RENOVÁVEL

A destruição da água do planeta para nossas demandas de energia é uma história que em grande parte não foi contada. O aumento nas emissões de gás de efeito estufa tem sido amplamente estudado e documentado, e a maioria das pessoas hoje em dia compreende que essas emissões causam uma séria instabilidade no clima. No entanto, o público e a maioria dos líderes de opinião e dirigentes eleitos ainda não fazem ideia de que o crescimento exponencial em todas as formas convencionais de energia, assim como os biocombustíveis, está colocando as reservas cada vez menores de água acessível do planeta em grave perigo. A necessidade de encontrar e apoiar alternativas sustentáveis para as fontes de energia atuais é urgente se quisermos salvar a água mundial.

Essa meta é inteiramente possível, diz o Conselho do Futuro Mundial, uma organização com sede em Hamburgo com cinquenta "conselheiros" internacionais fundada por Jakob von Uexkull, um filantropo e ex-membro do parlamento europeu, para trazer os interesses das gerações futuras para o centro da tomada de decisões políticas. Stefan Schurig, que dirige o departamento de clima e energia do conselho, diz que mais de 50% de todos os investimentos de energia no mundo estão agora em fontes renováveis e que é inteiramente possível se alcançar o que ele chama de "meta dos 100%" usando conservação e vento, energia das marés, biomassa e energia solar. Centro e trinta e duas regiões na Alemanha já se comprometeram com a meta de 100%, observa Schurig, a maioria por meio de tarifas de alimentação através das quais os lares e proprietários de negócios são pagos para gerar sua própria eletricidade usando energia solar. Mais de 20% da eletricidade da Alemanha é gerada hoje em dia de fontes renováveis, poupando 87 milhões de toneladas de dióxido de carbono cada ano.

No entanto, não é suficiente olhar apenas para o impacto positivo da energia renovável sobre o ar. Nós precisamos também olhar para o seu impacto sobre a água, e há preocupações muito reais a respeito da energia solar e a da água necessária para produzi-la. A Union of Concerned Scientists (União dos Cientistas Preocupados) relata que embora as células solares individuais e os painéis não usem água para gerar eletricidade, as usinas termais solares maiores de empresas de serviços chamadas de sistemas de energia solar concentrada (CSP – *Concentraded Solar Power*) precisam de quantidades maiores de água para resfriamento. Elas precisam de água porque a maioria delas, embora usando o Sol como combustível, gera energia para produzir eletricidade criando vapor para girar suas turbinas. Uma vez que o vapor tenha feito o seu trabalho, ele tem de ser resfriado para que o ciclo possa começar de novo. Grandes operações exigem tanta ou mais água que as usinas de carvão, gás natural ou energia nuclear, construídas para substituí-las. Duas usinas de energia sendo construídas no Deserto de Mojave exigiriam quase 6 bilhões de litros de água subterrânea anualmente.[31]

Essas usinas podem cortar o seu uso de água em até 90% usando o resfriamento seco, que lança ar para resfriar o vapor gerado no processo, em vez do resfriamento úmido, que usa água para resfriar o vapor de volta à água, além do uso da água cinza para atender às necessidades de geração de vapor. Essas práticas custam mais e, portanto, geralmente não são adotadas. No entanto, os legisladores precisam levar a água em consideração quando estabelecem regras para a energia solar e outras fontes novas de energia. O importante aqui é que em nossa busca por alternativas para os combustíveis fósseis, não sacrifiquemos a água pelo ar. Ambos precisam ser protegidos.

# 12

# COLOCANDO A ÁGUA NO CENTRO DAS NOSSAS VIDAS

Pense como a água.
— **Denise Hart, SOG (Salve Our Groundwater), New Hampshire**

A ONG SOG – *SAVE OUR Groundwater* [Salve a Nossa Água Subterrânea] – é uma organização voluntária formada em 2001 por residentes das comunidades da região sudoeste de New Hampshire, Nottingham e Barrington. Sua meta era lutar contra a solicitação de uma empresa de água engarrafada para retirar 1,6 milhões de litros de água por dia do aquífero local, e a luta contra a USA Springs levou onze anos. Foi necessária pesquisa e documentação intensa, pressão política, organização comunitária e um desafio legal que chegou até a Suprema Corte do estado. Embora o grupo tenha encontrado um obstáculo depois do outro, eles perseveraram. A companhia pediu falência em 2008 e o tribunal de falência federal tomou controle da sua dissolução em 2012. A água subterrânea da região sudeste de New Hampshire está segura por ora.

Denise Hart é uma ativista ambiental e de direitos humanos, com sua voz suave é uma das líderes dessa coalizão. Trabalhei ao lado de Denise, seu marido Michael e a equipe da SOG, e visitei a área muitas vezes. Uma vez perguntei o que ela queria dizer com "Pense como a água".

Ela respondeu: "Quando eu digo isso, eu penso que a água confronta obstáculos no seu caminho – ela nunca desiste, mas em vez disso dá a volta, vai em frente, muda de curso, todo o tempo continuando o seu caminho. A água me ensinou como a vida toda está interconectada, como todos nos relacionamos uns com os outros. Os rios estão conectados aos lagos e fontes; lagos são seguidamente alimentados pela água subterrânea e por aí afora. O que acontece rio acima afeta tudo que ocorre rio abaixo. É uma maneira diferente de se pensar sobre o mundo. A água celebra a nossa conexão e interdependência. Se nós humanos usarmos toda a água ou a poluirmos, nossas comunidades e a vida selvagem, plantas, vida marinha, todos serão afetados. Então, precisamos aprender a pensar como a água e passar a entender os sistemas hídricos, que sustentam a vida em abundância se os usarmos de maneira sábia e sustentável, pensando no bem-estar futuro de nossos vizinhos e das futuras gerações de todas as formas de vida".

## UMA NOVA ÉTICA DA ÁGUA

Nós humanos permitimos que a água doce do planeta fosse usada como um recurso para o mundo moderno que construímos, em vez de vê-la como um elemento essencial em um ecossistema vivo. Parece muito claro para mim que precisamos mudar a nossa relação com a água, e precisamos fazê-lo rapidamente. Precisamos descobrir o que adoece a água e o que a faz restabelecer-se de novo, e fazer tudo que estiver ao nosso alcance para restaurar as vias navegáveis e as bacias hidrográficas de nossos ecossistemas. Não apenas temos de rejeitar o modelo de mercado para o nosso futuro hídrico, como temos de nos dedicar a desfazer o que fizemos para o mundo natural e esperar que não seja tarde demais.

É hora de ter alguma humildade. Devemos adotar uma nova ética da água que coloque sua proteção e a sua restauração no centro das leis e políticas que sancionamos. Como ficariam as nossas cidades se não canalizássemos mais nossos rios e cursos d'água, e sim construíssemos em seu entorno e os celebrássemos? Como ficariam as políticas agrícolas se tivéssemos leis efetivas (como na região norte da Alemanha), evitando que atividades produtoras de alimentos prejudiquem os sistemas hídricos locais? Como ficariam as políticas comerciais se o custo verdadeiro da perda de água virtual fosse inserido no custo de produção? Como ficariam as políticas de energia se levássemos em consideração a destruição da água doce? Como olharíamos para os desvios de água e as represas se aceitássemos que os rios precisam fluir para continuarem saudáveis?

A conservação é um componente fundamental de uma ética da água e relativamente fácil de ser adotada. Quando meus netos fecham a torneira ao escovar os dentes, eu sei que eles estão sendo ensinados a cuidar da água. Sandra

Postel, do Projeto Global de Políticas Hídricas, que tem dado o alarme a respeito da água por décadas, diz que as medidas para conservar, reciclar e usar a água de maneira mais eficiente capacitaram muitos lugares a conter suas demandas hídricas e evitar – mesmo que apenas temporariamente – uma consequência ecológica. Ela observa que medidas experimentadas e comprovadas como técnicas de irrigação econômicas, equipamentos de encanamento que poupam água, investimentos em infraestrutura para evitar a perda de água pelo vazamento de canos, paisagismo nativo e reciclagem da água residual como maneiras eficientes em termos de custos para reduzir a quantidade de água necessária para cultivar alimentos, produzir bens materiais e atender às necessidades do lar. Ela acrescenta que o potencial de conservação dessas medidas mal foi atingido.

Contudo, algo ainda está faltando dessa prescrição, ela argumenta em um ensaio para a American Prospect, algo menos tangível do que chuveiros de baixo fluxo e irrigação a conta-gotas. Esse algo tem a ver com a desconexão da sociedade moderna da natureza e do papel fundamental da água como a base da vida. "Em nosso mundo tecnologicamente sofisticado, não temos mais a noção da necessidade do rio selvagem, do pântano de águas escuras ou mesmo da diversidade das espécies realizando coletivamente o trabalho da natureza... Como um todo, fomos rápidos em presumir os direitos de usar a água, mas lentos em reconhecer as obrigações de preservá-la e protegê-la". Ela diz que a essência da ética da água é tornar a proteção dos ecossistemas de água doce uma meta central em tudo que fazemos.

A adoção dessa ética deslocaria a atividade humana de uma abordagem estritamente utilitária em relação à gestão da água, para uma abordagem holística e integrada que vê as pessoas e a água como partes interconectadas de um todo maior. "Em vez de perguntar como podemos controlar e manipular mais ainda rios, lagos e cursos d'água para atender às nossas demandas crescentes, perguntaríamos como podemos satisfazer melhor as necessidades humanas acomodando as exigências ecológicas dos ecossistemas de água doce", argumenta Postel. Isso nos levaria a questionamentos mais profundos dos valores humanos, "em particular como estreitar a larga distância entre as pessoas que têm e as que não têm um ecossistema saudável".[1]

O geólogo e escritor canadense Jamie Linton promove o conceito do ciclo "hidrossocial", um processo no qual fluxos de água refletem as questões humanas e estas são avivadas pela água. "O desafio, já iniciado, é colocar o ciclo hidrossocial para trabalhar em prol da justiça social e da sustentabilidade ambiental, não apenas nas cidades, mas onde quer que a intervenção no ciclo hidrológico tenha produzido um acesso injusto ou desigual à água e aos serviços hídricos".[2]

## RESTAURAR AS BACIAS HIDROGRÁFICAS É CRUCIAL PARA A RECUPERAÇÃO

Para a recuperação da estabilidade climática e um futuro com segurança hídrica para todos é essencial a conservação, a proteção e a restauração das bacias hidrográficas. Temos de parar de minerar a água de lagos, rios e aquíferos e reconstruir a saúde dos nossos sistemas aquáticos se quisermos sobreviver. O hidrólogo e vencedor do Prêmio Goldman Michal Kravsick lidera um esforço global para salvar o ciclo hidrológico da Terra com a restauração das bacias hidrográficas. Sua pesquisa inovadora mostrou que, quando a água não consegue retornar para os campos, prados, terras úmidas e cursos d'água por causa do avanço das cidades, de práticas agrícolas atrasadas, sobrepastoreio e remoção de terrenos que retêm a água, a quantidade real de água no ciclo hidrológico diminui, levando à desertificação de uma terra que fora verde um dia.

Quando removemos a água do solo, ele aquece, aquecendo o ar à sua volta. Similarmente, quando removemos a vegetação (terras úmidas, florestas, gramíneas nativas) do solo, o vapor da água é perdido para a bacia hidrográfica, o que por sua vez provoca o aquecimento do clima. Uma equipe de cientistas liderada pelo pesquisador da Universidade de Leeds descobriu que o ar passando sobre grandes florestas tropicais produz duas vezes mais chuva (ou mais) que o ar que passa sobre áreas desflorestadas. As árvores liberam umidade no processo de evapotranspiração, explica o cientista, o que mantém o ar mais úmido e mais frio, trazendo chuvas necessárias a milhares de quilômetros dali. A equipe estima que, com a tendência atual de desflorestamento somente na Amazônia, a precipitação de chuva na Bacia Amazônica vai cair em 12% na estação de chuvas e 21% na estação seca até 2050.[3]

Kravsick diz que estamos perdendo vastas quantidades de água do ciclo hidrológico para o oceano todos os anos através desse abuso das bacias hidrográficas e das florestas, e ele acredita que o nosso uso incorreto da água é a principal causa da mudança climática. Ele convenceu o governo eslovaco a implementar um plano de restauração das bacias hidrográficas, com base em métodos tradicionais de coleta de água da chuva por meio de reservatórios de armazenamento; pequenas represas de "contenção" de madeira, pedra e de barro; drenos de superfície e poços de infiltração em estradas vicinais; e reparo da erosão em barrancos e valas. A primeira fase do projeto, que terminou em 2011 e envolveu 190 municípios e mais de cinquenta mil medidas de retenção de água, foi um enorme sucesso e ajudou a recuperar grandes áreas de terras degradadas. O projeto, chamado Alternativa Azul, também empregou quase oito mil pessoas, muitas das quais – incluindo um grande número de ciganos envolvidos – eram assistidas socialmente antes. A Eslováquia embarcou avidamente em uma segunda fase desse projeto.[4]

A coleta e armazenamento da água da chuva tem sido feita em áreas áridas e semiáridas por milhares de anos. A técnica está sendo empregada agora em áreas urbanas também. Um método adequado para as cidades é a colheita de telhado, que pode ser uma fonte para recarregar a água subterrânea. A China e o Brasil têm programas extensivos de colheita de água da chuva dos telhados, e Bermuda sancionou uma lei que exige que todas as construções novas incluam instalações de colheita de água da chuva.

Um experimento similar da Eslováquia foi a criação do vilarejo de pesquisa da paz de Tamera, na região sudoeste de Portugal, onde uma comunidade de visionários usou a colheita da água da chuva e técnicas agrícolas de permacultura para transformar uma paisagem desertificada – criada por gestão florestal e técnicas agrícolas equivocadas – em um paraíso verde. Dez lagos cercados por terras úmidas e charcos saudáveis foram criados para reter a água da estação de chuvas e dar tempo para a água embeber o solo. A comunidade está cultivando produtos agrícolas com sucesso, e a biodiversidade, a vida selvagem e as matas novas estão todas voltando para a região.

O Centro para Ciência e Meio Ambiente em Nova Déli, Índia, administra vários programas de colheita da chuva em torno da cidade, e treinou milhares de interessados de todo o país para renovar essa técnica antiga de retenção da água. No Rajastão, o movimento Tarun Bharat Sangh de Rajendra Singh trouxe vida de volta para a região por meio de um sistema de colheita de água da chuva que fez desertos florescerem e rios fluírem de novo. Singh diz que se as gotas vêm das nuvens, as pessoas podem captá-las. A organização de Singh e os moradores da área construíram mais de dez mil estruturas de colheita da chuva nos últimos 25 anos e reviveram sete rios em todo o estado. As pessoas vêm de toda parte do mundo para aprender com Singh, que é conhecido na Índia como "o homem da chuva"; o seu trabalho e visão trouxeram saúde e harmonia para centenas de comunidades um dia carentes de chuva.

Adelaide, a capital da região Sul da Austrália, vive com a incerteza dos fluxos erráticos de água dos Rios Murray e Darling. Em algumas estações, os rios não alcançam o oceano; em outras as margens dos rios transbordam. Infelizmente, mesmo quando a precipitação de chuva é abundante, a maior parte dessa água não é capturada e corre para o mar. Embora a cidade tenha optado por uma solução "moderna" para a água – a dessalinização e a privatização dos serviços hídricos –, um ex-fazendeiro empreendedor e determinado chamado Colin Pitman implementou uma solução natural para a escassez e a poluição da água no subúrbio de Salisbury, em Adelaide.

Pitman convenceu a Câmara de Salisbury a deixá-lo criar 53 áreas úmidas nas Planícies de Salisbury, onde ele purifica a água da chuva usando espécies de plantas aquáticas cuidadosamente selecionadas, limpando a água de 90% do potássio, fósforo e metais pesados que ela carrega. Ele então armazena a água em aquíferos para ser retirada posteriormente para uso industrial e irrigação. Salisbury ganhou reconhecimento internacional pela maneira como colhe a água urbana escoada e purifica a água poluída; dirigentes do governo e cientistas vêm de todas as partes do mundo para aprender como deixar verdes seus desertos como fez Salisbury.

Pitman diz que Adelaide poderia fornecer a seus cidadãos uma água muito mais barata e confiável do que a água dessalinizada cara e controversa. O jornal local expressou indignação diante da recusa de Adelaide de aprender com Pitman:

> Quando chove em Salisbury, a câmara ganha dinheiro, os negócios colhem água e o meio ambiente é protegido.
>
> Quando chove no resto de Adelaide, uma quantidade enorme de água poluída é levada para o mar onde ela envenena e extingue algas marinhas, leva embora a areia das praias, causa danos ao meio ambiente e não faz nada por nossa crônica escassez de água.
>
> Adelaide está enfrentando uma crise com sua provisão de água, graças à seca, à dependência excessiva do Rio Murray e, de acordo com os críticos, à falta de visão. Em um contraste gritante, Salisbury, uma das câmaras da cidade de Adelaide, foi pioneira em uma corajosa abordagem nova que está sendo monitorada mundo afora.[5]

# ÁGUA – FUTURO AZUL

E assim há a beleza da rede de terras úmidas onde um dia só havia deserto. Quando fiz um passeio pelo projeto de Pitman, fiquei impressionado com a riqueza da vida aquática. Cento e setenta espécies de pássaros foram registradas nessas terras úmidas, muitas das quais não eram vistas há anos.

As Nações Unidas deram o seu prêmio de melhores práticas "Água para Vida" para a cidade de Kumamoto no Japão, localizada em Kyushu, a maior ilha ao sul. A cidade é abençoada com água subterrânea abundante do aquífero vulcânico criado pelo Monte Aso, e os residentes estão determinados a passar adiante essa qualidade de água para as gerações futuras. Assim como com o projeto de Colin Pitman, a cidade administra um sistema de recarga da água subterrânea que usa arrozais abandonados e florestas protegidas. A água é tão pura que as pessoas a chama de "água mineral da torneira".

(Esses projetos de recarga de água subterrânea não devem ser confundidos com o lançamento de águas residuais no subsolo. A partir de 1º de julho de 2013 a nova lei da Flórida passou a permitir que mais lixo e esgoto tóxicos sejam lançados no lençol freático do estado. Municípios locais que baniram o lixo tóxico agora têm de aceitar asfalto, resíduos de petróleo, cimento, tintas plásticas e outros químicos venenosos. As companhias de mineração, construção e petróleo e gás não têm de incorrer mais em custos para dispor com segurança dos seus resíduos e podem jogá-los livremente nos aquíferos antigos).

Alguns governos locais estão despertando para a necessidade de proteger e restaurar as bacias hidrográficas, percebendo que é muito mais eficiente – em termos de custos – investir no restauro de um ecossistema do que no tipo de engenharia moderna de água que eles favoreceram no passado. Em 2011, de acordo com um relatório da ONG norte-americana Forest Trends, os governos mundo afora investiram mais de US$ 8 bilhões em projetos de proteção de bacias hidrográficas, reconhecendo que árvores, terras úmidas e gramíneas são extremamente eficientes em limpar e reter a água, assim como reduzir a sedimentação que entope os reservatórios de água.

Na China, relata Stephen Leahy do Inter Press Service, residentes de comunidades que passam por dificuldades na cidade costeira ao sul de Zhuhai recebem benefícios de seguro saúde como um incentivo por adotar práticas de gestão de terras e solo que protejam a água potável. No Vale de Santa Cruz na Bolívia, mais de quinhentas famílias recebem colmeias, mudas frutíferas e arame para fazer cercas e manter os animais longe dos rios e margens dos cursos d'água. Uma autoridade hídrica sueca apoia um programa para estabelecer canteiros de mexilhões azuis em um fiorde para filtrar a poluição de nitrato, evitando usar tratamento baseado em químicos.

Em vez de usar usinas de tratamento de água movidas a eletricidade, Nova York traz para a cidade sua água potável de alta qualidade por meio de aquedutos conectados a áreas protegidas nas florestas e terras úmidas próximas de Catskill/Delaware. A cidade poupou entre US$ 4 bilhões e US$ 6 bilhões no custo de tratamento de água protegendo florestas e compensando produtores rurais em Catskills por reduzir a poluição em seus lagos e cursos d'água. A cidade de Nova York usa atualmente a energia solar para assegurar a água potável limpa, através de uma instalação de tratamento de água de última geração que usa radiação ultravioleta para destruir patógenos levados pela água. Os responsáveis pelo tratamento da água esperam deixar de usar completamente ou pelo menos reduzir o uso de cloro.[6]

Uma série de países e comunidades está percebendo que precisa recuperar o velho conhecimento a respeito de como a natureza pode protegê-los de tempestades inesperadas e um aumento no nível das águas. Na Tailândia, há um esforço conjunto para reconstruir os mangues que um dia alinharam as áreas costeiras e ofereciam proteção contra os tsunamis. E após a destruição provocada pelo Furacão Sandy, o governador de Nova York, Andrew Cuomo, propôs um plano que transformaria propriedades no Queens, Brooklyn e Staten Island em parques, santuários de pássaros e dunas que poderiam atuar como zonas de amortecimento.

O repórter do *New York Times*, Michael Kimmelman diz que Cuomo poderia aprender com os Países Baixos. Após décadas tentando controlar as marés mais altas, os holandeses estão "começando a deixar a água entrar", dando um jeito de conviver com a natureza em vez de lutar uma batalha perdida. As casas são evacuadas para criar espaços alagáveis; escritórios são construídos sobre diques; praças públicas são projetadas para funcionar também como bacias de coleta para chuva e inundações; lagos, há muito tempo secos pela agricultura, são recuperados; charcos e terras úmidas são restaurados.[7] Seu famoso programa Room for the River (Espaço para o Rio) busca proporcionar controle contra inundações, permitindo que os rios holandeses se expandam naturalmente em períodos de fluxos mais altos. Isso por sua vez está melhorando muito o meio ambiente nas cabeceiras dos rios e a vida aquática ao longo das suas margens.

No entanto, muito ainda precisa ser feito. Esses exemplos servem como avisos para um caminho a ser seguido e nos encoraja a perceber que isso pode ser feito. As Nações Unidas dizem que a colheita da água da chuva na África poderia proporcionar água suficiente para o consumo humano, com sobra para recarregar seus 677 maiores lagos, cada um dos quais está experimentando uma deterioração sem precedentes. Como um todo, a quantidade de chuva caindo no continente africano é equivalente às necessidades de 9 bilhões de pessoas – mais do que a população global atual. O Quênia, muitas vezes considerado um país sem água, tem precipitação de chuva suficiente para atender às necessidades de seis a sete vezes a sua população. A África não é um continente com escassez de água, diz o Programa do Meio Ambiente das Nações Unidas; o problema é que as chuvas vêm em ciclos e a maioria não é capturada ou armazenada.

No passado, a captura e colheita da água da chuva eram comuns por toda a África, mas essas práticas foram substituídas por uma mentalidade de drenar e desviar os lagos, rios e aquíferos. A UNEP observa que não são necessárias soluções em larga escala, e sim tecnologias de colheita de baixo custo que são simples de serem empregadas e mantidas. "Conservar e reabilitar os lagos, terras úmidas e outros ecossistemas de água doce será vital", diz o diretor executivo da UNEP Achim Steiner, que acrescenta que infraestruturas em larga escala podem muitas vezes passar ao largo das necessidades das populações pobres e dispersas. Amplamente empregada, ele diz, a colheita de água da chuva pode atuar como um amortecedor contra a seca enquanto reabastece bacias hidrográficas com problemas e sustenta os fluxos saudáveis dos rios.[8]

## RECONHECENDO O DIREITO A UM MEIO AMBIENTE SAUDÁVEL

Esses e outros projetos de restauração da água mostram uma crescente compreensão que o bem estar humano depende de um meio ambiente saudável e exige uma nova ética hídrica e ambiental. Nós estamos começando a trazer essa ética para a lei e a prática. O influente pesquisador e advogado ambiental David R. Boyd promove a codificação do direito a um meio ambiente saudável pela lei e documentou progressos realizados até hoje mundo afora. Desde o alvorecer da era ambiental moderna nos anos de 1960, diz Boyd, o reconhecimento da conexão essencial entre os direitos humanos e um meio ambiente saudável aumentou firmemente. A partir de 2012, pelo menos 92% dos países do mundo reconheciam o direito a um meio ambiente saudável através de suas constituições, decisões judiciais, leis, ou tratados internacionais e declarações.

Três quartos das constituições do mundo incluem atualmente referências explícitas aos direitos e/ou responsabilidades ambientais, diz Boyd. Ele observa que nenhum outro direito social ou econômico alcançou um nível tão amplo de reconhecimento em um espaço de tempo tão curto, e que como um todo esse desenvolvimento reflete uma evolução mundial dos valores humanos. Há uma série de exemplos. Após um debate acalorado, a França abandonou o fraturamento hidráulico, baseado no direito a um meio ambiente saudável. A Suécia estabeleceu uma meta para a sustentabilidade no próprio país, usando práticas que não prejudicam a saúde humana ou o meio ambiente em outros países; ela tornou-se o primeiro país no mundo a medir a sua pegada de água virtual para determinar seu impacto sobre os países com os quais ela realiza transações comerciais. Isso deve se tornar a prática padrão por toda parte. Nenhum país pode alegar possuir sustentabilidade hídrica a não ser que ele examine a sua pegada nas partes do mundo que cultivam o seu alimento e produzir bens industrializados que usam a água local.

Boyd, que dá aulas na Universidade Simon Fraser na Colúmbia Britânica, compartilha a história de Beatriz Mendoza, uma assistente social argentina que enfrentou todos os três níveis de governo e 44 das corporações mais poderosas do país em uma ação judicial. A sua intenção era forçá-las a começar a limpar a poluída bacia do rio Matanza-Riachuelo, um dos lugares mais poluídos da Terra. Com base em seu direito constitucional a um meio ambiente saudável, Mendoza acusou os governos de má gestão ecológica, e ela venceu seu caso na Suprema Corte da Argentina em 2008. Todos os três níveis do governo foram obrigados a gastar US$ 1 bilhão no total com a limpeza, incluindo novas usinas de tratamento de água potável e moradias sociais para ex-residentes dos casebres na beira do rio.

Boyd conduziu uma análise estatística comparativa, que demonstrou que os países com direitos e responsabilidades ambientais constitucionais têm pegadas ecológicas menores, possuem uma classificação mais alta em medidas compreensivas de desempenho ambiental, e tiveram um progresso mais rápido na redução da poluição do ar e das emissões de gases de efeito estufa. Curiosamente, muitas economias de mercado que falam inglês – Canadá, Estados Unidos, Reino Unido e Austrália – se recusam a aderir à tendência de reconhecer o direito a um meio ambiente saudável.[9] Tanto os Estados Unidos quanto o Canadá

ÁGUA – FUTURO AZUL 185

participaram da Convenção Aarhus da ONU, que promove a participação pública e o direito ao acesso a decisões governamentais sobre questões ambientais, mas eles a abandonaram quando os europeus insistiram em incluir o direito a um meio ambiente saudável.

Por mais empolgante que esse novo desenvolvimento seja, a maioria das emendas constitucionais ainda está dentro de um enquadramento centrado no homem. Isto é, eles se referem ao direito dos cidadãos de viverem em um ambiente limpo e seguro e esclarecem que é o dever dos governos proverem esse meio ambiente. Mas alguns estão levando essa questão mais adiante e começando a criar um enquadramento para proteger a própria natureza. Em 2008, o Equador tornou-se a primeira nação no mundo a reconhecer os direitos da natureza, e um ano mais tarde a Bolívia seguiu o seu exemplo. A emenda constitucional equatoriana diz que a natureza tem o direito "ao respeito absoluto, à existência e à manutenção e regeneração dos seus ciclos vitais, estrutura, funções e processos evolucionários". Ela também diz que a natureza tem o direito à restauração e que o estado aplicará o princípio preventivo a atividades que possam levar à extinção, destruição de ecossistemas ou à alteração permanente dos ciclos naturais.

O estimado escritor e historiador uruguaio Eduardo Galeano promove a lei dos direitos da natureza do Equador. Ele diz que desde o dia em que "a espada e a cruz" abriram seu caminho nas Américas, o Equador sofreu repetidamente com a devastação, incluindo a poluição maciça das suas florestas amazônicas por companhias de petróleo norte-americanas. A nova emenda é um passo na direção da recuperação da tradição nativa antiga da reverência pela natureza, a qual era vista pelos europeus como o pecado da idolatria e punida com a tortura e a morte. Em uma antologia sobre os direitos da natureza, Galeano escreve: "A Natureza tem muito a dizer, e já é hora de nós, seus filhos, pararmos de nos fazer de surdos. Talvez até Deus ouça um lamento erguendo-se desse país andino e acrescente o décimo primeiro mandamento, que ele deixou de fora quando passou as instruções do Monte Sinai: 'Ame a Natureza, da qual fazes parte'".[10]

Ironicamente, grupos locais indígenas, de direitos humanos e ambientais usaram essa mesma lei para contestar um contrato que o governo do Equador havia assinado com uma companhia chinesa em março de 2012, para um novo projeto a céu aberto de mineração de cobre, ouro e prata na Cordilheira do Condor na região sul do Equador. Os grupos entraram com uma ação judicial que alegava que a mina violaria os direitos protegidos na constituição equatoriana. Infelizmente a ação judicial foi rejeitada pelo tribunal de justiça equatoriano no início de 2013.

Mas esse conceito também está sendo codificado nos tribunais. Em um caso histórico de 2012, o Rio Whanganui na Nova Zelândia tornou-se uma entidade legal com sua própria voz sob um acordo assinado entre o governo e os iwi (unidade social dos Maori) de Whanganui, uma comunidade indígena com fortes laços culturais com o rio. O acordo seguiu-se a uma longa batalha judicial a respeito do rio. Sandra Postel, escrevendo para a *National Geographic*, diz que esse acordo dará um novo ímpeto à ideia de que a natureza tem direitos que devem ser protegidos legalmente, da mesma maneira que as pessoas.[11]

## HONRANDO PACHAMAMA

Em abril de 2010, seguindo a um fracasso espetacular da reunião de cúpula sobre o clima de Copenhagen de 2009, o presidente da Bolívia, Evo Morales, trouxe ativistas da justiça climática de todo o mundo para se reunirem em Cochabamba e criarem uma visão alternativa para o futuro. O presidente Morales esperava alguns milhares de convidados; em vez disso, mais de 32 mil de nós estivemos nesse país lutador e sem saída para o mar. A Bolívia tem uma grande população indígena e manteve-se bravamente fiel à sua cultura, vestimenta, música e conexão espiritual com a natureza, ou Pachamama ("Mãe Terra"). Então não causa surpresa que dessa reunião veio um chamado para proteger a natureza diferente, reconhecendo os seus direitos inerentes.

A Declaração Universal dos Direitos da Mãe Terra foi proclamada em 22 de abril de 2010. Um grupo nos representando apresentou-a em pessoa para o Secretário Geral Ban Ki-moon, que pareceu genuinamente comovido com a ideia. A declaração reconhece que a Terra é uma comunidade viva indivisível de seres inter-relacionados e interdependentes com direitos inerentes. Ela define responsabilidades humanas fundamentais em relação a outros seres e para a comunidade como um todo. Embora muitos de nós tenhamos trabalhado nela, o seu principal autor foi Cormac Cullinan, um advogado sul-africano de direitos humanos e ambientais e uma voz importante no movimento para ter a natureza protegida em lei.

Cullinan acredita que gerações futuras olharão para trás, para a nossa, e verão nossa relação com a natureza como uma forma de escravidão. Ele diz que chegará o dia em que "o fracasso de nossas leis em reconhecer o direito de um rio de fluir, de proibir atos que desestabilizam o clima da Terra ou impor um dever de respeitar o valor intrínseco e o direito de existir de toda a vida" será tão repreensível quanto permitir que as pessoas sejam compradas e vendidas. Ele cresceu e estudou a lei na África do Sul com o *apartheid* e viu em primeira mão como o estado pode usar a lei como forma de controle social. Ele afirma que os nossos sistemas legais para regulamentar o comportamento humano não estão protegendo a terra porque não é a sua intenção. Na realidade, segundo ele, os nossos sistemas políticos e legais perpetuam, protegem e legitimizam a degradação continuada da Terra intencionalmente, não por acidente.

Em seu livro seminal *Wild Law*, Cullinan explica que a maioria dos sistemas legais veem a natureza como uma propriedade, e a maioria das leis para proteger o meio ambiente e as outras espécies regulamentam apenas a quantidade do dano que pode ser infligido pela atividade humana. Ele pede por leis que regulamentem os seres humanos de uma maneira que permita que as outras espécies cumpram o seu papel evolucionário no planeta. As leis humanas e os sistemas de governança devem promover um comportamento humano que contribua para a saúde e a integridade não somente da sociedade humana, mas também da "comunidade ecológica maior". Isso não significa que não podemos pescar um peixe, mas que pescar uma espécie até a sua extinção violaria a lei. Tampouco quer dizer que não poderia haver uma atividade comercial em um rio. No entanto, se o rio for represado e sua água extraída até o ponto em que ele não flua mais, ele não é mais um rio; seus direitos inerentes foram removidos.[12]

Shannon Biggs, diretor do programa de Direitos Comunitários na Bolsa Global em São Francisco, trabalha com comunidades confrontadas por danos corporativos para fazer valer seu direito de proteger bacias hidrográficas locais e para promulgar uma lei vinculativa que coloque os direitos das comunidades e da natureza acima dos direitos alegados das corporações. Mais de 140 comunidades por todos os Estados Unidos usaram essa nova compreensão para fazer valer seus direitos de tomar decisões de governo onde elas vivem. Em 2006, os residentes de Tamaqua Borough, Pensilvânia, adotaram um decreto reconhecendo os ecossistemas naturais como "pessoas legais" com o intuito que não fosse mais lançado lodo residual poluente em terras selvagens. Cidadãos em comunidades por todo o estado da Nova Inglaterra afirmaram seu direito de proteger suas fontes de água através de uma série de decretos para evitar que empresas de água engarrafada estabeleçam suas operações. Em 2010, residentes de Mount

Shasta, Califórnia, fizeram uma campanha bem-sucedida para votar um decreto em uma eleição que impedia a semeadura de nuvens e extração excessiva de água dentro dos limites da cidade.

Em abril de 2013, Santa Monica, Califórnia, adotou um "Decreto de Direitos de Sustentabilidade" que estabelece os direitos de todos os residentes à água limpa de fontes sustentáveis, a ar limpo de fontes de energia renováveis e a um sistema de produção de alimentos sustentável que forneça alimentos cultivados localmente e saudáveis. Ele também reconhece que o meio ambiente possui direitos fundamentais e inalienáveis de existir e florescer em Santa Monica. O decreto foi uma criação de Linda Sheehan, diretora executiva do Earth Law Center na Califórnia, que defende leis e políticas que reconheçam e promovam os direitos inerentes da natureza de existir, prosperar e se desenvolver.

Shannon Biggs explica que a lei na maioria dos países ocidentais reconhece os direitos das corporações enquanto nega às comunidades o direito de proteger a sua própria saúde, segurança e bem-estar nos lugares onde elas vivem. Sociedades humanas inteiras passaram a valorizar o "mais interminável" em detrimento de todos. Biggs vê a iniciativa de fazer valer o controle democrático local com um novo movimento dos direitos civis para as pessoas e o planeta. "Aprovar leis locais que assegurem o direito das comunidades de tomar decisões de governo que as afetem diretamente, reconhecendo o direito da própria natureza de existir, florescer e regenerar o seu ciclo vital é essencialmente uma desobediência civil através da promoção de leis locais", ela diz. Nossa tarefa é reestruturar a economia global em muitas economias locais, com base nas necessidades da biosfera. Quando isso acontecer, as "comunidades tornar-se-ão verdadeiros líderes dos seus ecossistemas, protegendo e fazendo valer esses direitos naturais".[13]

## SERÁ QUE É TARDE DEMAIS?

Será que conseguiremos fazer isso? Conseguiremos parar a devastação dos nossos lagos, rios, cursos d'água e água subterrânea? Conseguiremos pensar como a água? Até 90% da água residual no hemisfério sul flui sem tratamento para as vias navegáveis e zonas costeiras. Globalmente, todos os dias, quase 2 bilhões de quilogramas (2 milhões de toneladas) de esgoto e resíduos industriais e agrícolas são lançados na água, equivalente ao peso de toda a população humana de 7 bilhões de pessoas. A quantidade de água residual produzida anualmente é igual a seis vezes mais água do que existe em todos os rios do mundo.[14]

O grande poeta inglês vitoriano Gerard Manley Hopkins disse:

E por tudo isso, a natureza nunca acaba;
No fundo das coisas habita o frescor mais adorável.[15]

Esperamos que ele esteja certo.

PRINCÍPIO 4

# A ÁGUA PODE NOS ENSINAR A VIVER JUNTOS

Este princípio reconhece o potencial para o conflito se o enquadramento político e econômico da competição, o crescimento ilimitado e a pilhagem da terra e da água pelo lucro não for desafiado. As disputas pela água estão pairando por toda parte no mundo: entre nações, entre ricos e pobres, entre pequenos agricultores e agronegócios, e entre megacidades sedentas e comunidades indígenas e rurais. Mas da mesma maneira que a água pode ser a fonte de disputas, conflito e mesmo violência, a água pode aproximar as pessoas, comunidades e nações na busca compartilhada de soluções. Histórias e diferenças passadas precisam ser colocadas de lado quando a sobrevivência de uma bacia hidrográfica compartilhada estiver em jogo. A sobrevivência da água necessitará de maneiras mais colaborativas e sustentáveis de produzir energia, cultivar alimentos e produzir bens e serviços. E isso vai exigir uma governança democrática mais robusta, assim como um controle mais local sobre as fontes de água. A água será o presente da natureza para a humanidade para nos ensinar a viver de maneira mais suave sobre a Terra, em paz e respeitando uns aos outros.

# 13

## CONFRONTANDO A TIRANIA DO 1%

Ao elevar a economia acima de tudo, deixamos de fazer as perguntas mais importantes: Para que serve a economia? Quanto é o suficiente? Existem limites? Nós não estamos fazendo as perguntas fundamentais.
— **David Suzuki, líder ambiental**

EM MEADOS DE 2013 HAVIA no mundo 1.426 bilionários, a mais que os 111 em 2000. O magnata das telecomunicações do México, Carlos Slim, está no topo da lista com uma fortuna estimada em US$ 73 bilhões. Em seguida está o norte-americano Bill Gates, com uma fortuna de U$ 67 bilhões. Amancio Ortega, da Espanha, tem US$ 57 bilhões, está em terceiro lugar, tendo ganhado US$ 19,5 bilhões a mais somente em 2012. Enquanto isso, o desemprego no seu país chegou a 55%. O líder sindical do Reino Unido, Frances O'Grady, diz que é essencial lembrarmos que o aumento da desigualdade dos salários foi uma das principais causas da crise financeira de 2008. "Diante de salários estagnados, muitas pessoas tomaram emprestado para manter seus padrões de vida enquanto os muito ricos colocaram seu dinheiro em investimentos cada vez mais arriscados para extorquir os retornos. A não ser que a riqueza seja disseminada mais amplamente, nós seremos incapazes de construir uma recuperação sustentável, à medida que os gastos dos consumidores continuará baixo", diz ele.[1]

O economista norte-americano e ganhador do prêmio Nobel Joseph Stiglitz adverte que essa concentração de renda e poder dá à elite uma grande capacidade de influir nas regras da economia global. Nas áreas do comércio, finanças, investimento e tributação, eles influenciam governos para orientar a política de uma maneira que beneficie seus interesses. O exemplo mais espetacular disso foi o resgate dos bancos e outras instituições financeiras após a crise financeira, pela qual eles foram em grande parte responsáveis. Em um ensaio para a *Vanity Fair* chamado *"Of the 1%, by the 1%, for the 1%"* [Do 1%, pelo 1%, para o 1%], Stiglitz escreve que esse clube de elite não quer que o governo invista na infraestrutura, à medida que os seus membros não se beneficiam pessoalmente de propriedades públicas como parques, sistemas hídricos públicos, educação, segurança pessoal, ou assistência médica, coisas que eles podem comprar para si mesmos. Você só precisa olhar para o estado dos aeroportos, autoestradas, ferrovias e pontes nos Estados Unidos para ver o resultado.[2]

Os extremamente ricos não apenas fazem campanha para redução de impostos corporativos e pessoais, como escondem quantidades enormes de dinheiro em paraísos fiscais, roubando os governos de trilhões de dólares em fundos que poderiam ser colocados em prol do bem público. O ativista tributário James Henry, um ex-economista da empresa de consultoria global McKinsey, estima que entre US$ 21 trilhões e US$ 32 trilhões da riqueza do mundo foram guardados em investimentos *offshore*, livres de impostos. Aproximadamente metade dessa soma é controlada pelas 91.000 pessoas mais ricas do mundo, acrescenta Simon Bowers do *The Guardian*.

Um estudo investigativo revolucionário de 2013 de paraísos fiscais *offshore* feito pelo Consórcio Internacional de Jornalistas Investigativos (ICIJ – *International Consortium of Investigative Journalists*) descobriu os nomes de dezenas de milhares dos milionários do mundo que escondem seu dinheiro em vez de pagar os seus impostos. *"Secrecy for Sale"* descobriu que os muito ricos usam estruturas *offshore* complexas para terem mansões, iates, obras-primas e outros ativos, e que muitos dos principais bancos do mundo trabalham agressivamente para fornecer aos seus clientes companhias absolutamente sigilosas nas Ilhas Virgens Britânicas e outros esconderijos *offshore*.[3]

As regras da globalização econômica beneficiam os ricos ao encorajar a competição entre países por negócios, reduzindo os impostos sobre as corporações, enfraquecendo as proteções ambientais e de saúde, e solapando os direitos dos trabalhadores. O 1% não é a favor do tipo de governo que protegeria as bacias hidrográficas do mundo ou repararia e modernizaria a infraestrutura hídrica envelhecida do mundo, que está necessitando desesperadamente de trilhões de dólares de investimentos. Afinal de contas, governos fortes podem aplicar a lei ao 1% e acabar com o clube.

## CORPORAÇÕES GOVERNAM O MUNDO

Cada vez mais vivemos em um mundo governado pelas corporações. Hoje em dia um punhado de corporações controla a maior parte do comércio de bens e serviços, diz a ONU, e muitas são maiores do que os governos. Das 150 principais entidades econômicas no mundo, 60% são corporações, relata a publicação *online* de informações *Global Trends*. Com mais de 2 milhões de empregados, a receita bruta anual do Walmart excede o PIB de 171 países, tornando-a a vigésima quinta maior entidade econômica no mundo. A General Electric é maior que a Dinamarca, o JPMorgan Chase e a Ford são ambos maiores que a Nova Zelândia.

A Shell tem receita bruta maior que o PIB do Paquistão e de Bangladesh, o sexto e o sétimo países mais populosos no mundo. A Sinopec, a principal companhia de energia e produtos químicos da China é maior que Singapura. A Exxon Mobil é maior do que a Suécia. As cinco maiores corporações de energia controlam o equivalente a 2,5% do PIB global.[4]

No entanto, não é apenas o tamanho que dá a essas corporações influência. É também como elas estão interligadas em uma rede de poder global que é profundamente perturbador para o futuro da democracia e das propriedades públicas. Uma análise aprofundada pelos teóricos de sistemas no Instituto Federal Suíço de Tecnologia mostra que as corporações transnacionais do mundo e os bancos globais estão tão interligados que um grupo relativamente pequeno de companhias tem um controle sem precedentes sobre a economia global. Como relata o *New Scientist*, o estudo revelou um núcleo de 1.318 companhias com propriedades interligadas e vínculos com duas ou mais empresas; na média cada uma estava conectada a outras vinte. Além disso, apesar de elas representarem 20% das receitas brutas operacionais globais, através de suas ações as 1.318 companhias parecem coletivamente ser proprietárias da maioria das indústrias e empresas mais valorizadas do mundo – a economia "real" – representando mais 60% das receitas brutas globais.

Quando a equipe desemaranhou ainda mais a rede de propriedades, diz o *New Scientist*, descobriu que grande parte dessa rede remontava a uma "super--entidade" de 147 ainda mais homogêneas – todas pertencentes a outros membros da super-entidade – que controlam 40% de toda a riqueza da rede. "Na realidade, menos de 1% das companhias era capaz de controlar 40% de toda a rede", diz James Glattfelder, um dos autores. A maioria são instituições financeiras: as vinte mais importantes incluem o Barclays Bank, JPMorgan Chase and Company e o Goldman Sachs Group.[5]

A conexão entre os grandes bancos e as grandes companhias de petróleo fica surpreendentemente clara no relatório, assim como a ligação dos investimentos financeiros e todas as indústrias extrativistas. Em um anexo, o relatório lista cinquenta companhias "fiéis da balança" interconectadas (todas, com exceção de duas, são bancos ou companhias financeiras ou de seguros) cujo colapso individual ou coletivo poderia levar a uma crise muito maior do que a de 2008, à medida que sua queda precipitaria um efeito dominó catastrófico. Podemos dizer verdadeiramente que essas corporações e bancos governam o mundo, e sua visão não exatamente respeita os ativos públicos, a segurança social ou o controle dos recursos comunitários.

O crescimento das corporações transnacionais teve um impacto negativo enorme sobre a noção de propriedade pública. Não mais vinculadas pela lealdade aos seus países de origem e não controladas por leis internacionais que possam estabelecer limites para elas, muitas transnacionais sujam as terras, o ar e a água das comunidades e usam seu poder para solapar ou evitar completamente a regulamentação dos governos. Em muitos países elas obtêm condições favoráveis para investimentos como isenções tributárias de 25 anos, o direito de trazer seus próprios trabalhadores, o direito de remover à força populações locais de suas terras e mesmo o direito de usar forças de segurança privadas para "proteger" a sua propriedade – minas, condutos de energia, plantações de biocombustível – de opositores locais. As corporações transnacionais muitas vezes atropelam a democracia em todos os níveis de governo. Exatamente o que mais precisamos para proteger a água – comunidades locais engajadas e armadas com o direito de supervisionar e proteger as fontes de água locais – é solapado por esses interesses poderosos que escrevem as regras para promover os seus lucros.

As corporações também usam seu poder para influir em eleições. Nos Estados Unidos, as corporações ganharam pela primeira vez "personalidade" e uma decisão da Suprema Corte de 1886. Em 2010, outra decisão da Suprema Corte norte-americana removeu as regras federais limitando a quantidade de dinheiro que as corporações podem doar para as campanhas políticas, essencialmente evitando quaisquer esforços de governos futuros ou estados de restringir o poder do dinheiro pesado durante as eleições. Uma quantidade sem precedentes de US$ 6 bilhões foi gasta na campanha presidencial de 2012, com grupos de fora derramando US$ 1,43 bilhão na disputa. Mais de US$ 800 milhões foram gastos por grupos de interesses de fora somente em propagandas eleitorais, a maior parte disso por corporações.

Alguns argumentam que esse dinheiro foi desperdiçado, à medida que aquele com menos para gastar (mas não por muito) – Barack Obama – venceu. Essa não é a questão, diz Albert Hunt, ex-editor executivo da Bloomberg News, que argumenta que "a corrupção corrosiva do dinheiro das grandes corporações" enfraquece os partidos políticos, assim como o processo democrático. O dinheiro corrompe os partidos porque influencia as questões que eles escolhem para fazer campanha e as políticas que eles adotam depois de vencer. O maior doador para os Republicanos foi o magnata dos cassinos de Las Vegas, Sheldon Adelson, que deu mais de US$ 90 milhões para o partido durante a eleição; a sua empresa está sob investigação federal por possíveis violações da lei. (Ele estava em Washington após a eleição para encontrar-se com membros Republicanos do Congresso, possivelmente, foi divulgado, para discutir mudanças nas leis contra o suborno atuais). Os candidatos também tiveram de passar uma quantidade de tempo enorme levantando fundos nas "casas opulentas dos doadores, cheias de obras de arte e antiguidades inestimáveis", em vez de com os eleitores, diz Hunt.[6]

## CORPORAÇÕES ESCREVEM AS REGRAS PARA O COMÉRCIO

Ao longo dos últimos vinte e cinco anos, as corporações têm sido a força por trás dos acordos comerciais e de investimentos bilaterais, regionais e globais que favorecem os seus interesses limitando a capacidade dos países signatários de estabelecer condições a respeito do comércio e investimentos globais. A meta dos acordos de livre-comércio é a eliminação das barreiras tarifárias e não tarifárias para liberar o movimento de bens e serviços. Barreiras não tarifárias incluem programas de desenvolvimento econômico locais, regras de soberania de alimentos domésticas e leis ambientais que são vistas como "excessivas" e que atrapalham o comércio. A Organização Mundial do Comércio foi criada para monitorar o movimento de bens e capital através das fronteiras e assegurar a obediência a regras pró-corporativas rigorosas.

Tratados de investimentos dão às corporações estrangeiras o direito de "estado-investidor", permitindo que elas passem ao largo de seus próprios governos e acionem diretamente o governo do outro país se elas acreditarem que "direito ao lucro" foi afetado por uma lei ou prática naquele país. Direitos de estado-investidor apareceram pela primeira vez no Acordo de Livre-Comércio Norte-Americano (NAFTA – North American Free Trade Agreement) e explodiram desde então. Há quase três mil acordos bilaterais entre governos, a maioria dando às corporações esses direitos extraordinários, e muitos dos quais são usados para ganhar acesso aos recursos públicos de outros países, colocando florestas, peixes, minerais, terras, ar e reservas mundiais de água sob o controle direto das corporações transnacionais.

O patrimônio público de água doce do Canadá, por exemplo, foi diretamente afetado pelo Capítulo 11, a cláusula do estado-investidor do NAFTA, que permite que as corporações operando no Canadá entrem com ações judiciais em busca de compensação financeira se quaisquer mudanças forem feitas nas políticas ou práticas sob as quais elas investiram em um primeiro momento. Em 2002, S. D. Myers, uma empresa norte-americana especializada na eliminação de lixo tóxico, incluindo PCBs, recebeu mais de US$ 8 milhões do governo canadense por perdas de lucros após o Canadá ter banido o comércio em PCBs para proteger o meio ambiente e a saúde humana. Atualmente, a Lone Pine Resources, uma companhia de energia norte-americana, está processando o governo do Canadá por US$ 250.000 porque em 2011 a província de Quebec aprovou uma moratória no fraturamento hidráulico de gás de xisto a fim de proteger suas reservas de água.

Se o governo de Alberta fosse limitar um dia o acesso comercial à água das companhias de energia operando nas areias betuminosas, dizem os especialistas legais, as companhias norte-americanas poderiam entrar com ações judiciais por somas enormes de compensação contra o governo do Canadá. Os advogados de Alberta, Joseph Cumming e Robert Froehlich, advertem que cancelar ou limitar as licenças hídricas seria visto como uma forma de expropriação ilegal de comércio, custando ao contribuinte canadense potencialmente bilhões de dólares. Igualmente preocupante, eles dizem, é que a ameaça desse tipo de compensação poderia fazer com que o governo de Alberta deixasse de dar esse passo em primeiro lugar, permitindo que as corporações de energia norte-americanas ditassem a política canadense.[7]

Em um desenvolvimento particularmente perturbador, o governo do Canadá concedeu a uma companhia norte-americana direitos à água que ela não estava mais usando depois de ter abandonado sua operação canadense. Após operar uma indústria de papel e celulose em Newfoundland por mais de um século, a gigante de produtos florestais norte-americana Abitibi Bowater declarou falência e deixou a província em 2008. O governo de Newfoundland expropriou os ativos da empresa na província, incluindo seus direitos à água, a fim de ajudar a pagar a limpeza ambiental e as pensões de trabalhadores demitidos. O governo de Newfoundland argumentou que a água pertencia à província e foi alocada à companhia somente enquanto ela operasse uma indústria de papel e celulose lá. Abitibi Bowater processou o governo canadense com base no Capítulo 11 do NAFTA, e o governo Harper fez um acordo sem ir ao tribunal do NAFTA, dando à empresa US$ 130 milhões em compensação. Isso estabeleceu um precedente perigoso por meio do qual corporações de um país operando em outro agora alegam propriedade das reservas de água locais, desse modo enfatizando que a água do mundo está se tornando privatizada e uma mercadoria.

No entanto, apesar da natureza profundamente antidemocrática da noção de que corporações podem fazer de reféns países estrangeiros dessa maneira, ambos tratados e disputas estado-investidor estão explodindo em número. Um relatório do *South-North Development Monitor* a respeito do crescimento das disputas de investimentos internacionais concluiu que há 62 novos casos de corporações processando governos por compensação em 2012, o número mais alto de casos baseados em tratados conhecidos já acionados em um ano. Isso traz o número total de casos conhecidos para 518 (tendo em vista que a maioria dos fóruns de arbitragem não mantém um registro público das ações, o número total é provavelmente muito maior, diz o relatório). A maioria das ações judiciais é apresentada por corporações de países ricos contra países do mundo em desenvolvimento. Isso claramente demonstra que o processo funciona a favor das corporações e dos países poderosos. Da mesma maneira, um número crescente de disputas está desafiando regras ambientais mundo afora, um desenvolvimento perigoso que ameaça os direitos dos governos de proteger fontes de água vitais do controle corporativo.[8]

Enquanto isso, um grupo de elite de advogados, arbitradores e especuladores financeiros está ganhando uma fortuna procurando e ativamente recrutando corporações para processar os governos mundo afora a respeito de novas regras ambientais, de saúde e segurança ou trabalho, que elas possam estar considerando. Em seu relatório de 2012, *Profiting from Injustice*, o Observatório Europa Corporativa e o Instituto Transnacional disseram que o crescimento silencioso de um poderoso regime de investimentos internacional ludibriou centenas de países e colocou os lucros corporativos à frente dos direitos humanos e o meio ambiente. Esse "*boom* de arbitragem de investimentos" está custando aos contribuintes bilhões de dólares e evitando legislações em prol do interesse público.

Apenas quinze arbitradores, todos da Europa, Canadá e os Estados Unidos (que podem ganhar até US$ 1 milhão por caso), decidiram 55% de todas as disputas de tratados. "Eles construíram uma indústria multibilionária que serve a si mesma, dominada por uma elite exclusiva e pequena de escritórios de advogados cuja interconexão e múltiplos interesses financeiros levanta sérias preocupações a respeito do seu compromisso de realizar julgamentos justos e independentes", dizem as autoras Pia Eberhardt e Cecilia Olivet.[9]

Determinado, o governo do Canadá está em negociações avançadas com a Europa para fechar uma nova forma de tratado de comércio e investimento que pela primeira vez inclui governos sub-nacionais. O Acordo Comercial e Econômico Compreensivo Canadá–UE dará às gigantes de serviços francesas Suez e Veolia o direito a contestar municípios canadenses que tentem remunicipalizar os seus serviços hídricos. E também permitirá que a gigante de água engarrafada Nestlé (cuja sede da divisão de água fica na França) conteste proibições ou limites provincianos impostos sobre a retirada de água para comercialização. Um novo acordo de investimento expressivo com a China dará à companhia de energia estatal chinesa, CNOOC, o direito a processar o governo canadense se a Colúmbia Britânica proibir a construção de um conduto controverso para transportar o betume das areias betuminosas de Alberta até a costa oeste para exportação através de navios-tanque. A companhia também terá os mesmos direitos do NAFTA que as companhias de energia norte-americanas têm agora para combater qualquer iniciativa de Alberta de conservar e proteger sua água.

## ZELADORES DA TERRA E DA ÁGUA SÃO BANIDOS

Zonas de livre-comércio são um desenvolvimento direto dos acordos de livre--comércio e uma forma mais recente de cerceamento das propriedades públicas. Zonas de livre-comércio, às vezes chamadas de zonas de processamento de exportações, são parques industriais onde companhias estrangeiras podem importar matérias-primas e exportar bens manufaturados sem passar pela alfândega. Barreiras comerciais como as tarifas e impostos são normalmente eliminadas, e assim também as leis trabalhistas e ambientais do país anfitrião. A maioria dessas zonas fica no hemisfério sul para tirar vantagem da mão de obra barata

# ÁGUA – FUTURO AZUL

e dar às companhias transnacionais estrangeiras vantagens que não são abertas às companhias domésticas. E todas elas desapropriaram as populações locais e privatizam suas propriedades públicas.

No seu livro *Development and Dispossesion,* o professor emérito de antropologia da Universidade da Flórida, Anthony Oliver-Smith, relata que zonas econômicas em larga escala, de alta tecnologia e de muito investimento em capital, causam a desapropriação e o reassentamento de um número estimado de 15 milhões de pessoas a cada ano. Propriedades rurais, zonas de pesca, florestas e vilarejos são convertidos em reservatórios, sistemas de irrigação, minas, plantações, projetos de colonização, autoestradas, zonas de renovação urbana, complexos industriais e resorts de turismo. As populações locais são desapropriadas, têm seus direitos arrancados e são deixadas sem nada no que Oliver-Smith chama de "desastres do desenvolvimento". Não há retorno para uma terra submersa sob um lago criado por uma represa ou para um vilarejo enterrado debaixo de um estádio ou rodovia, diz Oliver-Smith, e nenhum retorno para os direitos tirados da comunidade e dos seus recursos públicos.[10]

Três mil operações de manufatura formam a infame zona de livre-comércio do México (*Maquiladora*), onde os rios da fronteira, como o Rio Nuevo, são tão poluídos que os mexicanos tentando entrar ilegalmente nos Estados Unidos usam sacos plásticos nos seus pés para protegê-los das toxinas e esgoto. Um dos princípios fundamentais do NAFTA, o acordo de livre-comércio que disparou o crescimento enorme nas *maquiladoras*, foi a remoção do direito constitucional às terras e água comunitárias para comunidades tradicionais e povos indígenas.

Durante um protesto de produtores rurais no quinto encontro ministerial da Organização Mundial do Comércio (WTO – *Wold Trade Organization*) em setembro de 2003, o ativista agrícola sul-coreano Lee Kyung Hae subiu em uma barricada de metal e matou-se na frente de milhares de pessoas. Assim como havia acontecido com muitos outros produtores rurais no seu país, uma zona de livre comércio havia lhe tirado a sua propriedade rural. Ele havia passado anos aconselhando as famílias de produtores rurais similarmente desapropriados que haviam se matado em desespero. Um pouco antes de morrer, ele declarou: "Meu aviso vai para todos os cidadãos de que os seres humanos estão a perigo. As corporações multinacionais descontroladas e um pequeno número de membros grandes da WTO estão liderando uma globalização indesejável que é desumana, ambientalmente degradante, que mata os produtores rurais e é antidemocrática. Ela deve ser parada imediatamente".

Na Índia, elas são chamadas de zonas econômicas especiais (SEZs – *special economic zones*); há centenas delas em operação hoje em dia e centenas mais planejadas. Mandado pelo capital de investimento, o governo compra tanto as propriedades rurais quanto os vilarejos, expulsa à força a população, e estabelece pequenas cidades industriais para desenvolvimento que cobrem milhares de hectares de terras. As zonas recebem isenções fiscais, estradas, eletricidade barata e água subterrânea gratuita. Elas também funcionam como órgãos autônomos autogovernados, destituindo as câmaras democráticas locais. Um comissário de desenvolvimento, apontado pelo governo, tem plenos poderes sobre as decisões de infraestrutura, acesso aos parques industriais e aos direitos dos trabalhadores.

Zonas de livre-comércio encontraram uma resistência severa na Índia, e o governo usou a força para sufocar a dissidência. Em 2007 mais de três mil policiais pesadamente armados invadiram o vilarejo de Nandigram, em Bengala Ocidental, para remover os manifestantes locais que se opunham à expropriação de dez mil acres de terras para construir uma zona econômica especial química. Quatorze moradores foram mortos e pelo menos setenta feridos no ataque. No entanto, os protestos em torno do país continuam, à medida que esse desenvolvimento está destruindo grande parte das terras aráveis da Índia e as comunidades que tiram suas vidas do cultivo da terra.

Na China, milhões de pequenos produtores rurais e camponeses são tirados à força da terra para abrir caminho para os empreendimentos imobiliários. Tom Orlik, do *Wall Street Journal*, expôs a prática terrível através da qual os governos locais pagam a pequenos produtores agrícolas apenas 9 yuan (US$ 1,45) por metro quadrado de suas terras confiscadas e revendem as terras por 640 yuan para um empresário, que então constrói vilas de luxo e vendem por 6.900 yuan o metro quadrado. Pesquisadores da Academia Chinesa de Ciências Sociais estimam que até 50 milhões de produtores rurais sem terras foram agora forçados a se mudar para as favelas em torno das grandes cidades, onde eles não têm acesso aos benefícios sociais porque não são residentes urbanos registrados.

O frenesi desenfreado de investimentos da China (investimentos imobiliários eram responsáveis por 5,7% do PIB da China em 2001, mas chegaram a quase 14% em 2012) está asfaltando terras férteis, poluindo o ar e destruindo fontes de água locais. E as próprias pessoas que poderiam ter salvado essa água – os pequenos produtores rurais e camponeses – foram banidos.[11] A ironia trágica é a de que a China superestimou seriamente o desenvolvimento urbano de que ela precisava, construindo "cidades fantasmas" enormes – centros urbanos onde milhões de apartamentos e escritórios continuam vazios e shopping centers fechados.[12]

## A TOMADA DE TERRAS E DA ÁGUA

A "descamponização" das terras e da água também tem aumentado por meio da prática conhecida como "tomada de terras". Países ricos e investidores internacionais estão comprando lotes de terras enormes na Ásia, América Latina e África para alimentar as suas próprias populações ou fazer investimentos especulativos. Usando relatórios do Land Matrix Project, uma rede global de 45 organizações de pesquisa e da sociedade civil, o Worldwatch Institute estima que pelo menos 70 milhões de hectares de terras – uma área quase o triplo do tamanho do Reino Unido – foi agora adquirida ou está sendo negociada entre países pobres e compradores ricos. Esses compradores incluem fundos de *hedge*, bancos de investimento, interesses de agronegócios, negociantes de *commodities*, e países como a Arábia Saudita, Japão, Qatar, Coreia do Sul e os Emirados Árabes Unidos. As populosas China e Índia são importantes participantes também. Essa tendência, que muitos consideram uma perigosa nova forma de conquista colonial, foi desencadeada pela alta global nos preços dos alimentos de 2008 que, por sua vez, foi causada em grande parte pela especulação financeira, e o aumento global na demanda por biocombustíveis.[13]

Investidores estão fazendo negócios incríveis, alguns arrendando vastos lotes de terras por noventa e nove anos por tão pouco quanto quarenta centavos por acre ao ano. O tamanho de algumas terras vendidas é de tirar o fôlego, assim como número de pessoas sendo desapropriadas. Autoridades de estado em Camboja concederam concessões a empresas privadas que chegam a 22% da massa terrestre do país. Desde 2003 mais de 400 mil cambojanos foram afetados por desapropriações de terras, criando uma classe desprivilegiada de camponeses sem meios de gerar renda. Em janeiro de 2013, policiais armados entraram no bairro de Phnom Penh e usaram balas de verdade e gás lacrimogêneo para conter um protesto contra a demolição de casas de trezentas famílias para abrir caminho para uma tomada de terras. As casas foram demolidas antes que as famílias tivessem chance de coletar os seus pertences.[14]

No entanto, é a África que está passando pelo pior nesse sentido. Quase 5% das terras agrícola da África foram vendidas ou arrendadas para interesses estrangeiros. A Etiópia está forçando dezenas de milhares dos seus cidadãos mais pobres para fora de terras férteis reservadas para investidores sauditas e hindus, relata Mike Pflanz, do *Telegraph*. Vinte mil famílias já se mudaram de áreas pelas quais elas viveram por séculos para que companhias privadas possam tomar 400 mil hectares de terras somente na região de Gambela. Mais 2,4 milhões de hectares na Etiópia, uma área quase do tamanho da Bélgica, foram arrendados para companhias estrangeiras e há planos para expandir essa expropriação por outros 2 milhões de hectares. A Human Rights Watch diz que as desapropriações foram acompanhadas por extensas violações dos direitos humanos, incluindo desapropriações forçadas, prisões e detenções arbitrárias, espancamentos, estupros e outras violências sexuais.[15]

Em muitos países esses pequenos proprietários rurais fornecem a maior parte dos alimentos para a população local. Sem eles e suas terras usadas para cultivar safras para exportação, quem vai alimentar as comunidades locais? Substituir a biodiversidade da produção agrícola local pelo agronegócio industrial remove grandes porções de terras da produção doméstica de alimentos e as substitui por safras de monocultura cultivadas com produtos químicos para exportação. John Vidal escreve no *The Guardian* que a Etiópia é um dos países mais famintos na Terra, com aproximadamente 2,8 milhões de pessoas precisando de ajuda alimentar. Paradoxalmente, o seu governo está oferecendo vastas áreas das suas terras mais férteis para os países e investidores estrangeiros ricos cultivarem alimentos para exportação.[16]

Tomadas de terras são também tomadas de água. Investidores com a intenção de estabelecer a produção intensiva de *commodities* precisam garantir o acesso a uma abundância de água, e isso significa irrigação usando reservas de superfície e de água subterrânea. Não apenas essas propriedades rurais corporativas escolhem as melhores terras para suas safras, como negam o acesso aos direitos à água de regatos, rios e aquíferos locais. E muitas vezes elas pegam a água de graça ou pagam uma miséria por ela. Mesmo o executivo da Nestlé e conselheiro do Banco Mundial Peter Brabeck admite que a corrida global por terras é realmente uma apropriação da água: "com a terra vem o direito a retirar a água vinculada a ela, na maioria dos países essencialmente uma gratuidade que cada vez mais poderia ser a parte mais valiosa do negócio".[17]

# ÁGUA – FUTURO AZUL

O impacto sobre as bacias hidrográficas poderia ser verdadeiramente devastador. Esses negócios e a terra vendida como resultado estão replicando os piores modelos da produção agrícola corporativa do mundo industrial, baseados na poluição da água, extração excessiva, irrigação por inundação e na exportação de fontes de água locais por meio do comércio global consequente nas *commodities* que eles produzem.

A Food and Water Watch relata que algumas dessas fazendas industriais controladas por investidores estrangeiros são tão grandes que seria como se investidores estrangeiros estivessem comprando e assumindo todas as terras agrícolas no Oklahoma ou Dakota do Norte. GRAIN, uma organização internacional sem fins lucrativos que promove sistemas de cultivo de alimentos em propriedades comunitárias, relata que se apenas as terras já arrendadas no Sudão, Sudão do Sul e Etiópia, forem plenamente cultivadas, isso exigiria mais água do que a disponível em toda a Bacia do Nilo, chegando a um "suicídio hidrológico".[18]

O Instituto Oakland de São Francisco diz que somente o volume de água exigido na África para cultivar os 40 milhões de hectares de terras adquiridos em 2009 exigirão 300 a 500 quilômetros cúbicos de água por ano, duas vezes o volume de água que foi usada para a agricultura em toda a África em 2005. Se o ritmo de aquisição de terras continuar a crescer dessa maneira, diz o instituto, a demanda por água doce superará a oferta existente de água renovável no continente até 2019. Isso colocará em perigo os frágeis sistemas de rios africanos e desviará mais água ainda dos rios e lagos já estressados, como o Rio Niger.[19]

A jornalista Claire Provost, escrevendo no *The Guardian*, diz que não é uma coincidência que os investidores de terras estrangeiros mais agressivos são também aqueles vivendo problemas de escassez de água em seus próprios países. A água é a razão porque a Índia, Coreia do Sul e a China estão correndo para comprar terras e cultivar safras em outros países, ela diz, apontando para índices de estresse de água que indicam crises em todos esses países. Na realidade, a Arábia Saudita estabeleceu um novo fundo agrícola cuja principal missão é preservar as reservas de água do país investindo na produção agrícola em outros países. Provost cita um relatório de James Skinner e Lorenzo Cotula, do Instituto Internacional para o Meio Ambiente e Desenvolvimento situado em Londres, que diz que um número alarmante de países africanos está concedendo direitos à água por décadas, em muitos casos sem nada cobrar.

Skinner e Cotula relatam que compromissos contratuais de longo prazo com investidores pode comprometer o acesso à água não apenas para aqueles vivendo próximos das fazendas industriais, mas também para quem vive rio abaixo. Em alguns casos, eles dizem, estimativas das exigências potenciais de água são tão grandes que grandes projetos de represas estão sendo considerados para assegurar a oferta. A controversa Represa Gibe III na Etiópia ajudará a irrigar 150 mil hectares que o governo arrendou para investidores estrangeiros. O volume exigido poderia baixar seriamente o nível da água do Lago Turkana no Quênia.[20]

Não causa surpresa que as mesmas instituições financeiras e comerciais que promoveram a privatização da água no hemisfério sul estão financiando e protegendo esse último cerceamento das propriedades públicas. Shepard Daniel e Anuradha Mittal do Instituto Oakland relatam que a Corporação Financeira Internacional (*IFC – International Finance Corporation*) do Banco Mundial endossa oficialmente um aumento na produção agrícola global; ele financia pesadamente os agronegócios e a agroindústria nos "países de mercados emergentes" a fim de promover o papel do setor privado. A IFC acredita que os altos preços dos alimentos oferecem oportunidades únicas para os mercados emergentes incrementarem e desenvolverem seus setores agrícolas, com base em um modelo industrializado. A IFC trabalha com governos nos países pobres para reduzir suas demandas de que as companhias estrangeiras deixem algum lucro no país e para mudar suas leis a fim de aumentar a quantidade permissível de terras sob propriedade estrangeira.[21]

Não causa surpresa que os tratados comerciais e de investimentos criem um conjunto adicional de direitos para os investidores estrangeiros nesses negócios. Dr. Howard Mann e Carin Smaller, do Instituto Internacional para Desenvolvimento Sustentável do Canadá, escrevem que essas novas tomadas de terras diferem da forma tradicional de investimentos estrangeiros na produção doméstica de alimentos no sentido de que não são mais somente as safras que são mercadorias. Em vez isso, são as próprias terras e a água que estão cada vez mais se tornando mercadorias e, portanto, cada vez mais sujeitas às regras globais de direito ao acesso. O crescimento dos investimentos nas terras na e água em si, não apenas nas safras, aumenta o potencial de deslocamento dos direitos dos investidores domésticos para os estrangeiros, dizem eles. A maioria dos países anfitriões não tem leis domésticas que protejam adequadamente seus direitos às terras, direitos à água, recursos, trabalhadores ou pequenos produtores rurais.

"Por outro lado, o enquadramento da lei internacional proporciona direitos para valer para os investidores estrangeiros", diz Mann e Smaller. Essa sobreposição da lei internacional sobre a lei doméstica tem "consequências legais potencialmente desastrosas", como ações judiciais compensatórias enormes se o país anfitrião decide recuperar parte das terras e a água arrendadas ou vendidas para fins ambientais ou para o seu próprio povo.[22] Em outras palavras, uma vez estabelecidas, essas megafazendas insustentáveis muito provavelmente serão entrincheiradas e protegidas na lei comercial internacional.

## ENQUADRAMENTO GLOBAL PARA O COLAPSO DA ÁGUA

Claramente, a globalização econômica, com sua ênfase no crescimento a todo custo, sua servidão aos um por cento, seu cerceamento sistemático das propriedades públicas, sua proteção dos direitos corporativos na lei comercial internacional, e sua desapropriação dos cuidadores locais das terras e água por toda parte, é uma receita infalível para o desastre hídrico. A solução para a crise da água global deve incluir a renúncia desse modelo de crescimento se houver qualquer esperança que ela seja bem-sucedida. O comércio deve ser radicalmente reformado para servir a um conjunto diferente de metas e passar por uma supervisão democrática. As corporações precisam perder o direito de processar os governos. Tomadas de terras precisam acabar. Paraísos fiscais devem ser fechados. A regra da lei tem de ser aplicada sobre o capital transnacional. A democracia negada aos cidadãos precisa ser restaurada ou, se necessário, construída desde o seu princípio. Para fazer isso, nós temos de superar nossa apatia política.

O antídoto para a má governança não são as corporações transnacionais dirigindo o mundo à sua imagem. O antídoto para a má governança é a boa governança. Apenas o poder da verdadeira democracia criará as condições necessárias para proteger a água do mundo.

# 14

# CRIANDO UMA ECONOMIA JUSTA

Uma economia global justa é aquela em que os seres humanos sejam tratados com justiça e dignidade, onde o meio ambiente seja respeitado e nutrido, onde o comércio fomente comunidades sustentáveis e uma sociedade global com base na cooperação e solidariedade. **— Projeto Mundo Justo (Portland, Oregon), "System Change for a Better World"**

## COMÉRCIO PARA AS PESSOAS E O PLANETA

Em 1993, Jerry Mander, um escritor, ativista e organizador de São Francisco, convocou a reunião de algumas das pessoas mais extraordinárias no planeta para fazer uma crítica de resistência à globalização econômica. A maioria daqueles que se reuniram eram veteranos de campanhas comerciais como o NAFTA e o Acordo Geral de Tarifas e Comércio (*GATT – General Agreement on Tariffs and Trade*), e todos estavam se preparando para contestar a Organização Mundial do Comércio, que seria formalmente estabelecida dois anos mais tarde. A partir dessa reunião ocorreu o Fórum Internacional sobre a Globalização, cujos membros nucleares eram escritores, pensadores, líderes ambientais e ativistas de todos os cantos do mundo. Seguindo a sugestão de Jerry, revivemos os anos de 1960 de "debates abertos" e realizamos eventos públicos em larga escala em muitos encontros importantes, incluindo a Batalha ministerial em Seattle da OMC em 1999 e a Cúpula Mundial Rio+10 em Johanesburgo em 2002. Muitos de nós seguimos para formar, uma rede internacional de organizações e comunidades lutando contra acordos de livre-comércio e coordenando a oposição à OMC.

Nós deixamos claro logo de saída que não nos opúnhamos ao comércio ou às regras do comércio, mas que nos opúnhamos profundamente ao tipo de comércio e acordos de investimento que colocam os lucros corporativos à frente das pessoas e o meio ambiente. Como Stuart Trew, ativista pela justiça comercial para o Conselho de Canadenses, explica, essas negociações de livre-comércio buscam promover um modelo do século XXI de investimento, mas apenas reproduzem uma relação exploradora do fim do século XIX entre o capital global, trabalhadores e a terra. Nossa crença fundamental é a de que o comércio e a economia devem servir às pessoas e às comunidades, não o inverso. Nós fomos, é claro, acusados de "protecionistas" atrasados, como se querer proteger o meio ambiente, a saúde e a segurança das famílias ou os direitos dos trabalhadores da exploração fosse algo negativo.

Defensores pró-globalização prometeram que a iniciativa de privatizar os ativos públicos e liberar o mercado de interferências governamentais disseminaria a liberdade e a prosperidade mundo afora, melhorando a vida das pessoas por toda parte e criando a riqueza financeira e material para acabar com a pobreza e proteger o meio ambiente. Duas décadas mais tarde, essa promessa revelou a mentira que ela era. Nós estamos à beira de uma extinção de espécies sem paralelo na história, testemunhando uma crescente distância entre aqueles que se beneficiaram da globalização e as suas vítimas. Um relatório de abril de 2013 sobre a globalização pela OECD diz que, embora existam bolsões de experiências positivas como um todo, os ricos ficaram mais ricos e os pobres mais pobres após trinta anos desse experimento. "O país mais pobre em 2011 estava mais pobre do que o país mais pobre em 1980. E grande parte da humanidade continua a viver com menos de US$ 1 por dia... Em muitos países as desigualdades se aprofundaram".[1]

À medida que as corporações sem estado deram lugar a estados corporativos, nós construímos um movimento global para justiça comercial a fim de combater uma abundância de novos acordos comerciais. Tivemos sucesso em impedir a Área de Livre Comércio das Américas, uma proposta de expansão do NAFTA para toda a América Latina. Deixamos a OMC de joelhos em Seattle e, trabalhando com países do hemisfério sul, tivemos sucesso em impedir o avanço da OMC por duas décadas.

Unimos nossos forças no fim dos anos de 1990 para derrotar o Acordo Multilateral sobre Investimentos (MAI – *Multilateral Agreement on Investment*), que teria dado às corporações globais direitos de estado-investidor como o NAFTA mundo afora. O *Globe and Mail* do Canadá disse que "políticos poderosos" em todo o mundo não foram páreo para "um bando de organizações de base", e que a derrota do MAI havia "transformado" as relações internacionais. O *Financial Times* comparou o temor e o espanto que tomou conta dos governos do mundo industrializado a uma cena do filme *Butch Cassidy and the Sundance Kid:* os políticos e diplomatas olharam para trás de si para "a horda de justiceiros cujos motivos e métodos eram apenas ligeiramente compreendidos na maioria das capitais nacionais" e perguntaram: "Quem são essas pessoas?". [2]

Uma série de países está dando passos na direção de um modelo de comércio diferente. Lançado em 2004, a Aliança Bolivariana para os Povos da Nossa América (ALBA – *Bolivarian Alliance for the Peoples of Our America*) é um acordo de cooperação cujos estados parceiros incluem a Bolívia, Venezuela, Cuba, Equador, Nicarágua, Antígua e Barbuda, Dominica e São Vicente e Granadinas. O bloco promove um tipo diferente de integração econômica baseada na solidariedade, igualdade, justiça e integração, "onde os retornos sobre o investimento social não são mensurados em termos monetários, mas em vez disso na melhoria do bem-estar das pessoas", nas palavras do líder sindical Ruben Pereira.[3]

Esses e uma série de outros países, notavelmente a Guatemala, El Salvador, Honduras e México, reuniram-se em abril de 2013 para formar uma aliança para reagir ao número crescente de ações judiciais contra eles por companhias transnacionais sob tratados de investimentos. Os países concordaram em estabelecer uma conferência de estados permanente para lidar com os desafios colocados pelo poder das corporações transnacionais de processar governos estrangeiros. A Austrália baniu a negociação de acordos comerciais que incluam qualquer tipo de cláusulas estado-investidor, e o Brasil, que agora tem o décimo maior PIB do mundo, não faz parte de nenhum tratado bilateral de investimento e não ratificou o Centro Internacional para Arbitragem de Disputas sobre Investimentos.

A Austrália e o Brasil devem se tornar um modelo para todos os países no mundo. Cláusulas de estado-investidor que dão às corporações o direito de processar governos estrangeiros em busca de compensações ou obstruir as iniciativas de governos que estejam considerando novas leis e práticas para proteger seu meio ambiente, a saúde e a segurança de suas populações, ou direitos sociais, têm de acabar. Thomas McDonagh, do Centro da Democracia com sede em São Francisco, diz que os investidores podem ser legalmente protegidos em acordos internacionais, mas que esses acordos teriam de aderir a determinados princípios. Esses incluem:

- Colocar os direitos humanos antes dos direitos corporativos.
- Criar um sistema novo da resolução de disputas que inclua cortes domésticas.
- Obrigações vinculativas sobre as corporações.
- Espaço para políticas de desenvolvimento econômico.
- Controles de capital para fomentar a especulação financeira.
- Restrições sobre a definição de investimento para evitar que investidores interfiram no direito de um país de estabelecer padrões sociais e ambientais.[4]

No *Alternatives to Economic Globalization*, publicado por Jerry Mander e John Cavanagh, diretor executivo brilhante do Instituto para Estudos de Políticas situado em Washington, apresentamos os princípios básicos de um modelo alternativo de comércio e desenvolvimento:

- Todo comércio e atividade econômica devem promover a democracia local e buscar devolver o poder para aqueles que suportarão os custos das decisões tomadas mais acima.
- Promover o conceito de subsídio, que apoia prioritariamente os bens e alimentos que podem ser produzidos localmente. Todas as regras comerciais e de investimentos devem reconhecer que a produção de alimentos para as comunidades locais deve estar no topo de uma hierarquia de valores na agricultura, e que a autossuficiência local na produção de alimentos, assim como a garantia de alimentos saudáveis e seguros devem ser consideradas como um direito humano básico.
- Toda a atividade comercial e econômica deve ser ecologicamente sustentável, tomando cuidado para assegurar que as taxas de uso de recursos renováveis não excedam suas taxas de regeneração e que as taxas de emissão de poluição não excedam as taxas da sua assimilação inofensiva.

- Toda atividade comercial e econômica deve reconhecer e promover a diversidade cultural, que é fundamental para a sobrevivência dos povos indígenas; a diversidade econômica, que é a fundação de economias locais resilientes, estáveis, eficientes em termos de energia e autossuficientes; e a diversidade biológica, que é essencial para processos do ecossistema complexos, autorregulados e autorregenerativos.
- Todas as políticas e atividades comerciais e de desenvolvimento econômico devem incrementar os direitos trabalhistas e direitos humanos fundamentais incluídos na Declaração Universal dos Direitos Humanos, assim como as duas cláusulas assegurando os direitos econômicos, sociais e culturais também. Isso exige proteção em lei dos direitos não somente dos trabalhadores, mas também das pessoas que trabalham no setor informal, incluindo produtores rurais de subsistência e aqueles que estão desempregados ou subempregados.
- Todas as instituições de governança global devem abordar a crescente diferença entre os ricos e os pobres – entre as nações e dentro das nações.
- E por fim, todas as atividades econômicas e comerciais devem promover o princípio preventivo, colocando o ônus sobre o produtor para provar a segurança de um produto, em oposição ao sistema de avaliação de risco sob as regras de comércio atuais, no qual o ônus cai sobre os governos para provar o dano.[5]

Walden Bello, um dos fundadores do Fórum Internacional sobre a Globalização e membro da Câmara de deputados das Filipinas, diz que a globalização foi "definitivamente desacreditada" nos últimos anos e que é chegada a hora de reconhecermos o fim de uma era. Na sua chamada por uma "desglobalização" ele usaria a política comercial para proteger economias locais, implementar medidas há muito adiadas para uma renda justa e para a redistribuição de terras, tirar a ênfase do crescimento enquanto promove a qualidade de vida, expandir o escopo da tomada de decisões democráticas de maneira que todas as questões vitais tornem-se matéria para o debate democrático, e substituir o Fundo Monetário Internacional e o Banco Mundial por instituições regionais baseadas não no livre-comércio e mobilidade de capital, mas nos princípios da cooperação.[6]

Para competir com o tipo de comércio apoiado pela maioria dos governos e corporações, o movimento do comércio justo foi criado para ajudar os produtores no hemisfério sul a encontrar mercados para produtos produzidos sob boas condições ambientais e de trabalho. Ele se concentra em artesanatos e *commodities*, como o café, cacau, açúcar, chá, bananas, mel e algodão, que devem ser cultivados e colhidos de acordo com padrões internacionais.

Existem vários sistemas de certificação de comércio justo reconhecidos. O maior, Fairtrade International (FLO), cuida de mais de mil companhias certificadas e tem vendas de mais de US$ 5 bilhões ao ano. No caso do café, por exemplo, empacotadoras em países desenvolvidos pagam uma taxa para a Fairtrade Foundation pelo direito de usar a marca e o logotipo. O café tem de vir de uma cooperativa de comércio justo certificada que paga taxas de certificação e inspeção. O importador paga o exportador mais do que o preço mundial praticado a fim de garantir um salário digno para o produtor rural, sabendo que há um mercado para alimentos cultivados sob melhores condições. Tudo indica que o futuro para produtos de comércio justo é excelente.

## COMÉRCIO QUE PROTEGE A ÁGUA

Levando-se em consideração a ameaça à água dos acordos de investimento e comerciais propostos e existentes, é urgente que removamos todas as referências à água como serviço, bem ou investimento em todos os tratados presentes e futuros. Não há nada parecido com a água. Não há substituto para ela, e nós e o planeta não podemos sobreviver sem ela. A água não pode ser um bem negociável, serviço ou investimento em qualquer tratado entre governos, e corporações não devem ter direito a cessar a proteção doméstica ou internacional da água.

Além disso, negociações comerciais devem levar em consideração o efeito da água sobre todas as atividades comerciais. Arjen Hoekstra, o especialista em água virtual, diz que os dirigentes devem perguntar (e ser capazes de responder) essas questões:

- Quanta água foi consumida para fazer um produto nos diferentes estágios da sua cadeia de abastecimento?
- Quanta água foi poluída e com que tipo de poluição?
- O consumo da água ocorreu em áreas onde a água é escassa ou abundante?
- O ecossistema ou usuários rio abaixo foram afetados pelo consumo da água?

- A água consumida poderia ter sido usada para uma finalidade alternativa com um benefício social mais elevado?

Hoekstra diz que duas camisas de algodão podem parecer idênticas, mas têm pegadas de água totalmente diferentes, dependendo de onde o algodão foi produzido. O algodão do Uzbequistão e do Paquistão, por exemplo, pode ser diretamente associado com a dessecação do Mar de Aral e a poluição do Rio Indo, respectivamente.

Sob o princípio da "não-discriminação" dos acordos comerciais, no entanto, a consideração da origem de um produto e seu possível impacto negativo sobre as reservas de água locais não é atualmente permitida. Além disso, como não existem acordos internacionalmente vinculativos sobre o uso sustentável da água na produção de bens e serviços, as disputas comerciais com relação à proteção da água doce são resolvidas pela OMC sob regras que não permitem leis ambientais domésticas de afetar o resultado.

Mas os governos devem ter o direito de proibir produtos que poluam a água nos seus próprios países. "Regras justas de comércio internacional devem incluir uma provisão que habilite os consumidores, através do seu governo, a erguer barreiras comerciais contra produtos que são considerados insustentáveis, ou... responsáveis por efeitos danosos sobre os sistemas hídricos e indiretamente sobre os ecossistemas ou comunidades que dependem desses sistemas hídricos", escreve Hoeksrta em um ensaio para a Organização Mundial do Comércio. Desse modo, um país pode favorecer importações de um produto, em detrimento de outro, que possa garantir que a sua pegada de água não está localizada em nascentes onde exigências de fluxo ambientais estão sendo violadas ou os padrões de qualidade da água no ambiente não são atendidos. Hoekstra também recomenda um rótulo internacional para produtos com um uso intensivo de água em sua produção que indicaria se o produto atendeu a um determinado conjunto de critérios de sustentabilidade.

Da mesma forma, como a água é normalmente dada para agronegócios orientados para a exportação e muitas vezes até subsidiada por governos, a água não é considerada um fator de importância no estabelecimento de padrões comerciais e de produção. Isso permite que safras de uso intensivo de água sejam exportadas em larga escala de áreas onde a água é escassa e excessivamente explorada, diz Hoekstra. Ele defende um protocolo de precificação da água para terminar com a distorção de mercado da água gratuita; ele diz que essa precificação forçaria as empresas a levar em consideração o seu impacto sobre as fontes de água locais e questionar a viabilidade econômica de transferências de água entre bacias.[7]

Nas mãos erradas, temo que um protocolo dessa natureza simplesmente permitiria que aqueles com dinheiro suficiente pagassem para exaurir ou poluir a água e driblar a intenção do instrumento. No entanto, é verdade que grandes usuários de água bruta não deveriam consegui-la por nada. É chegado o momento de começar a cobrar indústrias de larga escala e com fins lucrativos pelo acesso à água bruta, desde que esse acesso atenda aos padrões ambientais e de sustentabilidade estabelecidos pela comunidade. Uma combinação de proibições ou restrições domésticas sobre as extrações de água para exportação em áreas com escassez de água; estabelecendo taxas de licenciamento para extrações domésticas sustentáveis de água bruta; um sistema para proibir importações que prejudiquem ecossistemas e bacias hidrográficas do país de origem; e remover a água como um bem negociável, serviço ou investimento de todos os tratados comerciais e de investimentos proporcionaria um enquadramento melhor para proteger a água no comércio internacional.

## REFREANDO A ESPECULAÇÃO DESENFREADA

Igualmente importante é a necessidade de desafiar o poder dos principais banqueiros e especuladores financeiros que atualmente operam em grande parte fora do alcance de ambos os níveis nacional e internacional. A especulação financeira permite investimentos não em coisas tangíveis, como bens e serviços, mas em transações financeiras arriscadas que buscam lucrar com as flutuações no valor de mercados dos ativos. Isso é chamado de "financialização da economia", na qual negociar dinheiro e risco tornou-se mais lucrativo do que produzir bens ou fornecer serviços.

Uma coalizão europeia de sindicatos trabalhistas, organizações da sociedade civil e o Fórum Global Progressivo, dedicado à reforma dos setores financeiro e bancário, lançaram uma campanha chamada Regulamente as Finanças Globais Agora! em 2009, o ano após o colapso financeiro. Eles exigiram que os governos regulamentem os fundos especulativos como os fundos de *hedge* e os fundos de *private equity*, criem um imposto sobre transações financeiras (às vezes chamado de "imposto Robin Hood", à medida que ele tributaria os ricos), limitem as remunerações e bônus de executivos e acionistas, encerrem completamente os paraísos fiscais, protejam os consumidores de empréstimos financeiros tóxicos e predatórios, e democratizem as finanças.

A crise financeira revelou um sistema bancário sombrio, diz a coalizão, que permitiu o crescimento de dívidas excessivas e apostas financeiras especulativas. Isso por sua vez teve consequências devastadoras para empregos, salários, meio ambiente e o bem-estar do planeta. A crise deve ser um gatilho para a reforma da ordem econômica mundial, dizem os grupos envolvidos, e fomentar um novo paradigma que privilegie o desenvolvimento sustentável e a justiça social.[8] Pedidos similares por reformas estão ocorrendo em países mundo afora.

Em pelo menos uma área eles tiveram algum efeito. Em uma virada incrível, muitos bancos europeus e britânicos pararam de especular nos preços de alimentos seguindo relatórios fulminantes pela Oxfam França, Oxfam Alemanha, Oxfam Bélgica e o Movimento de Desenvolvimento Mundial no Reino Unido de que eles estavam ganhando dinheiro com a fome e a pobreza. O ano de 2008 viu um aumento quase recorde tanto nos preços reais dos alimentos quanto nos preços dos mercados futuros de *commodities*. Barclays Capital, o braço de investimentos do Barclays Bank da Inglaterra, ganhou mais de £ 500 milhões apostando em alimentos básicos em 2010; enquanto isso, os sul-africanos enfrentaram um aumento de 27% nos preços do trigo, e os preços do milho dispararam 174% em Malawi.[9]

O *Financial Times* relata que as acusações de obtenção de lucros com a crise global de alimentos transmitiram "choques de alta voltagem por toda a indústria de gerenciamento de fundos" e que a mudança na sua conduta foi "dramática". BNP Paribas, o maior provedor de fundos de *commodities* da França, suspendeu um fundo agrícola de US$ 214 milhões. Landesbank Berlin, Landesbank Baden-Wüttemberg e Commerzbank, na Alemanha, e Österreichische Volksbanken, na Áustria, todos reduziram sua exposição ao setor de alimentos. O Barclays anunciou que cessaria as negociações em alimentos, pois "essa atividade não é compatível com a nossa finalidade".[10]

## RESISTINDO À FINANCIALIZAÇÃO DA NATUREZA

O próximo passo na especulação financeira é a financialização das propriedades públicas naturais, incluindo a água, tirando vantagem de um processo que foi iniciado por outras razões. Por décadas, ambientalistas e cientistas vêm destacando as virtudes do que eles chamam de "serviços de ecossistema" – os muitos benefícios que os seres humanos recebem da natureza – em uma tentativa de fazer com que os governos sancionem proteções ambientais. Em 2001, as Nações Unidas iniciaram a Avaliação Ecossistêmica do Milênio, um estudo de quatro anos envolvendo mais de 1.300 cientistas mundo afora. Os cientistas agruparam serviços de ecossistemas em quatro categorias em uma tentativa de quantificar a contribuição da natureza para o nosso bem-estar e saúde. Ecossistemas nos proporcionam alimentos, ar limpo e água potável; eles regulamentam o clima e ajudam a controlar doenças; eles mantêm ciclos de nutrientes e a polinização de safras; e eles nos proporcionam experiências culturais, espirituais e de recreação também.

Infelizmente, a ONU deu um passo adiante no reconhecimento dos serviços dos ecossistemas e decidiu colocar um preço neles. Ela estima que os ecossistemas e a biodiversidade que os sustenta geram serviços para a humanidade valendo até US$ 72 trilhões ao ano. O raciocínio para colocar um preço específico neles é o de que, se pudermos provar que a natureza tem um valor monetário concreto, ela pode competir em seu estado natural com os outros usos para os quais as terras podem ser colocadas. Certamente trata-se de uma coisa boa quando fundos públicos ou de auxílio ajudam os produtores rurais a realizarem a rotação de suas terras para conservação, ajudam comunidades de pescadores a conservar seus estoques, ou apoiam comunidades indígenas na proteção das florestas onde elas vivem, uma vez que a preservação das terras, água e espécies beneficia a todos.

No entanto, sob o disfarce de uma "economia verde", muitos países, à medida que desregulamentam a proteção de recursos, estão redefinindo a natureza como um "capital natural" e designando preços concretos às suas florestas, terras úmidas e vias navegáveis. E especuladores financeiros estão fazendo fila para faturar. Antonio Tricarico, um ex-correspondente econômico para o jornal italiano *Il Manifesto*, agora com o Re:Common em Roma, chama isso de a financialização da natureza. Combinada com a competição crescente no nível global pelo controle e gestão dos recursos naturais, essa tendência colocou a gestão das propriedades públicas nas mãos dos mercados financeiros pelos próximos anos, ele disse para uma plateia no Fórum Alternativo da Água de 2012 em Marselha.

"Essa abordagem é um projeto de longo prazo que busca vincular a gestão de recursos naturais à estrutura futura dos mercados de capital de maneira a reduzir dramaticamente as possibilidades das comunidades afetadas de recuperar as propriedades públicas e sua gestão coletiva", disse ele. "Esse 'cerceamento financeiro' sistêmico das propriedades públicas, juntamente com o comércio existente e acordos de liberalização de investimentos, produziria um cerceamento legal duradouro que reduz drasticamente o espaço político para os movimentos sociais recuperarem as propriedades públicas como a base de seus meios de vida".[11]

O que é perturbador a respeito da tendência atual é que um mercado com fins lucrativos está sendo estabelecido para "proteger" o meio ambiente pelas mesmas corporações que o danificaram em primeiro lugar, e a própria natureza está tornando-se uma "economia" a ser gerida. Neste cenário, os pagamentos para serviços de ecossistema, como purificação da água, polinização de safras, e sequestro de carbono, ajudarão o meio ambiente a se autorregular e o setor privado protegerá o que sobrou da natureza.

O processo de trazer a natureza para o controle da "lógica dos mercados financeiros" acontece em estágios. Primeiro, diz a Food and Water Watch (FWW), ela é tornada uma mercadoria – a comercialização de algo que não é visto em geral como um produto. A mercantilização transforma um valor inerente em um valor de mercado, possibilitando que ele seja comprado e vendido em um mercado. A privatização transfere o controle e a gestão dos recursos mercantilizados da propriedade púbica para a propriedade privada. As mercadorias podem então ser precificadas e um mercado pode ser criado para elas. Nesse ponto, a financialização atua sobre a mercadoria como um ativo e aplica vários instrumentos financeiros a ela, como o contrato de futuros da água de uma opção de crédito de carbono.[12]

Um exemplo anterior de "negociação da água" ocorreu na Europa com o comércio de permissões de poluição de dióxido de carbono como parte de um esquema de "limitação e comércio" para reduzir as emissões de gás de efeito estufa. Isso transformou o $CO_2$ em um ativo financeiro e introduziu a volatilidade de mercado para a luta contra o aquecimento global. Como resultado, as corporações europeias tiveram lucros excepcionais com os preços incrivelmente flutuantes. Em outro exemplo desse tipo de comércio, poluidores ganham "créditos" por investir em plantações de árvores industriais de larga escala no sul. O problema é que essas florestas industriais desapropriaram operações de corte de madeira sustentáveis existentes, assim como madeireiros. A Friends of the Earth International e outros condenaram essa prática.

A Coca-Cola está promovendo um conceito chamado "neutralidade da água", através do qual uma empresa "compensaria" o seu impacto hídrico em um lugar investindo em tecnologias que poupam água e programas de provisão de água em outro lugar. Isso poderia facilmente levar a um mercado de "neutralidade da água" com fins lucrativos similares ao mercado de carbono. O cientista da água Arjen Hoekstra diz que, tirando a impossibilidade da maioria das companhias com uso intensivo de água um dia ser capaz de se tornar verdadeiramente neutra no seu consumo de água, o mercado de água que "sem dúvida" crescerá à volta dela poderia facilmente terminar simplesmente levantando fundos para projetos de caridade no setor hídrico. Essas "obras de caridade" são muito importantes para deixar mais verde a reputação da indústria de água engarrafada.[13]

O comércio de poluição da água já começou nos Estados Unidos. Com esses esquemas, explica a Food and Water Watch, as empresas poluidoras da água essencialmente entram em um sistema de "limitação e comércio" similar ao comércio de emissões de carbono, através do qual as empresas podem vender e comercializar o direito de poluir. Os reguladores permitem que os negociantes comprem compensações de redução de poluição uns dos outros, frequentemente em setores não regulamentados como a água residual industrial e do agronegócio. A FWW e a Friends of the Earth dos Estados Unidos entraram com uma ação judicial para interromper um plano de negociação da poluição da água para limpeza da bacia hidrográfica da Baía de Chesapeake, advertindo que um sucesso de quarenta anos da Lei Clean Water será jogado fora se os poluidores puderem comprar uma saída para evitar modernizar seus equipamentos e reduzir o despejo de seu lixo tóxico. Eles destacam que o setor de usinas de energia a carvão foi rápido em adotar a noção da negociação da poluição da água, à medida que ela vê isso como uma maneira de evitar as respostas tecnológicas para as quantidades maciças de poluição de nitrogênio de suas operações que estão matando as vias navegáveis locais.[14]

A Inglaterra tem agora um Comitê de Capital Natural e uma Força-tarefa de Mercados de Ecossistemas que promete um "crescimento potencial substancial nos mercados relacionados à natureza" na ordem de bilhões de libras globalmente e retornos substanciais sobre investimentos em títulos ambientais. George Monbiot do *The Guardian* diz que os pagamentos para os serviços de ecossistemas são o prelúdio para a maior privatização das propriedades públicas que o seu país já viu e que o seu governo já começou a descrever os proprietários de terras como "provedores de serviços de ecossistemas, como se eles tivessem criado a chuva, as colinas, os rios e a vida selvagem que os habita". Ele acrescenta que o governo está experimentando "compensações de biodiversidade" permitindo, por exemplo, a uma pedreira destruir uma campina rara se através de uma compensação de mercado ela pagar alguém em outro lugar para criar algo similar.

"Nós não a chamamos de natureza mais: agora o termo apropriado é 'capital natural'. Os processos naturais tornaram-se 'serviços de ecossistemas', à medida que eles existem somente para nos servir. Colinas, florestas e nascentes de rios são agora 'infraestrutura verde', enquanto a biodiversidade e os habitats são 'classes de ativos' dentro de um 'ecossistema de mercado'. A todas elas será designado um preço, todas se tornarão negociáveis", diz ele. A financialização da natureza impedirá a escolha democrática, acrescenta Monbiot, à medida que os governos não precisarão regulamentar mais nada, passando as decisões que eles evitaram tomar para o mercado. "Isso nos diminui, isso diminui a natureza. Ao transformar o mundo natural em uma subsidiária da economia corporativa, isso reafirma a doutrina bíblica do domínio, cortando a biosfera em fatias de *commodities* componentes... Se permitirmos a discussão se deslocar dos valores para o valor – do amor para a ganância – nós cedemos o mundo natural para as forças econômicas arrebentando com ele".[15]

## DIZENDO NÃO À ESPECULAÇÃO DA ÁGUA

É essencial determos essa tendência perigosa – ela evidentemente não está funcionando. Temos de desafiar os governos a assumirem as responsabilidades que eles passaram adiante. A produtora agrícola de Ontário, Ann Slater, diz que os pagamentos para ecossistemas são apenas outra maneira para as corporações acessarem o dinheiro público. A financialização da água não diz respeito à proteção do meio ambiente, diz a Food and Water Watch, e sim à criação de novas maneiras para o setor financeiro continuar a obter altos lucros com a crise da água. Nós precisamos dizer para os nossos governos fazerem a sua parte em vez de especular com a água, introduzindo e implementando as normas necessárias para proteger nossos ecossistemas e bacias hidrográficas públicas.

A Friends of the Earth International diz que a ONU deveria abandonar seu apoio a essa tendência: "O debate sobre a biodiversidade não deve ser reduzido somente aos benefícios econômicos proporcionados pela biodiversidade. A ONU precisa discutir como fortalecer as iniciativas das comunidades locais e dos povos indígenas que contribuíram para a conservação da biodiversidade e para a construção de um mundo mais justo e sustentável". Isaac Rojas, o coordenador de biodiversidade e florestas do grupo, acrescenta que os mecanismos baseados no mercado e na mercantilização da biodiversidade deixaram na mão tanto a biodiversidade quanto a redução da pobreza.[16]

Na realidade, o Programa do Meio Ambiente das Nações Unidas levou adiante um estudo inovador para prever que tipo de desenvolvimento – público ou privado – seria melhor para o meio ambiente no futuro. Ele concluiu que a privatização, uma pedra fundamental da globalização econômica e precursora da financialização da natureza, proporciona o pior cenário para a proteção dos ecossistemas, embora (ou talvez por isso) ela assegure o crescimento mais forte. A privatização "manifesta um impacto ambiental considerado insuportável, e isso enquanto gera desigualdades sociais cada vez maiores", diz o relatório, acrescentando que, no cenário de privatização, "o meio ambiente e a sociedade rapidamente alcançam ou mesmo passam do ponto crítico".[17]

A diretora executiva da Food and Water, Watch Wenonah Hauter, diz que todas as peças da privatização da água se unem em uma luta contra essa visão da financialização da natureza. A falta de sensibilização em relação à mercantilização da água pela promoção da água engarrafada abriu a porta para a ideia de que a água é apenas mais uma mercadoria, diz ela. A privatização dos sistemas municipais, que remove do governo uma função comunitária tão básica como a distribuição de água limpa, deixou algumas pessoas prontas para aceitar a ideia da água distribuída pelos mercados. Por todo o mundo, ela acrescenta, grupos ambientais neoliberais estão promovendo a precificação de mercado da água, e – como observado anteriormente – alguns chegaram ao ponto de promover a negociação de créditos de poluição da água. "Nós temos de agir agora para impedir que essa visão gere frutos. Se quisermos evitar que o mercado de água global e os derivativos baseados em água tornem-se uma realidade, temos de trabalhar agora para aumentar a consciência que esse é o plano; isso é o que muitos economistas – incluindo economistas respeitados em bancos poderosos – veem não apenas como o futuro mas como o futuro desejável". Ou, como aconselha George Monbot, "Ergam as barricadas, cavem as trincheiras, nós estamos sendo enganados de novo".[18]

## DESAFIANDO A PRIVATIZAÇÃO DA AJUDA ESTRANGEIRA

Embora a questão da ajuda estrangeira para a água tenha sido abordada em uma parte anterior desse livro, é fundamental soar o alarme sobre a tendência de privatizar a ajuda estrangeira quando falamos a respeito de uma economia justa. Em 2010, os investimentos externos no setor privado realizados pelas instituições financeiras internacionais excederam US$ 40 bilhões. Em 2015 o montante de dinheiro público fluindo para o setor privado é esperado que ultrapasse US$ 100 bilhões, quase um terço do montante total de ajuda para os países em desenvolvimento. Isso está, obviamente, aumentando dramaticamente o poder do setor privado para decidir como o dinheiro de ajuda é gasto e quais governos receberão ajuda. O governo canadense, que abertamente fornece ajuda estrangeira através da sua indústria de mineração, declarou que levará em consideração as políticas de investimentos estrangeiras dos países destinatários ao decidir onde colocar o dinheiro da ajuda, a fim de assegurar que as suas políticas sejam compatíveis com os interesses das companhias de mineração do Canadá.

À medida que a ajuda é privatizada, as agências que a fornecem são politizadas. Os ativistas africanos (que não podem deixar seus nomes serem usados com medo de sofrerem retaliações) dizem que a maioria das ONGs de água internacionais e agências de ajuda praticam o "financiamento seletivo", tendendo a realizar parcerias com ONGs locais que sejam ideologicamente alinhadas com elas ou criar suas próprias ONGs subordinadas para operar dentro do seu campo de ação ideológico. Juntas, essas agências de ajuda internacional e suas equivalentes locais promovem parcerias público-privadas como o modelo para os serviços hídricos. Isso por sua vez beneficia as empresas de serviços de água privadas, que muitas vezes beneficiam essas agências de ajuda.

WaterAid, uma caridade iniciada pelas companhias de água britânicas, promove o trabalho de caridade de muitas corporações, incluindo empresas de serviços privadas, em países por toda a África e Ásia. Isso permite que as corporações "lavem com água" suas práticas danosas. A WaterAid recentemente fez uma parceria com a Coca-Cola para fornecer água limpa em uma série de países africanos, um projeto que a companhia, fortemente criticada mundo afora por exaurir as reservas de água locais, promoveu pesadamente em campanhas publicitárias.

Em 2012, o banco multinacional britânico HSBC lançou uma "parceria" de US$ 100 milhões com o Fundo Mundial da Vida Selvagem, Earth Watch e Wa-

# ÁGUA – FUTURO AZUL

terAid para "levar água e sistemas de saneamento melhores para os pobres na Índia, Paquistão e África". Mas as comunidades africanas tiveram uma experiência muito diferente com esse banco. O HSBC é o principal investidor por trás de uma empresa chamada New Forests, que cultiva florestas na África para usar como créditos de compensação para poluidores no exterior. A Oxfam Internacional relata que mais de 22.500 pessoas foram desapropriadas à força das suas terras e fontes de água em Uganda para dar lugar a um projeto da New Forests.[19]

Enquanto os governos e as instituições internacionais estão promovendo a privatização da ajuda de desenvolvimento, um relatório da Rede Europeia sobre Dívidas e Desenvolvimento revelou que a maioria dos investimentos de desenvolvimento recentes está indo para companhias e paraísos fiscais privados. O estudo analisou mais de US$ 30 bilhões em investimentos do setor privado nos países mais pobres do mundo, financiados por "investimentos em desenvolvimento" da Corporação Financeira Internacional do Banco Mundial, o Banco Europeu de Investimentos, e uma série de instituições financeiras de desenvolvimento nacionais europeias entre 2006 e 2010. Apenas um quarto de todas as companhias destinatárias encontrava-se em países de baixa renda, enquanto quase metade (49%) está em um dos 34 países desenvolvidos da OECD. Quarenta por cento das companhias destinatárias são listadas nas maiores bolsas de valores e metade do dinheiro foi dada diretamente ao setor financeiro, bancos comerciais, fundos de *hedge* e fundos de *private equity*. Mais de um terço do dinheiro foi comissionado para companhias localizadas em paraísos fiscais.

O autor do relatório, Jeroen Kwakkenbos, observa que muitos não veem nada de errado com esse sistema. As pessoas trabalhando para o Banco Mundial vêm do setor financeiro, não do setor de desenvolvimento, e têm uma visão orientada para as finanças. Em uma entrevista para a Inter Press Service ele questionou os fundos públicos indo para essas corporações em nome do desenvolvimento. "Que tipo de prioridade de desenvolvimento essas companhias visualizam? Como elas se alinham com as prioridades de nações em desenvolvimento, se continuam passando ao largo dos governos e investindo diretamente no setor privado? E, mais importante, como você casa lucros e objetivos de desenvolvimento? O que é mais importante no projeto? São os resultados de desenvolvimento, ou o retorno a longo prazo sobre os investimentos?"[20]

Esse relatório sublinha a necessidade urgente de reforma e responsabilidade com relação à ajuda e ao desenvolvimento e acrescenta mais uma razão para apoiar o apelo de Walden Bello de acabar com Banco Mundial. Governos e agências de ajuda internacional estão doando dinheiro público. Cada centavo deveria ir para construir uma economia justa e sustentável para todos, não simplesmente encher os bolsos de corporações ricas.

# 15

# PROTEGENDO A TERRA, PROTEGENDO A ÁGUA

Como seres humanos, temos o dom de conceber, medir, formular hipóteses e organizar nossas descobertas em teorias conceituais. Feitos de poeira de estrelas, temos o privilégio de saber o que veio antes, como estamos agora e para onde talvez estejamos indo. Neste ponto da jornada da Terra, nós somos a Terra, refletindo sobre si mesma.
**– Professor Ralph C. Martin, Universidade de Guelph, Ontário.**

Um mundo hidricamente seguro é dependente do respeito pela terra e bacias hidrográficas, assim como do seu compartilhamento mundo afora. Tendo em vista que a produção de alimentos é responsável por uma quantidade tão grande da água consumida por toda parte, é essencial mudarmos a maneira de usarmos a terra e combater tanto o domínio corporativo da produção de alimentos quanto a desapropriação de camponeses, povos indígenas e pequenos produtores rurais. Ralph Martin, que fundou o Centro de Agricultura Orgânica do Canadá e ensina jovens na Universidade de Guelph, diz que nós temos de nos perguntar se os métodos atuais de produção de alimentos exercem efeitos negativos sobre os sistemas biológicos autorregulados da terra, e se a resposta for sim, eles precisam ser mudados.

Parafraseando várias pessoas, incluindo Thomas Berry, Brian Swimme, Miriam Therese MacGillis e outros, Martin nos pede que lembremos como faz pouco tempo que nós e nosso mundo moderno chegamos ao universo. O universo irrompeu aproximadamente 13,5 bilhões de anos atrás, diz Martin, e a Terra foi formada aproximadamente 4,5 bilhões de anos atrás. Olhando para a história do nosso planeta como se ela tivesse ocorrido em um único ano, ele chama isso de 1º de janeiro. Há 3,9 bilhões de anos atrás (18 de fevereiro), a vida unicelular havia se desenvolvido. Não foi até 2,5 bilhões de anos atrás (11 de junho) que o oxigênio e o ozônio apareceram, e então finalmente 600 milhões de anos atrás (12 de novembro), os animais agraciaram a Terra. Plantas e fungos seguiram-se 440 milhões de anos atrás (25 de novembro), e então os dinossauros chegaram 145 milhões de anos atrás (19 de dezembro). Criaturas parecidas com serem humanos foram os últimos a chegar 5 milhões de anos atrás (31 de dezembro, 9h44).

"A agricultura", diz Martin "tão crucial para nossas vidas, é realmente apenas um piscar de olhos da história da Terra com sua entrada galante 10 mil anos atrás, ou um segundo antes do fim do ano. A agricultura moderna existe apenas há aproximadamente 100 anos, isto é, há 1% de um piscar de olhos na história da Terra. Os sistemas biológicos autorreguladores da Terra foram selecionados através de milênios por sua resiliência, incrível diversidade e zero desperdício. É nesse contexto que nós podemos escolher como cultivar alimentos e viver".[1]


## PROMOVENDO A PRODUÇÃO AGRÍCOLA LOCAL, ORGÂNICA E SUSTENTÁVEL

A meta fundamental dos governos nacionais e das instituições internacionais da mesma forma deve ser a segurança hídrica e alimentar para as comunidades locais, e todas as políticas e práticas têm de apoiar esse objetivo. Além disso, a autoridade sobre os alimentos e a água deve ser devolvida para as comunidades e tomadores de decisões locais sempre que possível; os governos precisam trabalhar para fornecer a proteção legal e política ao meio ambiente para os povos e as comunidades, para que determinem suas prioridades hídricas e alimentares. Os produtores rurais têm o direito a um preço justo por seus bens e não devem sofrer discriminações na tomada de decisões políticas ou ser usados como peões pelas corporações de agronegócios. As políticas comerciais precisam permitir que os países estabeleçam metas de produção de alimentos domésticas e conservem as reservas nacionais interrompendo as exportações em tempos de escassez.

A alternativa para o sistema de alimentos global atual, para as terras, para o clima, para a água, e para as pessoas, diz a física e líder ambiental hindu Van-

## ÁGUA – FUTURO AZUL

dana Shiva, é a produção agrícola orgânica localmente gerida e controlada, com base na biodiversidade. Propriedades agrícolas biodiversas e ecologicamente sensíveis lidam com a crise climática ao reduzir as emissões de gases de efeito estufa, como o óxido de nitrogênio, e absorvendo o dióxido de carbono nas plantas e o solo. A biodiversidade e o solo rico em composto são os escoadouros mais efetivos do carbono. Por sua vez, eles aumentam a matéria orgânica, o que aumenta a capacidade de segurar a umidade do solo e desse modo proporciona a segurança contra secas para a agricultura. Propriedades agrícolas orgânicas e biodversas aumentam a segurança dos alimentos ampliando a resiliência e reduzindo a vulnerabilidade ao clima dos sistemas agrícolas, diz Shiva, e elas incrementam a segurança alimentar porque geram uma produção mais alta de alimentos e nutrição por acre do que a produção industrial de alimentos baseada em produtos químicos.

A produção agrícola orgânica biodiversa também lida com a crise da água de três maneiras diferentes. Primeiro, a produção baseada em safras que usam a água de maneira prudente reduz a demanda pela mesma. Países com terras secas tiveram séculos para desenvolver centenas de milhares de safras resistentes à seca, aponta Shiva, algo que a indústria da biotecnologia deixa de compreender em sua corrida para produzir safras de monoculturas controladas pelas corporações e resistentes às secas. (Jodi Koberinski do Conselho Orgânico de Ontário disse que alimentos modificados geneticamente não dizem respeito a alimentar o mundo, como alega a indústria, e sim a respeito do controle da semente). Segundo, diz Shiva, sistemas orgânicos usam dez vezes menos água que sistemas químicos e não poluem as reservas de água locais. Por fim, ao transformar o solo em um reservatório de água e aumentar o seu conteúdo de matéria orgânica, os sistemas orgânicos biodiversos reduzem a demanda de irrigação e ajudam a conservar a água na agricultura.[2]

Shiva apela para o governo da Índia rejeitar "o modelo de Revolução Verde de produção agrícola com uso intensivo de água e de produtos químicos", assim como tomadas de terras estrangeiras. Ela defende que o governo apoie uma alternativa que inclua a conservação e distribuição de safras e sementes que utilizem a água prudentemente, assim como incentivos para produtores agrícolas retornarem à agricultura orgânica biodiversa a fim de aumentar a resiliência climática e a segurança hídrica e alimentar.[3]

Sandra Postel escreve que uma "revolução espontânea", em grande parte não detectada, está ganhando força na África subsaariana que tem o potencial de impelir a segurança alimentar, proteger a água e fornecer renda para milhões dos habitantes mais pobres da região. Técnicas de irrigação em pequena escala, usando baldes comuns, bombas acessíveis financeiramente, linhas de gotejamento e outros equipamentos, estão capacitando famílias produtoras agrícolas a suportar as estações de secas, produzir safras, diversificá-las e sair da pobreza. A maioria desses países mal começou a atingir seu potencial de produção de alimentos. Feita de maneira certa, uma iniciativa como essa poderia fornecer alimento e água para todos. Com acesso à irrigação bombeada, famílias e comunidades agrícolas colhem safras maiores, têm uma segurança alimentar melhor e maior renda. A produção agrícola de conservação que retém a água da chuva no solo pode aumentar e muito a produtividade de propriedades agrícolas pequenas, diz Postel, observando que a maioria das terras férteis da África é irrigada somente pela chuva, tornando a colheita da água da chuva uma ferramenta fundamental para a produção agrícola sustentável.[4]

O Okland Institute fornece uma série de exemplos em que um foco sobre a irrigação eficiente em pequena escala e a agricultura sustentável e métodos de gestão de água podem melhorar as vidas de pequenos proprietários locais, incrementar a segurança alimentar e evitar a degradação ambiental da exaustão da água. No Zimbábue, a gestão de água sustentável e os sistemas de colheita de água provaram-se muito eficientes no aumento das safras, gerando resistência ao choque climático e melhorando a renda e a segurança alimentar. Em Burkina Faso, a introdução de técnicas de conservação da água e do solo levou à segurança econômica e à estabilidade da população, assim como lençóis freáticos melhores em várias áreas. Em Gana, a produção de gêneros resistentes à seca, como painço e sorgo, apresenta safras melhores com irrigação em pequena escala do que em larga escala. No Quênia, a agricultura bio-intensiva, uma tecnologia de baixo custo projetada para pequenos produtores, demonstrou usar 70 a 90% menos água do que a agricultura convencional.[5]

## REJEITANDO O ROUBO DE TERRAS E ÁGUA

Como Postel e o Oakland Institute apontam, a não ser que os governos africanos, o interesse estrangeiro e as instituições internacionais apoiem essas iniciativas impelidas pelas comunidades e os produtores, a melhor oportunidade em

# ÁGUA – FUTURO AZUL

décadas para o avanço social na região será jogada fora, assim como a oportunidade de tornar a região hidricamente segura.

No momento, a maioria dos governos na África ainda não abordou adequadamente a sua crise de água. Em um relatório recente sobre a política e proteção da água na África, o Programa do Meio Ambiente da ONU destacou a falta de atenção política por toda a África para a sua crise hídrica e a falta de lideranças políticas sobre o assunto. República do Congo, Nigéria e Serra Leoa não têm uma política hídrica formal; Camarões diz que não tem ninguém para liderar a causa. Vinte e cinco países, incluindo a Namíbia, Suazilândia, Ruanda e Moçambique, disseram que eles não tinham capacidade humana suficiente; Burundi disse que tinha passado por muitas trocas de ministros para ter uma política; e Gana disse que teve problemas coletando a receita das fontes locais. Líberia disse que teve dificuldade em obter os fundos de doadores, e Líbia e Zimbábue disseram que não tinham infraestrutura.[6]

Em um encontro em maio de 2012 em Roma, a Organização para Agricultura e Alimentação das Nações Unidas, (*FAO – Food and Agriculture Organization*) adotou diretrizes para salvaguardar os direitos das pessoas de serem proprietárias ou terem acesso a terras, pesca e florestas. As diretrizes voluntárias delineiam princípios e práticas que os governos podem usar ao formular leis sobre a posse de terras. Disse Alexander Müller da FAO em uma declaração: "Nós sabemos que as pessoas mais pobres e os grupos mais vulneráveis sentem a primeira e a maior pressão quando tratamos de questões como a tomada de terras. Portanto, essas diretrizes voluntárias protegem os direitos humanos com um foco muito claro sobre as fazendas de pequena escala, grupos vulneráveis, e também as mulheres".[7]

Embora seja um passo positivo ver a ONU reconhecendo o impacto das tomadas de terras e água sobre os mais vulneráveis, a natureza voluntária dessas diretrizes é perturbadora. Essas diretrizes, assim como aquelas sendo desenvolvidas por fundos de pensão, o setor privado e o Banco Mundial, são vistas como maneiras de regular através de códigos e padrões voluntários o que ainda é considerado uma prática aceitável. A ideia é distinguir os negócios que atendem a certos critérios e podem ser chamados positivamente de "investimentos" daqueles que não. A autorregulação voluntária é ineficiente, não confiável e não é uma solução para o "caráter errado fundamental" desses negócios, diz o grupo GRAIN. Em vez de ajudar as elites financeiras e corporativas a "investir responsavelmente" em propriedades rurais, nós precisamos que elas as deixem. Além disso, diz o grupo GRAIN, criar códigos de conduta pressupõe que os países anfitriões desses negócios de compras de terras irão adotá-los. Mas em muitos casos, os governos os usam para suprimir os direitos das suas próprias populações.[8]

Em *Land, Life and Justice*, um relatório severo sobre tomadas de terras e água em Uganda, a Friends of the Earth International diz que governos pobres como o governo de Uganda estão desesperados para atrair investimentos estrangeiros e não querem olhar para as consequências. O grupo pede para que os governos africanos conduzam pesquisas abrangentes sobre os impactos das tomadas de terras, protejam as florestas naturais em vez das plantações de árvores controladas por estrangeiros, criem e apliquem políticas ambientais e sociais rigorosas a respeito da produção de alimentos, civilizem convenções e tratados internacionais relativos a terras e locais sagrados, responsabilizem as instituições financeiras como o Banco Mundial por financiar projetos que aumentam a pobreza por meio da violação de direitos comunitários, e cessem as tomadas de terras e água para agrocombustíveis, negociações de créditos de carbono e sistemas de produção de alimentos através da monocultura, apoiando a produção agro-ecológica em vez disso.

A Friends of the Earth apela para uma moratória de mais aquisições de terras em larga escala e pelo retorno de terras pilhadas. Ela diz que a comunidade internacional pode promover a segurança alimentar e da água na África, ajudando a implementar programas de reforma aquática e agrária genuínos, e focando no investimento público para a produção agrícola familiar e comunitária. O grupo apela aos governos que cumpram suas obrigações sob as convenções de direitos humanos internacionais, particularmente o direito humano à água e ao alimento.[9]

O especialista em propriedades públicas David Bollier destaca que uma questão importante para os pequenos produtores rurais e camponeses no Sul Global advém de diferentes presunções legais a respeito do que seja considerado propriedade. Sob a lei europeia, a terra tem de ser registrada e é preciso que exista um título formal sobre ela. Mas na África rural, direitos de uso costumeiro sobre as terras são a norma. Convenientemente para os investidores, a interpretação europeia da lei proprietária é aceita nessas transações de terras, e isso facilita a aquisição do título legal a preços mais baratos.[10]

Há 1,5 bilhões de produtores rurais em pequena escala no mundo. Cada um vive com menos de dois hectares de terras, e muitos não têm um título for-

ÁGUA – FUTURO AZUL

mal em relação às suas terras. Estima-se que 90% das pessoas na África subsaariana – aproximadamente 500 milhões de pessoas – usem as terras como uma questão de costume e não têm um título formal em relação a elas. Bollier diz que esse é o lugar perfeito para se implementar leis e protocolos que protejam as propriedades públicas, baseados na governança e que possam enfrentar tanto o cerceamento privado quanto o estatal. A Friends of the Earth International concorda, apelando aos governos que criem legislações para proteger os cidadãos que são proprietários de terras sob opções de posse costumeiras.

## CULTIVANDO ALIMENTOS PARA PROTEGER A ÁGUA

A reforma da produção global de alimentos é essencial se quisermos salvar a água para as pessoas e o planeta. A água e as terras locais, mesmo nos países produtores de alimentos mais ricos, têm de ser usadas em primeiríssimo lugar para fornecer alimento para os mercados local e doméstico, e para manter e restaurar as bacias hidrográficas saudáveis. Os governos local e regional têm de preparar estoques detalhados das suas reservas de água e estabelecer programas de longo prazo para conservação e restauração, incluindo o estabelecimento de prioridades para o acesso à água que possam limitar quanta água é usada para as exportações de alimentos.

O uso equivocado da água, como para a produção de biocombustíveis, deve ser abandonado. As políticas agrícolas e hídricas devem ser fundidas e a política alimentar deve promover a produção agrícola retentiva da água. Robert Sandford diz que a chave para se alcançar um equilíbrio entre o uso agrícola da água e a disponibilidade para outras necessidades exige um projeto colaborativo, bem coordenado e transparente, assim como a implementação de políticas agrícolas e de gestão da água integradas, tanto em nível nacional quanto regional.[11]

Metas e políticas de desenvolvimento agrícola têm de estar vinculadas à disponibilidade e sustentabilidade da água, e no momento poucos lugares no mundo estão fazendo isso. A política comercial é estabelecida em uma secretaria, a energia em outra, a agricultura em outra, e a água em outra ainda. Então as secretarias de energia e agricultura podem promover a produção pesadamente subsidiada de biocombustível, fazendo com que os produtores rurais convertam safras com um uso menos intensivo de água em biocombustíveis que utilizam muita água, enquanto a secretaria de comércio está à procura de grandes mercados novos e fechando negócios para promover o comércio de biocombustíveis. Enquanto isso, ninguém em nenhuma dessas secretarias está falando com qualquer pessoa que saiba quanta água está em jogo e o impacto de tais políticas sobre as bacias hidrográficas locais.

David Schindler apela para uma "gestão holística da água" a fim de proteger as reservas de água em geral e parar a disseminação da eutrofização. Não é o suficiente, ele diz, melhorar a retirada de nutrientes; nós temos de proteger melhor as nascentes que fornecem a água. Isso significará estabelecer limites estritos sobre as quantidades de nutrientes e químicos que podem ser permitidos na produção de alimentos e a restauração das terras úmidas e zonas ribeirinhas. Isso vai exigir novas maneiras de se pensar como nós vivemos e trabalhamos, incluindo um planejamento compreensivo da atividade humana nas nascentes que fornecem água, o que exigirá por sua vez governança em uma bacia hidrográfica ou bacia de captação. Nós teremos de repensar também a produção de animais e implementar a regulamentação do tratamento dos dejetos desses animais. Uma boa gestão da água pode reduzir seu uso na produção de animais em 80%, mas há poucas regras para forçar os produtores a usarem as melhores práticas hídricas.[12]

A eutrofização é uma consequência inequívoca da água atualmente. Em meras décadas a prática de cultivar alimentos mudou tão dramaticamente que 50% das pessoas no planeta passaram a depender de fertilizantes de nitrogênio para sua alimentação. Isso representa um grave risco para os lagos no mundo todo. Se nós não dermos um jeito nessa questão do derramamento de nutrientes da produção agrícola industrial, diz Schindler, "nossas cabeças serão ungidas com óleo e algas quando formos nadar na praia. Nossas taças secarão, pois ninguém gostará de beber o que há nelas. E a bondade e a misericórdia acompanharão o Senhor, mas não nós, porquanto viveremos para sempre na casa de nossos dejetos".[13]

Nós também precisamos aprender a adaptar escolhas de safras e a produção para melhor refletir os padrões de chuva locais e reduzir nossa dependência em irrigação onde as reservas de água azul forem limitadas. Nós precisamos de leis rigorosas para obrigar a utilização de tecnologias de última geração para reduzir a pegada de água da agricultura irrigada, e mesmo restringir ou banir o uso de irrigação em algumas áreas onde ela é usada para exportações de alimentos.

ÁGUA – FUTURO AZUL                                    233

Sandra Postel diz que conseguir mais nutrição por gota pode esticar as reservas de água domésticas e reduzir a necessidade de buscar terras, água e alimentos de outros países. A irrigação por gotejamento, que fornece a água diretamente para as raízes das plantas em volumes muito baixos, pode cortar o uso da água em até 70% em comparação com o velho estilo de irrigação por inundação ou sulco, ela escreve, enquanto aumenta as produções das safras em 20 a 90%. Embora a irrigação por gotejamento tenha se expandido em algumas partes do mundo em anos recentes, ela ainda é usada em apenas aproximadamente 3% das terras irrigadas na China e na Índia, os dois maiores irrigadores do mundo, e aproximadamente 7% nos Estados Unidos.

Monitorar e restringir o acesso à água subterrânea é crucial. O bombeamento dos aquíferos na parte alta do Ganges na Índia e no Paquistão produz de longe a maior pegada de água subterrânea do mundo, diz Postel, seguido pelos aquíferos da Arábia Saudita, Irã, México ocidental, as planícies altas norte-americanas e a planície ao norte da China. Após a assembleia legislativa do Texas ter limitado o bombeamento do Aquífero Edwards duas décadas atrás, a eficiência de irrigação aumentou e a cidade de San Antonio e área circundante cortou seu uso de água quase pela metade.[14]

A prática de irrigação de terras secas usando fontes de água subterrânea minguando para produzir safras de monocultura intensivas precisa ser parada. A produção intensiva de alimentos industrializados não busca gerir as reservas de água existentes de maneira sábia; em vez disso, ela está engajada em uma busca interminável por novas reservas, prejudicando tanto as fontes de água locais quanto as terras. Luc Gnacadja, secretário executivo da Convenção para Combater a Desertificação da ONU, diz que há uma crença disseminada, mas equivocada, de que as terras secas são terras improdutivas ou terras marginais com baixa produtividade e capacidade adaptativa, onde a pobreza é inevitável. A percepção é a de que elas contribuem pouco para a prosperidade nacional e não produzem bons retornos sobre o investimento. Nada poderia estar mais distante da verdade, ele afirma. O fato é que as terras secas compreendem um terço da massa terrestre e população mundial, 44% do sistema de produção de alimentos global e 50% da criação mundial de animais. Além disso, florestas secas são o lar da maior diversidade do planeta de mamíferos, cuja sobrevivência literalmente depende das florestas de zonas áridas. As terras secas têm a solução para a fome mundial se tratadas de maneira apropriada.

Se não for tratada com cuidado, a terra seca sofre degradação e torna-se agudamente vulnerável à desertificação, o que não permite que nem uma folha de grama cresça. Assim como Schindler, Gnacia apela para um planejamento holístico em terras atingidas pela seca, com um foco maior sobre o "bilhão esquecido" que, com apoio, tem a resposta: a produção comunitária de alimentos em pequena escala. Restaurar a terra degradada e retornar a práticas agrícolas mais tradicionais, biodiversas e sustentáveis, que retenham a água, protegerá a água e salvará vidas.[15]

Todas as mudanças reduziriam dramaticamente o mercado global de alimentos e forçariam os países e comunidades a cuidar melhor das suas próprias reservas. O abandono das tomadas de água e terras, combinado com uma redução necessária do comércio global de alimentos, terá impactos positivos sobre os países mais ricos, muitos dos quais estão deixando suas melhores terras ser desenvolvidas e urbanizadas à medida que eles importam mais alimentos e água virtual. Eles serão forçados a cuidar melhor das suas reservas de água existentes e a renovar o compromisso com a gestão doméstica de terras – ambos fundamentais para um futuro hidricamente seguro.


## CONFRONTANTO OS DONOS DA COMIDA

No entanto, nada disso será possível se nós não confrontarmos o "aperto" corporativo global sobre a produção de alimentos. Um relatório recente feito pelo ETC Group, uma organização canadense que monitora a biotecnologia mundo afora, diz que apenas seis multinacionais gigantes da genética controlam as prioridades atuais e a direção futura da pesquisa agrícola no mundo todo. Syngenta, Bayer, BASF, Dow, Monsanto e DuPont controlam 60% das sementes comerciais, mais de 75% dos agroquímicos e a maior parte de toda a pesquisa e desenvolvimento privado nesses setores. Eles estão fazendo uma parceria com os dois homens mais ricos do mundo, Bill Gates e Carlos Slim, para colocar sementes e traços geneticamente modificados a preços acessíveis nas mãos de produtores agrícolas no hemisfério sul, em nome da caridade.

A noção de que produtores agrícolas em países pobres vão se beneficiar de sementes geneticamente modificadas após suas patentes terem expirado é absurdo, diz Silvia Ribeiro, diretora da ETC na América Latina. "Sob o disfarce da caridade, as gigantes da genética estão arquitetando esquemas para suavizar a oposição aos transgênicos e atingir novos mercados. Na realidade, os gigantes da genética não têm a capacidade ou o interesse em fornecer a diversidade necessária para sistemas de produção agrícola sustentáveis ou para atender à necessidade urgente de variedades localmente adaptadas, sobretudo diante da mudança climática", diz ela, acrescentando que essas empresas em última análise controlarão os termos de acesso mesmo para as patentes de sementes expiradas, reforçando seu poder de mercado.[16]

A história se repete em outros setores. Cinco empresas agora dominam o comércio de grãos local, quatro das quais – Bunge, Cargill, Continental e Louis Dreyfus – já dominavam cem anos atrás! Agora, no entanto, elas são capazes de colocar seus produtos no mercado através de supermercados transnacionais como o Walmart, e isso significa, diz o Greepeace, que umas poucas empresas poderosas ditam protocolos da indústria para milhões de pequenos produtores rurais, pequenos fornecedores e consumidores. O controle da indústria de alimentos estende-se praticamente do "campo até o garfo". O agronegócio diz que "alimenta o mundo" diz o Greenpeace, mas, em vez disso, produz geneticamente safras que dependem de produtos químicos que essas mesmas companhias vendem. Hoje em dia apenas vinte grandes agronegócios controlam o alimento no México, realizando lucros enormes, enquanto o país está agora experimentando sua pior crise alimentar em seis décadas.[17]

Se quisermos salvar as terras do mundo e, portanto, sua água através de uma produção agrícola sustentável local e natural, nós temos de confrontar o "monopólio da comida" como Wenonah Hauter descrever. Isso vai exigir legislações de longo alcance e mudanças normativas que são parte de uma estratégia maior para restaurar uma democracia verdadeiramente participativa. "Criar uma sociedade justa onde todos possam gozar de alimentos saudáveis produzidos por produtores rurais familiares prósperos usando práticas orgânicas só pode ser conseguido com mudanças estruturais fundamentais na sociedade e nas políticas agrícolas e alimentares"[18], ela escreve. Essas devem incluir:

- Leis para acabar com os monopólios dos gigantes de sementes e alimentos (como foi feito no passado nos Estados Unidos, por exemplo) e restringir seu acesso financeiro a políticos eleitos.
- Reformar as políticas comerciais que favoreceriam a produção de alimentos local e segurança alimentar, e restaurar as bacias hidrográficas.

- Normas domésticas e internacionais para conter a especulação com alimentos.
- Um fim aos subsídios do governo a fazendas corporativas e ao agronegócio.
- Políticas domésticas que promovam a produção agrícola familiar sustentável e um retorno justo para a propriedade familiar.
- Apoio para empreendimentos de produção de alimentos pequenos e médios, de propriedade e operação independentes para ajudar a revigorar as economias rurais.
- Políticas de ajuda estrangeira que promovam as comunidades locais e os produtores rurais sustentáveis no hemisfério sul.
- Padrões de qualidade de alimentos domésticos e internacionais baseados no princípio preventivo, para assegurar que a segurança alimentar seja uma prioridade absoluta.[19]

Da mesma maneira, os governos têm de promover sistemas de gestão através dos quais a oferta e a demanda dos alimentos seja regulamentada e coletivamente comercializada, e as importações sejam limitadas em áreas onde os produtos domésticos possam atender às demandas. O Canadá já teve sistemas de gestão da oferta para o trigo, cevada, leite, ovos e aves por muitas décadas, com grande sucesso para as propriedades agrícolas familiares e comunidades rurais. A Associação de Produtores Orgânicos Canadenses chama isso de "marketing metódico" e diz que ele vem da ideia antiga (antiga no mundo dos alimentos corporatizados de hoje em dia) que em prol dos interesses tanto dos cidadãos quanto dos produtores agrícolas, os governos deveriam tentar estabilizar e apoiar as economias agrícolas. Os conselhos de marketing dão aos produtores agrícolas familiares poder coletivo para negociar preços com as processadoras de alimentos multinacionais poderosas e fornecer aos produtores agrícolas preços melhores do que eles ganhariam se estivessem lidando diretamente com os grandes compradores corporativos.[20]

Por décadas, o sucesso desse sistema foi uma rara área de acordo entre os políticos de todas linhagens, à medida que ele criava uma indústria estável e bem-sucedida em todos esses setores. O Conselho Canadense do Trigo, um dos maiores, mais longevos e bem-sucedidos empreendimentos comerciais, manteve gigantes como a Cargill em grande parte longe do mercado de grãos canadense.

No entanto, o governo Harper recentemente desaparelhou o Conselho do Trigo, contra a vontade da maioria dos seus membros, e abriu a competição para os setores de gestão de oferta restantes em acordos comerciais vindouros. Isso foi um erro terrível. A produção agrícola saudável em economias rurais saudáveis não apenas proporciona a oferta de alimentos mais estável, como também protege a água. Se não combatermos a direção atual da produção de alimentos no mundo, nós veremos mais devastação no solo fértil, impossibilitando a produção de alimentos, mais desertificação, mais fome e sua consequente migração humana e a perda continuada de água.

## APOIANDO A RESISTÊNCIA À MINERAÇÃO POR TODA PARTE

Existe outra questão envolvendo as terras e a água que deve ser enfrentada: a indústria de mineração de metais, que está crescendo a um ritmo vertiginoso diante da demanda global insaciável. Atualmente, a mineração é a segunda maior usuária de água industrial (não incluindo a agricultura) após a geração de energia, relata o jornal da indústria *Global Water Intelligence*. A indústria da mineração usa entre 7 e 9 bilhões de metros cúbicos de água anualmente, aproximadamente tanta água quanto um país como a Nigéria ou a Malásia usa todos os anos.[21] Da mesma forma, cada ano, as companhias de mineração lançam mais de 180 milhões de toneladas de resíduos tóxicos nos rios, lagos e oceanos mundo afora, 1,5 vezes a quantidade de lixo sólido municipal que os Estados Unidos mandam para os depósitos de lixo a cada ano.

No seu relatório de 2012, *Troubled Waters*, a MiningWatch Canada e a Earthworls baseada em Washington identificaram as empresas que continuam a usar as piores práticas na sua gestão do lixo, dizendo que elas estão ameaçando corpos de água vitais mundo afora com químicos tóxicos e metais pesados. Esses resíduos podem conter até três dúzias de substâncias perigosas, incluindo arsênico, chumbo, mercúrio e cianeto. Muitas empresas são culpadas de manterem um padrão duplo, jogando seus resíduos de mineração nos rios e oceanos de outros países mesmo quando seus países natais têm proibições ou restrições contra a prática. Das maiores companhias de mineração do mundo, apenas uma tem políticas contra o lançamento de lixo nos rios e oceanos, e nenhuma tem políticas contra o lançamento de lixo nos lagos.[22]

Mundo afora, as comunidades estão resistindo a essas operações de mineração, muitas vezes enfrentando ameaças, intimidação, prisão, espancamentos, tortura e mesmo morte por parte das companhias ou de bandidos locais operando a seu favor. Em nenhum lugar a luta é mais intensa do que na América Latina, abençoada com a abundância de água e riqueza mineral, o local sobre a invasão de mineradoras. A *Bloomberg News Magazine* fala de um conflito espalhado por todo o continente colocando os governos sul-americanos e grandes companhias do exterior contra as comunidades locais que podem perder suas casas e meios de vida à medida que a água é envenenada ou desviada para uso industrial. Muitos líderes por toda a região foram eleitos a partir de promessas de impulsionar o crescimento econômico e tirar suas populações da pobreza; eles estão acelerando as aprovações para o uso de água para a mineração e o agronegócio, e outras indústrias com um uso intensivo da água, diz Michael Smith, o autor do relatório.

Como resultado, o PIB do Brasil aumentou 43% de 2002 a 2012, e a economia do Chile, onde as exportações de cobre são responsáveis por um terço da receita do governo e onde as companhias de mineração planejam gastar mais US$ 100 bilhões até 2025, cresceu 58%. O Peru expandiu 6% em 2013, o ritmo mais rápido na América do Sul, impulsionado por investimentos em minas de ouro, prata e cobre. (Nos últimos cinco anos, mais de 200 pessoas foram mortas em conflitos de minas no Peru).[23] Mais de trezentas corporações, muitas das quais companhias de mineração, registraram-se no Paraguai simplesmente para acessar as águas do aquífero Guarani, diz Smith. Ele cita Silvia Spinzi, a diretora de recursos hídricos do país, dizendo que após registrarem-se, essas empresas precisam apenas comprar terras suficientes para perfurar um poço e remover a água.[24]

O preço desse desenvolvimento é muito alto. Em março de 2013 a água potável que abastece 60% dos uruguaios foi poluída pela contaminação de algas no Rio Santa Lucia, que está sofrendo com o derramamento de resíduos tóxicos de uma mina de ferro a céu aberto e a poluição agrícola industrial. Frequentemente pequenos produtores rurais, povos indígenas, e vilarejos estão vendo seus lagos e rios secos ou envenenados, seus meios de vida destruídos, e suas comunidades abandonadas devido a operações de mineração estrangeiras. No início de 2010, o Observatório Latino Americano de Conflitos Ambientais divulgou que havia 118 conflitos de mineração em quinze países na América Latina, quase um terço envolvendo companhias canadenses. O Canadá conta com 75% das

# ÁGUA – FUTURO AZUL

companhias de mineração do mundo, e um relatório da indústria descobriu que as companhias canadenses têm quatro vezes mais chance de estarem no centro de conflitos ambientais e de direitos humanos que aquelas em países ocidentais.

No México, onde as companhias canadenses controlam 204 das 269 companhias de mineração estrangeiras, uma série de assassinatos de ativistas anti-mineração dificultou muito as coisas para quem resistir às grandes minas e tornou o Canadá um pária na comunidade de direitos humanos internacional. Em novembro de 2009, o líder comunitário e ativista Mariano Abarca Roblero, que esteve na prisão por protestar contra uma mina de barita administrada pela companhia de mineração canadense, Blackfire, na sua comunidade de Chicomuselo, Chiapas, foi assassinado a tiros. Os assassinos eram todos atuais ou ex-empregados da companhia.[25] Após muitos protestos públicos, a RCMP, a força policial nacional canadense, lançou uma investigação a respeito do assassinato.

Em março de 2012, Bernardo Vásquez Sánchez, da comunidade Zapotec de San José del Progreso, na província de Oaxaca, foi assassinado por bandidos vinculados à companhia de Vancouver, Fortuna Silver Mines. Em 22 de outubro de 2012, Ismael Solorio Urrutia, líder do grupo ativista comunitário El Barzon na sua comunidade de Chihuahua, e sua esposa, Manuela Martha Solís Contreras, foram assassinados a tiros. Solorio e seu filho Eric haviam sido duramente espancados meses antes, e outros membros do grupo, organizado para opor-se à Mina Cascabel, uma subsidiária da MAG Silver baseada em Vancouver, haviam sido aterrorizados e ameaçados também.

A organizadora mexicana do Projeto Planeta Azul, Claudia Campero, uma ativista de direitos humanos que trabalha com a Coalizão de Organizações Mexicanas para o Direito à Água, lamenta que o México tenha se tornado cada dia mais perigoso. Defender o território dos interesses corporativos transnacionais hoje em dia é uma atividade perigosíssima. Movimentos de base que se opõe às represas, mineradoras e madeireiras, assim como os defensores da água, todos enfrentam o risco tanto da criminalização da água por parte das autoridades, quanto tornarem-se vítimas de ameaças, espancamentos e assassinatos. Questionada sobre onde as pessoas encontravam coragem para continuar a luta, Campero diz que ela vem de um "acesso de indignação" que as pessoas têm quando compreendem a injustiça terrível que esses projetos representam para as comunidades e a natureza. "Essas comunidades muito bravas compreendem que esses projetos mudarão o seu futuro, assim como os meios de vida e a possibilidade de uma vida feliz e plena em seu território para os seus filhos e netos."

Em todo caso, a situação é pior na Guatemala. A opressão e a intimidação não pararam desde a guerra civil de 36 anos que terminou em 1966. Sucessivos governos guatemaltecos promoveram o desenvolvimento agressivo do setor de mineração do país e olharam para o outro lado enquanto as violações de direitos humanos escalavam em muitas das 250 concessões de minas abertas somente nos últimos anos. A maioria está engajada na mineração a céu aberto, destruição das partes altas das montanhas e processos de lixiviação de cianeto para extrair o ouro e o níquel do minério, contaminando as vias navegáveis locais. Em 2011, visitei vários locais contenciosos de minas guatemaltecas convidada por Grahame Russel, da Rights Action, uma canadense que trabalha incansavelmente por justiça na Guatemala, e encontrei algumas das vítimas da intimidação e do terror.

Encontrei-me com membros de uma comunidade Q'eqchi' que eram aterrorizados por resistir à mina de níquel Estor, até há pouco tempo de propriedade de uma companhia de mineração canadense, HudBay Minerals. Eles contaram histórias terríveis de espancamentos, prisão, estupros coletivos e assassinatos cometidos por bandidos locais que forneciam segurança para a empresa. Fiquei particularmente tocada pela história de German Chub Choc, um belo jovem, pai de um garoto pequeno e que não era um ativista contra a mina, ele estava jogando futebol com amigos uma tarde quando uma gangue de agentes de segurança empregados pela HudBay chegou para assassinar o ativista campesino Adolfo Ich Chamán. Eles esfaquearam e atiraram em Chamán, matando-o, em plena luz do dia e então dispararam suas armas indiscriminadamente, paralisando German da cintura para baixo.

Nós também fomos à infame Mina Marlin, administrada pela Goldcorp do Canadá. Seus abusos ambientais e de direitos humanos foram tão bem documentados que a Comissão Inter-Americana sobre Direitos Humanos apelou para o governo guatemalteco para suspender as operações na mina. Mais uma vez, encontrei muitas das vítimas que haviam enfrentado a mina, mas Diadora Hernández se destaca por sua coragem excepcional. A companhia queria a sua pequena propriedade junto à mina, onde ela tem uma produção de subsistência, mas ela se recusou a vendê-la. No dia 7 de julho de 2010, um homem escondido atrás de uma árvore na sua propriedade atirou em Diadora no rosto, dando-a como morta. A polícia local recusou-se a levá-la para o hospital, então sua filha (acompanhada por sua neta que gritava) teve de levá-la em um táxi. Milagrosamente Diadora sobreviveu, mas a água em sua propriedade foi misteriosamente retirada, forçando-a a comprar provisões de um vendedor local.

Não há uma lei internacional governando os projetos de mineração, diz Shefa Siegel, um pesquisador que estuda a política da mineração na Universidade da Colúmbia Britânica, em um estudo chamado *The Missing Ethics of Mining*. Em vez disso, há mais de uma dúzia de códigos, todos voluntários e todos baseados na "responsabilidade social corporativa", que é na realidade um exercício em relações públicas entre as companhias de mineração e as comunidades locais. Embora estejamos em meio de um *boom* de recursos no mundo todo, há muito pouca discussão nos círculos políticos oficiais a respeito de como os governos podem definir padrões ambientais e de direitos humanos para a extração mineral.

"Através dessas iniciativas, o princípio orientador é promover o desenvolvimento econômico que beneficie a todos os envolvidos – companhias estrangeiras, governos anfitriões, assim como as comunidades locais – não para questionar o valor ecológico e econômico subjacente de minas específicas. A expansão da mineração é aceita como inevitável", diz Siegel.[26] John Briscoe, um professor de Harvard e ex-conselheiro sobre água do Banco Mundial, diz que os governos estão tomando a decisão certa em fornecer água para indústrias que beneficiam a maioria da sua população, mesmo se isso signifique desapropriar algumas pessoas. Ele diz: "O valor da água na indústria de mineração é muito, muito alto".[27]

Existem agora centenas de organizações na América Latina e mundo afora trabalhando para acabar com os abusos da indústria de mineração. Algumas estão diretamente envolvidas nos movimentos de resistência local e outras os apoiam, aumentando a consciência pública e arrecadando fundos. Mais e mais trabalho está sendo feito para que a história desses abusos chegue ao público geral, especialmente nos países anfitriões das companhias mineradoras.

Grupos também estão promovendo leis nos países onde essas companhias de mineração abusivas estão registradas a fim de responsabilizá-las de acordo com os padrões domésticos. O membro do parlamento canadense Peter Julian apresentou um projeto de lei que melhoraria o acesso a tribunais canadenses para aqueles que sofreram abusos das companhias de mineração canadenses. Com o apoio da Rights Action, uma série de vítimas da HudBay na Guatemala – incluindo Angelica Choc, a viúva do ativista assassinado Adolfo Ich Chamán – entraram com uma ação de US$ 67 milhões contra a HudBay no Tribunal

Superior de Ontário. Eles estão sendo representados *pro bono* por Murray Klippenstei, um extraordinário e dedicado advogado de Toronto, e sua equipe.

A Anistia Internacional apoia o caso, citando decisões anteriores dos tribunais canadenses e britânicos, assim como princípios legais internacionais em evolução que as matrizes podem ser responsabilizadas pelas ações das suas subsidiárias, onde a possibilidade de dano ou prejuízo é previsível. "A sociedade canadense tem um forte interesse em assegurar que as corporações canadenses respeitem os direitos humanos, onde quer que elas estejam operando e qualquer que seja o caráter da propriedade e outra estrutura de negócios que elas possam colocar em prática para avançar as suas operações", diz a Anistia em sua submissão de março de 2013 para o tribunal.[28]

Alguns países estão refreando o poder dessas companhias de mineração estrangeiras. O presidente boliviano Evo Morales pôs fim a quinhentos anos de dominação industrial estrangeira introduzindo um novo código de mineração, esclarecendo que todos os minerais pertenciam ao povo da Bolívia. Respondendo ao forte ativismo e violência contra as minas na Mina Malku Khota em Postosí, de propriedade da South American Silver com sede em Vancouver, Morales nacionalizou a mina em 2012 e chegou a um acordo com a comunidade indígena local para proceder com a sua operação. A Bolívia está situada sobre os maiores depósitos de lítio conhecidos do mundo, mas agora qualquer novo investimento estrangeiro precisa ser em parceria com o governo, que terá a autoridade para impor padrões ambientais e insistir que o lítio minado seja usado para criar empregos secundários na indústria da Bolívia.

Em abril de 2013, a Corte de Apelações do Chile suspendeu o trabalho na Mina Pascua-Lama de ouro, prata e cobre, de propriedade da Barrick Gold do Canadá, porque o departamento de água do país descobriu que a operação estava poluindo o lençol freático. Localizada a uma altitude de 4.000 metros nas Montanhas dos Andes na fronteira entre o Chile e a Argentina, Pascua-Lama encontra-se junto às nascentes do Rio Estrecho, onde ela está causando uma "poluição severa", de acordo com Lucio Cuenca, diretor do Observatório Latino-Americano de Conflitos Ambientais. A ação judicial foi promovida pelas comunidades indígenas Daguita locais, que disseram que suas reservas de água locais haviam sido contaminadas com arsênico, alumínio, cobre e sulfatos.[29] Em 23 de maio, 2013, a autoridade ambiental chilena multou a Barrick em US$ 16 milhões, o valor máximo permitido sob a lei chilena. Um mês mais tarde, os acionistas da Barrick entraram com uma ação judicial conjunta contra a com-

ÁGUA – FUTURO AZUL                                    243

panhia, dizendo que ela havia feito declarações falsas e escondido informações materiais sobre a operação Pascua-Lama.

Em El Salvador, onde uma mina de metal típica usa a mesma quantidade de água por hora que uma família salvadorenha média leva vinte anos para consumir, o governo estabeleceu uma moratória sobre a mineração de metais para proteger as reservas de água limitadas que as comunidades de produtores agrícolas e pescadores locais precisam para sobreviver. A Pacific Rim, outra corporação canadense, está processando o governo de El Salvador por atrasar a concessão de uma permissão para uma mina de ouro que ameaçava contaminar o maior rio no país e consumir 30 mil litros de água por dia, retirada das mesmas fontes que atualmente fornecem água para os residentes locais apenas uma vez por semana. A companhia está processando El Salvador em US$ 315 milhões e a contenda foi apresentada ao Centro Internacional para a Arbitragem de Disputas sobre Investimentos no Banco Mundial. O governo de El Salvador, no entanto, permanece forte em sua crença de que ele tem o direito de estabelecer as suas próprias políticas ambientais e de mineração, e ele é apoiado pelos movimentos de justiça da água e mineração.

Em seu relatório de 2013, Mining for Profits in International Tribunals, o Instituto para Estudos de Políticas com sede em Washington, apontou que as ações judiciais corporativas contra governos estrangeiros relacionadas ao petróleo, gás e mineração estavam em alta, e a América Latina estava sendo particularmente atingida.[30] Em um protesto em junho de 2012 em frente à sede da Pacific Rim em Vancouver, o diretor do instituto, John Cavanagh, disse: "O mundo deveria aplaudir os esforços do povo salvadorenho de salvaguardar a saúde e a prosperidade em longo prazo do seu país ao tornar-se o primeiro no mundo a banir a mineração de ouro. Em vez disso, essa decisão é mais um exemplo de regras de investimentos internacionais solapando a democracia em prol dos lucros a curto prazo para os investidores estrangeiros".

Embora essas histórias mostrem que algum progresso foi alcançado, muito ainda precisa ser feito. Lynda Collins, que ensina direitos ambientais e humanos na Universidade de Ottawa, diz que uma ferramenta que podemos usar é o recentemente reconhecido direito à água. Collins diz que os estados têm agora a obrigação de evitar causar violações do direito à água fora de seus próprios territórios, e isso se estende à responsabilidade de regulamentar a conduta extraterritorial das suas corporações nacionais. Um país deve recusar-se a financiar atividades das suas corporações que provavelmente violarão o direito à água em outro país, e devem evitar interferir na capacidade daquele país de regulamentar efetivamente a conduta ambiental das corporações multinacionais dentro das suas fronteiras. Em particular, o estado natal da corporação deve evitar celebrar tratados de investimentos que penalizem os países anfitriões por medidas projetadas para proteger a saúde pública e o meio ambiente, diz Collins. Além disso, um estado natal pode ter a obrigação positiva de regulamentar a conduta das suas corporações nacionais extraterritorialmente.[31]

É empolgante que a resolução da ONU afirmando os direitos à água e ao saneamento pudessem ter impactos tão abrangentes. Esse direito à água significa que uma corporação de mineração transnacional não tem o direito de danificar ou destruir fontes de água locais das quais as pessoas dependem. Temos de nos apoiar nisso para acabar com as atividades criminosas de algumas operações de mineração mundo afora. Essa é uma fundação sobre a qual podemos basear nossa ação.

# 16

# UM MAPA PARA O CONFLITO OU A PAZ?

Se houver uma guerra da água, não terá sido a água que a causou, mas em vez disso a guerra que estava em busca de um motivo e encontrou a água. – **Ami Isseroff, ativista pela paz israelense.**[1]

A QUESTÃO CENTRAL DE NOSSO TEMPO é se veremos os recursos de nosso planeta minguando como uma causa para competição, levando inevitavelmente ao conflito, ou se os veremos como um meio de cooperação, levando à paz.

Um relatório de inteligência norte-americano de 2012 advertiu que escassez de água, água poluída e inundações aumentarão o risco de instabilidade em muitas nações importantes para os interesses de segurança nacional do país. Isso poderia levar ao fracasso do estado e a tensões regionais cada vez maiores, e até mesmo ser uma ferramenta para os terroristas. O relatório foca sete bacias de rios fundamentais localizadas no Oriente Médio, Ásia e África – as bacias do Indo, Jordão, Mekong, Nilo, Tigre-Eufrates, Amu Darya e Brahmaputra – e adverte que se os conflitos nessas áreas não forem resolvidos, a água poderia ser usada como uma arma por vizinhos mais poderosos rio acima, impedindo ou cortando as correntes. O relatório, preparado a pedido do Departamento de Estado, reconheceu que no passado, problemas de água, muitas vezes levaram a acordos de compartilhamento de água, em vez de conflitos violentos. Mas os autores, baseando-se em relatórios de uma série de agências de inteligência do governo, advertem que à medida que a escassez de água torna-se mais aguda isso poderia mudar.[2]

O Departamento de Defesa Nacional do Canadá concorda com essa avaliação. Ele diz que cerca de sessenta países poderiam cair na categoria de "escassez de água ou estresse" até 2050, tornando a água uma fonte fundamental de poder e uma base de conflitos futuros. O perigo das "guerras de recursos" entre os estados e dentro deles, é agudo, relata o departamento, que prevê violência no mundo em desenvolvimento em particular.[3] Entre 1980 e 2005 na África subsaariana, ocorreram vinte e um conflitos civis, dezesseis dos quais envolveram água e cinco dos quais a água era a única questão.[4]

## TENSÕES CRESCENTES NA ÁSIA

Um alarme foi soado em uma reunião de cúpula em 21 de maio de 2013 dos dirigentes de estado da região Ásia-Pacífico em Bangkok. Um líder depois do outro se levantou para advertir que a competição ferrenha pela água poderia provocar conflitos na região a não ser que as nações cooperassem para compartilhar a provisão cada vez menor. Da Ásia Central ao Sudoeste Asiático, esforços regionais para assegurar a água para si provocaram tensões entre vizinhos que contam com os rios para sustentar populações crescendo rapidamente, relata a Agência France Press. O sultão de Brunei, Hassanal Bolkiah, disse que a competição por água poderia levar a disputas internacionais. A urbanização, a mudança climática e a demanda crescente por água da agricultura aumentaram a pressão sobre as escassas reservas de água, apesar do forte crescimento econômico.[5]

O rio Mekong de 4.660 quilômetros já é uma fonte de tensão internacional. À medida que o nível de água do Mekong cai para níveis baixos históricos, as preocupações estão aumentando a respeito das represas chinesas operando ou sendo construídas rio acima das comunidades em Burma, Camboja, Laos, Tailândia e Vietnã que estão observando níveis de água mais baixos. "A China está rapidamente fracassando no teste de boa vizinhança", diz um editorial no *Bangkok Post*. "O problema é a decisão unilateral da China de explorar o Mekong com oito usinas hidrelétricas".[6] A China faminta por energia está usando a eletricidade gerada pelas represas para alimentar seu rápido crescimento econômico, sem consideração pelo impacto adverso sobre os seus vizinhos, declarou o presidente vietnamita Truong Tan Sang em uma reunião de cúpula da APEC de 2012. O Fundo Mundial da Vida Selvagem observa que, pela primeira vez em vários milhares de anos, o Delta do Mekong no Vietnã, onde 18 milhões de pessoas vivem, está encolhendo.[7]

O remapeamento dos fluxos de água na região mais populosa e sedenta do mundo está acontecendo em uma escala gigante, com implicações potencialmente estratégicas, diz a Associated Press. Somente nos oito grandes rios tibetanos, quase vinte represas foram construídas ou estão sendo construídas, enquanto outras quarenta estão nos planos. Embora a China não seja a única culpada, ela é culpada por tudo, de inundações súbitas a rios e lagos exauridos em vilarejos e capitais vulneráveis do Paquistão ao Vietnã. O temor é que o programa acelerado da China de represar cada rio importante fluindo do platô tibetano provocará desastres naturais, degradando ecologias frágeis e desviando reservas de água vitais.

O Rio Brahmaputra começa na região sudoeste do Tibete (onde ele é conhecido como Yarlung Tsangpo) e flui por 1.600 quilômetros para o sul até fazer uma volta súbita antes de entrar na Índia. É dessa "grande curva" no rio que a China falou a respeito de um esquema de desvio de água norte-sul, que envolve três rios artificiais carregando água do platô tibetano até o norte árido da China. "Independentemente se a China pretende usar a água como uma arma política ou não, ela está adquirindo a capacidade de desligar a torneira se ela quiser – um poder que ela pode usar para manter qualquer vizinho ribeirinho no seu lugar", diz Brahma Chellaney, um analista do Centro de Pesquisa de Políticas de Nova Déli e autor do livro *Water: Asia's New Battlefield*. Ele acredita que a questão não é se a China mudará a rota do Rio Brahmaputra, mas quando – o equivalente a uma declaração de guerra contra a Índia.[8]

Os ex-estados soviéticos da Ásia Central estão engajados em um impasse cada dia mais tenso a respeito dos recursos hídricos, relata o jornalista Akbar Borisov da Agência France Press, acrescentando mais instabilidade à região volátil ao lado do Afeganistão. Planos no Tajiquistão e Quirguistão para as maiores usinas hidrelétricas do mundo deixaram irado o seu vizinho rio abaixo, o Uzbequistão, que teme perder sua água valiosa. A Rússia está sendo empurrada para a disputa, que data da época da divisão de recursos quando a União Soviética desintegrou-se em 1991. Borisov cita o presidente do Uzbequistão, Islam Karimov, que disse em uma visita em setembro de 2012 ao Cazaquistão que essa batalha sobre os recursos hídricos poderia aumentar a tensão na região até tal ponto que causaria não apenas uma "séria resistência, mas a guerra".[9]

## A ÁGUA COMO UMA ARMA NO ORIENTE MÉDIO

A água tem sido uma fonte de conflito e usada como uma arma de guerra por décadas no Oriente Médio. Os antigos pântanos da Mesopotâmia foram drenados durante a guerra Irã-Iraque dos anos 1980 para dar aos iraquianos uma vantagem tática. Saddam Hussein drenou-os mais ainda durante os anos 1990 para vingar-se dos xiitas que se escondiam ali e contra os Árabes dos Pântanos (Ma'dan) que os protegiam. No início dos anos 2000, os charcos tinham apenas 10% do seu tamanho original. A ONU diz que o número de Ma'dan, com uma população de aproximadamente meio milhão de pessoas nos anos de 1950, havia se reduzido para aproximadamente 20 mil, e até 120 mil haviam fugido para os campos de refugiados no Irã.

Ainda assim, em meados dos anos 2000, os pântanos foram bastante recuperados, e muitos dos Ma'dan estavam voltando, graças em grande parte a pessoas como Peter Nichols da Waterkeeper Alliance; Azzam Alwash (que cresceu nos pântanos) do Nature Iraq, uma organização ambiental devotada a recuperar as vias navegáveis do país; e Michelle Stevens da Hima Mesopotamia, uma ONG internacional dedicada à restauração dos pântanos. No entanto, planos para construir uma cadeia de 23 represas rio acima ao longo da fronteira da Turquia e da Síria estão mais uma vez colocando a região em perigo. Os desvios de água já estão trazendo de volta a seca, a salinidade e a fome.

Embora a Turquia alegue que a expansão maciça da represa seja para gerar energia hidrelétrica, as águas dos Pântanos da Mesopotâmia estão sendo usadas novamente como uma arma. O jornalista norte-americano Jay Cassano diz que a razão verdadeira para as represas é inundar os cânions onde o Partido dos Trabalhadores do Curdistão se mobiliza junto à fronteira montanhosa do Iraque e da Turquia. O governo fez questão de não esconder que as represas estrategicamente colocadas formarão uma parede enorme de água próxima da fronteira da Turquia com o Iraque, tornando o terreno impossível de ser atravessado a pé. Também, por estar em uma posição rio acima em relação ao Iraque e à Síria em ambos os Rios Tigre e Eufrates, a Turquia controla efetivamente o fluxo de água para o sul.[10]

A privatização da água do Egito e seu desvio para os ricos foi um fator decisivo no levante da "Primavera Árabe" contra o governo Mubarak, diz a professora inglesa Karen Piper da Universidade de Missouri. Com poucos meses de privatização em 2004, o preço da água havia dobrado; milhares que não conse-

ÁGUA – FUTURO AZUL 249

guiam pagar suas contas tinham de ir aos arredores da cidade para coletar água dos canais sujos do Rio Nilo. Em 2007, manifestantes no Delta do Nilo bloquearam a principal estrada costeira após a companhia de água regional ter desviado a água das propriedades agrícolas e das cidades pesqueiras para as comunidades ricas nos resorts. A demonstração cresceu em intensidade e fundiu-se no movimento de liberação maior. O ativista da água egípcio Abdel Mawla Ismail disse: "Protestos de sede... começaram a representar um novo caminho para o movimento social". A partir desse caminho, diz Piper, a revolução que consumiu a nação em 2011 parecia inevitável.[11]

A "gestão criminosa" da água do país pelo regime de al-Assad foi também uma das causas subjacentes ao levante atual naquele país. Quando Bashar al--Assad assumiu o poder em 2000, ele abriu o setor de agricultura regulamentado para os grandes produtores rurais, muitos dos quais fantoches do governo, para comprar terras e extrair tanta água quanto eles quisessem. Isso diminuiu severamente o lençol freático e expulsou pequenos produtores agrícolas e pastoris de suas terras, contou o economista sírio Samir Aita para o jornalista norte--americano Thomas Friedman.[12] O Centro para o Clima e a Segurança baseado em Washington relata que de 2006 a 2011, 60% das terras do país passaram pela "pior seca de longo prazo e a mais severa perda de safras desde que as civilizações agrícolas começaram no Crescente Fértil muitos milhares de anos atrás".

A seca e a crise alimentar que se seguiu desalojaram perto de um milhão de pessoas e levaram quase 3 milhões de pessoas para a pobreza extrema. O regime Assad também negou licenças para permitir comunidades Curdas no noroeste a retirar quantidades modestas de água dos poços; isso exacerbou o êxodo de centenas de milhares para as favelas urbanas nas cidades do sul, como Aleppo, que se tornou o centro dos primeiros protestos.[13]

"Jovens e produtores rurais famintos por empregos – e a terra sedenta por água – foram a receita para a revolução", escreve Thomas Friedman. Acrescenta o *Bulletin of the Atomic Scientists*: "A seca na Síria é um dos primeiros eventos modernos nos quais uma anomalia climática resultou em uma migração em massa e contribuiu para a instabilidade do estado. Isso é uma lição e uma advertência para uma região já sob o estresse da polaridade cultural, repressão política e desigualdade econômica".[14] Tragicamente, a enorme chegada de refugiados Sírios na Jordânia está estressando as reservas limitadas de água daquele país, levando a uma crescente hostilidade contra os recém-chegados.

Observadores do Oriente Médio advertem que o projeto de irrigação maciça conhecido como o "Grande Rio Feito pelo Homem", construído pelo falecido ditador líbio Muammar Gaddafi para extrair água das reservas subterrâneas no deserto, também poderia tornar-se uma fonte de conflito. Consistindo de incríveis 5.000 quilômetros de condutos de mais de 1.300 poços perfurados em até 500 metros de profundidade no Saara, o projeto de US$ 30 milhões poderia transformar a Líbia em uma importante produtora agrícola. Mas as águas do Sistema Aquífero do Arenito Núbio (NSAS – *Nubian Sandstone Aquifer System*) encontram-se debaixo dos países do Chade, Egito e Sudão, assim como a Líbia, e as águas fósseis que ele contém não são renováveis. "Resumindo", diz o editor da News Central Asia, Tariq Saeedi, "quem controlar a NSAS, controla as economias, políticas exteriores e destinos de vários países na região, não apenas a região nordeste da África". Acrescenta o jornalista que vive no Oriente Médio, Iason Athanasiadis: "Em uma região de desertificação já despedaçada por conflitos de água, as reservas aquáticas enormes da Líbia serão um grande prêmio para quem levar a melhor nessa luta".[15]

Gaza talvez não seja "habitável" até 2020 e seu aquífero pode tornar-se inutilizável até 2016, diz um relatório de agosto de 2012 da ONU. O relatório destaca a crise aguda de água de Gaza, observando que o aquífero pode sofrer um dano irreversível até 2020.[16] Mais de quatro décadas de ocupação israelense tornaram impossível para desenvolver ou manter uma infraestrutura para água. Sem peças de reposição disponíveis, canos quebrados permitem que o esgoto bruto vaze para o lençol freático. Sal e nitratos tóxicos do Mediterrâneo também contaminam a reserva de água, já excessivamente explorada pelos assentamentos israelenses em Gaza. Muitas casas têm água corrente apenas uma vez por semana, e algumas famílias não têm torneiras nas suas casas, nem próximo delas. Em Gaza hoje em dia não existe mais água descontaminada, relata Victoria Brittain no *The Guardian*. Metade dos bebês recém-nascidos corre o risco imediato de serem envenenados por nitrato, chamado de "síndrome do bebê azul". [17]

A enviada especial da ONU, Catarina de Albuquerque diz: "Essa realidade é uma grave ameaça para a saúde e a dignidade das pessoas vivendo em Gaza e medidas imediatas são necessárias para assegurar o pleno gozo dos direitos à água e ao saneamento. Israel precisa facilitar a entrada dos materiais necessários para reconstruir os sistemas hídrico e de saneamento em Gaza, como uma questão prioritária".[18] A crise não é apenas uma violação persistente do direito

## COMPARTILHANDO BACIAS HIDROGRÁFICAS

Será que esses e outros conflitos podem ser resolvidos através da necessidade de compartilhar para sobrevivência? Sim, diz um grupo de acadêmicos que examinaram conflitos de estados-nações envolvendo a água. Aaron Wolf, Annika Kramer, Alexander Carius e Geoffrey Dabelko relatam que disputas internacionais de água – mesmo entre inimigos ferozes – geralmente foram resolvidos pacificamente porque a água é tão importante que as nações não podem lutar por ela. Na realidade, eles dizem que a água alimentou uma maior interdependência e ajudou a construir uma relação de confiança entre as partes conflitantes.

Os pesquisadores da Universidade do Estado do Oregon compilaram dados sobre todas as interações impelidas pela água divulgadas entre duas ou mais nações nos últimos cinquenta anos e descobriu que a taxa de cooperação superou em muito a incidência de conflitos agudos: 1.228 a 507. Wolf, Kramer, Carius e Dabelko advertem que falar em "guerras por água" permitirá que os militares e outros grupos de segurança assumam as negociações e tirem da mesa parceiros de desenvolvimento, agências de ajuda e a ONU. A gestão da água oferece uma via para o diálogo pacífico entre as nações, diz o grupo, mesmo quando os combatentes estão lutando a respeito de outras questões, e a cooperação da água fomenta conexões entre as pessoas.[19]

Existem 276 bacias de rios que são compartilhadas por dois ou mais países e aproximadamente 300 acordos entre estados em torno de rios compartilhados. Embora Peter Gleick do Pacific Institute concorde que a maior parte das disputas transfronteiriças de água é resolvida diplomaticamente, ele destaca que a mudança climática e a crescente demanda por água aumentará o risco de conflito sobre recursos de água doce compartilhados internacionalmente. "A mudança climática afetará inevitavelmente os recursos hídricos mundo afora, alterando a disponibilidade, a qualidade e a gestão da infraestrutura da água", ele diz. "Novas disputas já estão surgindo nas bacias hidrográficas transfronteiriças e provavelmente tornar-se-ão mais comuns. Os acordos existentes e os princípios internacionais para compartilhar água não lidarão adequadamente com a tensão das pressões futuras, particularmente aquelas causadas pela mudança climática".

Gleick defende a criação de acordos de água transfronteiriços onde eles não existem agora – mais da metade dos cursos d'água internacionais do mundo não são cobertos por enquadramentos de gestão cooperativa –, assim como a expansão do escopo dos acordos existentes para incluir todos os elementos do ciclo hidrológico, incluindo aquíferos. A pesquisa transfronteiriça conjunta sobre o impacto da mudança climática sobre os sistemas de água compartilhados, assim como programas de monitoramento compartilhados, também pode levar à cooperação onde aumentam as tensões.[20]

No caso de vias navegáveis internacionais compartilhadas, os estados têm obrigações baseadas na lei internacional sobre a contaminação e a exploração excessiva de recursos hídricos transfronteiriços. Além disso, diz Lynda Collins, da Universidade de Ottawa, o direito à água em si pode impor uma obrigação independentemente da parte de um estado co-ribeirinho de preservar a quantidade e a qualidade das vias navegáveis compartilhadas.[21]

É crucial que as nações ratifiquem a Lei de Usos Não-Navegacionais dos Cursos de Água Internacionais, adotada em 1997 para ajudar a conservar e gerir reservas de água para gerações futuras e resolver conflitos sobre vias de navegação compartilhadas. A convenção exigiria que os estados evitassem e reduzissem a poluição em vias navegáveis compartilhadas, estabelecendo um campo de atuação equilibrado entre os estados ribeirinhos, incorporando considerações sociais e ambientais na gestão da via navegável, e buscando soluções pacíficas das disputas.

Até 2013 a convenção havia recebido apenas trinta ratificações, cinco a menos do que o número necessário para fazê-la ter efeito, e muito menos do que o número necessário para torná-la verdadeiramente efetiva. Em 2006, o Fundo para a Vida Selvagem Mundial lançou uma campanha global para promover a convenção e acelerar o processo de ratificação. O Fundo concorda com Gleick que a maior parte dos recursos hídricos transfronteiriços do mundo ainda não tem proteções legais suficientes, sem as quais seria difícil para os estados com vias navegáveis lidarem com as ameaças futuras da pressão humana e a mudança ambiental.[22]

Um tratado similar para proteger a água subterrânea também é urgentemente necessário. O Centro de Avaliação de Recursos de Água Subterrânea Internacional da UNESCO relata que existem pelo menos tantos, e provavelmente mais, aquíferos que cruzam fronteiras entre estados-nações quanto rios. O Dr.

David Brooks, do Instituto Internacional para o Desenvolvimento Sustentável do Canadá, diz que em vez de um simples compartilhamento quantitativo dos recursos hídricos, a verdadeira justiça é alcançada levando-se em consideração as demandas de todas as pessoas em vez de sua reivindicação tradicional à água. Brooks deixa claro que, dada a sensibilidade dos aquíferos à poluição e a quase impossibilidade de descontaminação, é crucial avaliarmos o princípio "nenhum dano significativo", isto é, de que cada país deve concordar em não poluir a águas compartilhadas.[23]

Em 2008 a Comissão de Lei Internacional da ONU e a UNESCO apresentaram um projeto de uma Convenção sobre Aquíferos Transfronteiriços para a Assembleia Geral da ONU. A convenção exigiria que os estados com aquíferos não causassem danos aos aquíferos existentes e cooperassem para evitar e controlar a sua poluição. Ela precisa ser fortalecida para abordar o reabastecimento e a necessidade por restrições sobre a tomada de mais água do que uma fonte subterrânea pode reabastecer. A convenção está parada dentro das Nações Unidas e precisa ser reativada. Aquíferos estão suprindo mais de nossas necessidades hídricas todos os dias; eles desesperadamente precisam da proteção de um tratado internacional vinculativo.

## CRIANDO PAZ ATRAVÉS DA ÁGUA

A construção da paz é baseada na prática de identificar as condições que podem levar a uma paz sustentável e viável entre adversários, e tem uma longa história na resolução de conflitos entre nações. A construção da paz ambiental busca resolver conflitos através da preocupação por ecossistemas compartilhados. Em alguns casos ela é usada para parar a degradação ambiental que é um subproduto do conflito. A guerra e a violência muitas vezes devastam o meio ambiente de todas as partes envolvidas, então há uma grande motivação para parar o conflito e restaurar as reservas de alimentos e água. Em outros casos o temor a respeito dos níveis de água subterrânea em declínio em um aquífero compartilhado ou a poluição e deterioração de um rio compartilhado podem aproximar os lados que estão em conflito sobre outras questões. Se o próprio conflito em si é sobre a água, ele é solucionado através de uma gestão comum dos recursos. Se o conflito diz respeito a outras questões, a água torna-se uma ferramenta para construir pontes enquanto o processo de paz mais longo ocorre.

A Friends of the Earth do Oriente Médio foi fundada em 1994 como um local de encontro para ONGs ambientalistas palestinas, egípcias, jordanianas e israelenses trabalharem juntas para proteger e restaurar o Vale do Rio Jordão, o Mar Morto e o Golfo de Aqaba. O grupo promove a proteção em vez de o desenvolvimento do Mar Morto, busca a sua designação como um local da UNESCO, e se opõe ao mega projeto para canalizar a água do Mar Vermelho para o Mar Morto. Ele lançou o projeto Bons Vizinhos d'Água para realizar parcerias entre comunidades de facções em guerra sobre educação hídrica e cooperação.

Em maio de 2013, a Autoridade da Água Israelense, removeu um bloqueio de quarenta anos do Rio Jordão e começou a liberar água do Mar da Galileia para reabastecer a parte baixa da Jordânia. A Friends of the Earth do Oriente Médio, e outros que fizeram campanha por esse desenvolvimento, está limpando o leito do rio poluído e tratando a água para remover décadas de poluição. Esse grupo diz que a realização da paz ambiental gera confiança, atua como uma linha de comunicação durante conflitos e cria um interesse regional compartilhado na construção de uma comunidade ecológica.[24]

O trabalho da Friends of the Earth do Oriente Médio e outras organizações ainda precisa traduzir-se em qualquer tipo de resolução da crise da água e direitos humanos em Gaza. Para tentar romper o impasse, David Brooks, então da Friends of the Earth do Canadá, e Julie Trotter, da Université Paul Valery na França, criaram um plano para ser usado como pano de fundo para a Iniciativa de Genebra, um esforço não governamental para promover a paz no conflito Israel-Gaza. Observando que a governança da água é menos uma questão técnica e mais uma questão política, eles desafiam a rigidez da abordagem quantitativa tradicional para o compartilhamento da água. A água não é como a terra; ela não pode ser nem descrita, tampouco dividida como se fosse uma torta.

Brooks e Trottier dizem que, quando uma quantidade de água "precisa" ser recebida de acordo com um tratado, ela passa a ser vista como uma questão de segurança nacional, e qualquer conversa para mudar a fórmula é vista como uma ameaça à autoridade de um estado. Seu plano busca um conceito mais apropriado de direitos da água de maneira que a demanda case com a realidade da oferta existente e ambas as partes reconheçam sua interdependência na sustentação da quantidade e qualidade de todas as águas compartilhadas. Os autores recomendam um conjunto de princípios que inclua a justiça e o respeito pelas abordagens contrastantes com as quais israelenses e palestinos abordaram a gestão da água.[25]

## CONSTRUINDO A INTERDEPENDÊNCIA PARA COMPARTILHAR A ÁGUA

Ver vias navegáveis conjuntas dessa maneira nos desafia a pensar além das fronteiras políticas e dos interesses dos estados-nações. Sandra Postel nos lembra que os rios não dão atenção às fronteiras políticas, e se quisermos sustentar ecossistemas diante de demandas por alimentos e energia crescentes, precisaremos pensar mais como bacias hidrográficas e menos como estados ou nações. Nós podemos aperfeiçoar todos os benefícios que os rios nos dão se apenas trabalharmos juntos ao longo das fronteiras para assegurá-las e compartilhá-las. Isso exige, ela diz, um salto quântico em cooperação.

Por exemplo, um acordo recente entre o México e os Estados Unidos permite que os Estados Unidos retenham mais do que a sua porção do Rio Colorado a fim de retornar os fluxos para o ressequido Delta Colorado. O México tomará menos água durante épocas de seca e poderá armazenar água no Lago Mead, um reservatório norte-americano para épocas de sobra se ele não puder usar toda sua alocação. Em troca, os Estados Unidos financiarão os reparos do dano que os canais de irrigação do México sofreram em um terremoto recente. "Nós compartilhamos uma cultura, uma fronteira e recursos com nossos vizinhos no México", diz Michael Connor, comissário da Agência de Recuperação dos Estados Unidos, "e é inteiramente apropriado que também compartilhemos as soluções para os desafios que enfrentamos na bacia do Rio Colorado".[26]

Um arranjo de compartilhamento similar poderia proporcionar uma solução pacífica para o contestado Nilo. Um tratado de 1959 entre o Egito e o Sudão dividiu o fluxo do Nilo, mas não concedeu água alguma para os outros países da bacia. E se, pergunta Postel, as nações da Bacia do Nilo negociassem os benefícios produzidos com a água do Nilo, como eletricidade, alimentos, pesca, terras úmidas e habitats de vida selvagem? Armazenar a água do Nilo nas terras altas da Etiópia, onde as taxas de evaporação têm aproximadamente um terço da intensidade do Lago Nasser no Egito, e a água poupada poderia beneficiar todas as nações na bacia hidrográfica. O investimento regional no uso eficiente da água, a irrigação em pequena escala e o compartilhamento de alimentos poderia proporcionar à Etiópia uma alternativa para abrir o seu território às tomadas de terras e água.[27]

Infelizmente, em junho de 2013 o ex-presidente do Egito Mohammed Morsi disse que a construção da Etiópia de uma usina hidrelétrica de US$ 4,2 bilhões no Nilo ameaça a segurança hídrica do seu país, e se o Egito perder uma gota de água em consequência da represa, "nosso sangue é a alternativa".[28] Enquanto a Etiópia sem dúvida sente-se frustrada em ser deixada de fora do tratado original, ela está construindo a represa para fornecer água para as fazendas e plantações industrializadas que substituíram as comunidades locais através de tomadas de terras. A Survival International diz que a represa e o roubo de terras ameaçam as vidas e os meios de vida de oito tribos diferentes ao longo do baixo vale do Rio Omo.

Há um movimento emergente que promove a governança das bacias hidrográficas, um conceito baseado na noção de que a fim de proteger a água efetivamente, é necessário fazê-lo em uma base ampla da bacia hidrográfica. Rios, lagos e aquíferos muitas vezes cruzam fronteiras políticas e precisam de uma governança coordenada e cooperativa entre todas as jurisdições políticas envolvidas. O Projeto de Sustentabilidade da Água POLIS da Universidade de Victoria, Colúmbia Britânica, promove a governança das bacias hidrográficas no Canadá para ajudar os governos e as comunidades a protegerem suas vias navegáveis compartilhadas. O POLIS defende um planejamento baseado nas bacias hidrográficas em longo prazo e integrado, assim como uma reforma jurídica baseada nos ecossistemas, como a melhor abordagem para a gestão da água e a tomada de decisões. A governança das bacias hidrográficas é baseada nos princípios da conservação, gestão, sustentabilidade e cooperação. Obviamente, isso é mais fácil de fazer dentro de fronteiras nacionais do que através delas; pedir aos países para abrirem mão de suas soberanias é difícil no mundo de hoje de tensões e rivalidades regionais.

O principal problema no conflito na Ásia Central, diz o Fundo Internacional para Salvar o Mar de Aral, são os interesses de políticas nacionais dos estados-nações da região. Eles veem a questão de solucionar problemas apenas através do prisma da soberania e autossuficiência hídrica e energética, e isso torna uma verdadeira cooperação impossível. O fundo apela para a cooperação regional e de ecossistemas com base em histórias e cultura compartilhadas. Os interesses e preocupações de cada país devem ser ouvidos pelo todo, e os compromissos, assumidos. Não apenas a cooperação efetiva em torno de vias navegáveis compartilhadas as salvará, como ela pode solucionar conflitos em outras áreas. Como uma questão de sobrevivência, a unidade regional deve tornar-se a prioridade nacional de todos os estados da Ásia Central.[29]

# ÁGUA – FUTURO AZUL

Similarmente, a Comissão do Rio Mekong, formada por um acordo entre o Vietnã, Camboja, Laos e Tailândia (China e Myanmar participaram como observadores) para gerir conjuntamente o rio, foi amplamente criticada por ter pouco poder de verdade para parar a destruição da bacia. A Oxfam da Austrália faz parte de um grupo de campanha global chamado Salve o Mekong, que trabalhar para assegurar que as comunidades saibam os seus direitos em relação às decisões de desenvolvimento que afetam o seu meio ambiente e seu acesso aos recursos do Mekong. Em um relatório sobre a comissão, a Oxfam observa que não se trata de um órgão supranacional e não tem poder normativo ou de imposição da lei; ele realmente diz respeito a qual benefício econômico cada país pode "extrair" do Mekong. "No momento, a CRM é um *player* relativamente pequeno, apertado entre os maiores no negócio de promover o crescimento econômico sustentável relacionado à água e o desenvolvimento na região do Mekong",[30] ele diz.

Como resultado, a comissão não foi capaz como um órgão unificado de abrir um diálogo sério com a China a respeito das suas represas. Edward Grumbine, cientista norte-americano visitando a Academia Chinesa de Ciências, adverte que a diplomacia é necessária na disputa do Mekong e que os países terão de abrir mão dos interesses nacionais em prol dos regionais. "Dada a demanda enorme por água na China, Índia e Sudoeste da Ásia, se for mantida a atitude do estado soberano, nós estamos perdidos", ele diz. "Escassez é uma situação de soma zero que pode levar a conflitos, mas também pode estimular os países a assumirem um comportamento mais cooperativo".[31]

## FAZENDO A GOVERNANÇA DAS BACIAS HIDROGRÁFICAS FUNCIONAR

Em 1992, a Comissão Econômica das Nações Unidas para a Europa ratificou a Convenção sobre Proteção e Utilização dos Cursos d'Água Transfronteiriços e Lagos Internacionais para fortalecer medidas nacionais para uma gestão ecologicamente sólida das águas compartilhadas do continente. As fontes de água na Europa cruzam fronteiras nacionais. Mais de 150 rios importantes e 50 grandes lagos correm ao longo ou se posicionam sobre a fronteira de dois ou mais países. Vinte países europeus são dependentes de mais de 10% da sua água de países vizinhos, e cinco retiram 75% da sua água dos vizinhos rio acima. A comissão disse que a convenção assume uma abordagem holística baseada na compreensão de que a água tem um papel integral na proteção dos ecossistemas, e ela representa uma narrativa de gestão de recursos hídricos integrada que substitui o foco anterior sobre fontes localizadas de poluição. A convenção obriga as nações participantes a usar a água compartilhada de maneira justa e razoável, assim como a assegurar sua gestão sustentável.

Quase duas décadas mais tarde, o continente deu mais um passo na direção da governança compartilhada da água. A Diretiva de Enquadramento da Água 2000 da Europa é uma iniciativa política histórica que estabelece novas exigências para a gestão integrada das bacias dos rios na Europa e incumbe a seus estados membros um status quantitativo e qualitativo bom de todos os corpos d'água até 2015. A diretiva estabeleceu distritos de bacias de rios: áreas de governança designadas de acordo com as fronteiras das bacias dos rios, em vez das fronteiras políticas. As bacias dos rios são geridas por meio de um plano que inclui metas e cronogramas para a recuperação. O processo tem a intenção de ser transparente e de inspirar a confiança do público.

A colaboração transfronteiriça provou que funciona. O segundo maior lago alpino da Europa, o antes poluído Lago Constança, cuja bacia hidrográfica encontra-se na Áustria, Alemanha, Lichtenstein e Suíça, foi recuperado como resultado da cooperação entre os países e as comunidades em torno do lago. No entanto, diz a Agência Ambiental Europeia, uma federação com mais de 140 organizações ambientais de cidadãos, a falta de participação de uma série de países, o relaxamento na cobrança do cumprimento das normas e a falta da transparência pública prometida solapam como um todo as metas originais da diretiva.[32] As metas de sustentabilidade e proteção do ecossistema se defrontaram com o poder do setor privado na Europa e a incapacidade dos governos de proteger o meio ambiente em tempos de medidas de austeridade obrigatórias.

Uma rede de grupos de cidadãos, comunidades e as First Nations do Canadá e dos Estados Unidos juntaram-se para conseguir que os Grandes Lagos sejam declarados propriedade pública, um fundo público e uma região protegida. Eles estão apelando aos governos para estabelecer um enquadramento de governança da bacia hidrográfica para proteger os lagos diante de graves ameaças. A poluição da produção agrícola industrial e da indústria, espécies invasivas, mudança climática e a extração excessiva ameaçam cinco corpos d'água que contêm mais de 20% da água doce de superfície da Terra. Os Grandes Lagos são (mal) geridos por duas nações, Canadá e Estados Unidos, oito estados, duas

# ÁGUA – FUTURO AZUL

províncias e centenas de municípios. Eles apelam por padrões comuns de regulamentação e controle das bacias hidrográficas.

Os grupos preocupados colocam uma questão: "E se as pessoas que vivem em torno dos Grandes Lagos decidissem protegê-los com base nos princípios dos primeiros povos na região; a saber, que os lagos precisam ser compartilhados justamente e protegidos a todo custo para as próximas sete gerações?". Nós decidimos que a resposta seria que a Bacia dos Grandes Lagos dever ser vista como uma bacia hidrográfica, e que todas as atividades, públicas e privadas, têm de operar dentro de um mandato cujas metas sejam a recuperação e a preservação das águas da bacia. O advogado ambientalista de Wisconsin, Jim Olson, do grupo FLOW for Water, aponta que todas as águas dos Grandes Lagos estão sujeitas à lei de patrimônio público, mas na prática governos e indústrias demais veem os Grandes Lagos ou como imunes ao esgotamento ou como uma mercadoria a ser explorada.

Alexa Bradley, do grupo On the Commons, diz que para alguns os Grandes Lagos representam um recurso aberto. Essa atitude permite a privatização, a apropriação e o direito de usar e abusar da água, assim como a priorização das economias de mercado sobre as considerações ecológicas e de justiça. "Por sua natureza essa tomada de um recurso é antidemocrática e sabota tanto a proteção ambiental quanto o compartilhamento justo da água. Essa exploração serve como exemplo não apenas uma melhor política hídrica, as por um tipo diferente de governança".[33]

Jim Olson argumenta que a doutrina do fundo público poderia ser integrada no Tratado de Águas Fronteiriças entre o Canadá e os Estados Unidos, assim como o Acordo de Qualidade da Água dos Grandes Lagos, a fim de integrar a quantidade e qualidade da água e a proteção do ecossistema. Entrincheirar as águas como um fundo público nesses acordos proporcionaria uma base para a Comissão Conjunta Internacional, que supervisiona a gestão conjunta dos lagos, para demandar responsabilidade da parte de todos os governos envolvidos. Os princípios do fundo público afirmariam o direito inalienável do uso público como uma medida de segurança contra reivindicações imprevistas de interesses privados, como desvio e exportação da água. Usando argumentos de patrimônio público, grupos em torno dos lagos estão desafiando de maneira bem-sucedida as operações de fraturamento hidráulico.[34] Emma Lui, ativista da água no Conselho dos Canadenses, destaca que Quebec tem uma moratória sobre o fraturamento hidráulico e que mais de cem municípios de Nova York baniram a exploração de gás.

A rede quer um tratado completo entre todos os governos relevantes para estabelecer leis consistentes, que compreendam toda a bacia, normas e definições para proteger a nova "Bacia Hidrográfica Pública dos Grandes Lagos". O processo está começando nas cidades, vilas e vilarejos, povoados e fazendas que circundam os Grandes Lagos e com a pessoas que vivem junto a eles e os adoram, e há um crescente apoio de base. A Waterkeeper Alliance, uma rede internacional de organizações de preservação da água, fundada por Robert Kennedy Jr., endossou o modelo, tanto para os Grandes Lagos quanto para outras bacias hidrográficas.

Em uma conferência em novembro de 2011 sobre o futuro da água no Mercosul, o Mercado Comum do Sul, insisti que os quatro países que compartilham o Aquífero Guarani – Brasil, Paraguai, Uruguai e Argentina – reúnam-se e promovem um modelo similar para protegê-lo de abusos. Em 2010, os quatro países haviam assinado um dos primeiros acordos de aquíferos no mundo, comprometendo-se a um processo de resolução de disputas e fazendo promessas modestas de conter a poluição. Mas o acordo repete tratados de água de superfície transfronteiriços similares que protegem os direitos dos estados individuais e fazem pouco para supervisionar o aquífero como uma via navegável compartilhada ou um fundo público.

Eu pedi por um pacto da bacia Hidrográfica Guarani entre as nações para definir as águas do aquífero como um patrimônio público, um fundo público e um direito humano e para designar as águas como uma região a ser estritamente protegida sob um conjunto comum de leis. "Caso eu não tenha sido clara", eu disse para uma plateia muito receptiva de legisladores, dirigentes do governo, acadêmicos e ativistas, "vocês estão posicionados sobre uma vasta reserva de água em um mundo muito sedento, uma reserva que é vital não somente para a saúde e o futuro dessa região, mas para toda a humanidade. Ela é um tesouro que deve ser protegido pelos quatro governos em prol das populações e ecossistemas da região... Vocês precisam tomar medidas urgentes para proteger a joia que é o Aquífero Guarani de ser pilhado, pois se vocês não o fizerem, ele o será".

## CONFIANDO A ÁGUA PARA AS PESSOAS

Toda água é local. Comunidades que vivem em uma bacia hidrográfica sabem o que é melhor para ela, e seu conhecimento é insubstituível. Um princípio crucial da governança de bacias hidrográficas é o de que a água é um fundo público, e aqueles que são afetados precisam ter uma maneira significativa de participar na tomada de decisões. As políticas hídricas são muitas vezes formuladas no topo, sem consulta. Compartilhar a responsabilidade pela tomada de decisões com as comunidades das bacias hidrográficas melhorará a maneira que a água é governada. A campanha Salve o Mekong diz que o fracasso de consultar o público de maneira significativa foi fundamental para os problemas afligindo a Comissão do Rio Mekong. Centenas de grupos transfronteiriços locais estão trabalhando para encontrar soluções reais e em longo prazo que tenham pelo menos parte da resposta para uma região segura hidricamente da Bacia do Mekong.

Os povos indígenas têm muito a nos ensinar sobre os cuidados com a água e sua preservação. Na América Latina, a resistência indígena à privatização da água, grandes represas e minas destrutivas tem sido crucial para forçar os governos a começar a lidar com a gestão da água e os direitos humanos de uma maneira diferente. As organizações de Nativos Americanos foram um componente fundamental do processo que orientou o acordo entre o México e os Estados Unidos para recuperar o Rio Colorado. A oposição das First Nations ao Conduto Northern Gateway, projetado para transportar betume das areias betuminosas de Alberta para portos na Colúmbia Britânica, provavelmente selou seu destino. Em todos esses e em incontáveis casos, os povos indígenas citam não apenas sua dependência direta nos sistemas de água locais para sobrevivência, mas também sua conexão espiritual e histórica em relação a essas águas como a razão para a força do seu comprometimento.

A busca por proteger a água para sempre também está intimamente ligada aos direitos humanos. Se quisermos transformar o conflito em paz e criar novas maneiras de governar que honrem as bacias hidrográficas e os ecossistemas, é essencial reconhecermos que a falta de acesso à água limpa é uma forma de violência e que não pode haver paz ou boa governança sem justiça. Isso significa colocar os direitos humanos à água e ao saneamento, assim como o direito a engajar-se no processo, no centro de uma forma nova e mais colaborativa de governança das bacias hídricas. A transformação de conflitos vai além do conceito de resolução de conflitos: ela exige confrontar as estruturas sociais injustas que são subjacentes ao conflito.

Ao continuar a construir e expandir o nosso movimento internacional para proteger a água para as pessoas e o planeta, nós precisamos reconhecer que avançamos muito nos últimos anos na luta pela justiça sobre a água. Embora muito reste a ser feito, nós avançamos nessa questão de maneira que não sonharíamos apenas alguns anos atrás. A crise global da água pode ser solucionada se avançarmos firmemente para proteger a água como um fundo público e assegurar seu acesso justo e equitativo. A água pode ser a dádiva da natureza para a humanidade, de maneira que ainda não entendemos.

# NOTAS

## PRINCÍPIO 1: A ÁGUA É UM DIREITO HUMANO

### 1. EM DEFESA DO DIREITO À ÁGUA

1. Oscar Olivera, *The Corporation*, filme de Joel Bakan e Mark Achbar, 2003.
2. Anistia International, "United Nations: Historic Re-affirmation That Rights to Water and Sanitation Are Legally Binding, "IOR 40/01/2010 (1º de outubro, 2010), http://www.amnesty.org/en/library/asset/IOR40/018/2010/en/34b48900-9ee4-4659-8a63-9e887112e5f7/ior400182010en.html.
3. Oxfam International, "The Cost of Inequality: How Wealth and Income Extremes Hut Us All," 02/2012 (18 de janeiro, 2013), http://www.oxfam.org/sites/www.oxfam.org/files/cost-of-inequality-mb180113.pdf .
4. Declaração feita pelo Secretário Geral da ONU, Ban Ki-moon, baseada em relatórios para várias agências da ONU, Nova York, Dia Mundial da Água, 22 de março, 2010.
5. Shekhar Kapur, "Whose Water Is It Anyway?" *Tehelka.com* 10, nº 16 (20 de abril, 2013), http://tehelka.com/whose-water-is-it-anyway/.
6. Marc Bierkens, International Groundwater Resource Assessment Centre, "Groundwater Depletion Rate Accelerating Worldwide", 23 de setembro, 2010, http://phys.org/news204470960.html.
7. United Nations Environment Programme, *Towards a Green Economy: Pathways to Sustainable Development and Poverty Eradication* (Estocolmo: Nações Unidas, 2011).
8. David Blair, "UM Predicts Huge Migration to Rich Countries", *Telegraph,* 15 de março, 2007.
9. Peter H. Gleick, *The World's Water, 2008-2009: The Biennial Report on Freshwater Resources* (Oakland, CA: Pacific Institute, 2009).

10. Colin Chartres e Samyuktha Varma, *Out of Water: From Abundance to Scarcity and How to Solve the World's Water Problems* (Upper Saddle River, NJ: Pearson Education, 2011).
11. Arjen Y. Hoekstra e Mesfin m. Mekonnen, "The Water Footprint of Humanity", *Proceedings of the National Academy of Sciences of the United States of America 109*, nº 9 (fevereiro 2012): 3232-37.
12. George Monbiot, "Population Growth Is a Threat. But It Pales Against the Greed of the Rich", *Guardian*, 29 de janeiro, 2008.
13. Charles Vörösmarty, Peter McIntyre, et al., "Global Threats to Human Water Security and River Biodiversity", *Nature* 467, nº 334 (11 de novembro, 2010): 555-61.
14. Lester R. Brown, *World on the Edge: How to Prevent Environmental and Economic Collapse* (Nova York: W. W. Norton, 2011).
15. Earthjustice, "Inter-American Commission on Human Rights Hears Testimony on Freshwater Loss Due to Climate Change", comunicado de imprensa, 28 de março, 2011.
16. Lester R. Brown, *World on the Edge: How to Prevent Environmental and Economic Collapse* (Nova York: W. W. Norton, 2011).
17. C. R. Schwalm, C. A. Williams, et al., "Reduction in Carbon Uptake During Turn of the Century Drought in Western North America", *Nature Geoscience* 5 (2012): 551-56.
18. Charles Laurence, "US Farmers Fear the Return of the Dust Bowl", *Telegraph*, 7 de março, 2011.
19. Marc Bierkens, International Groundwater Resource Assessment Centre, "Groundwater Depletion Rate Accelerating Worldwide", 23 de setembro, 2010, http://phys.org/news204470960.html.
20. Nicole Itano, "Drain on the Mediterranean; Rising Water Usage", *Christian Science Monitor,* 15 de janeiro, 2008, http://www.csmonitor.com/World/Europe/2008/0115/po1so4-woeu.html.
21. Blair, "UN Predicts Huge Migration".
22. Fred Pearce, *The Coming Population Crash and Our Planet's Surprising Future* (Boston: Beacon Press, 2010).

## 2. A LUTA PELO DIREITO À ÁGUA

1. *The Millennium Development Goals Report 2011* (Nova York; United Nations, 2011): 52-56.
2. Juliette Jowit, "Water Pollution Expert Derides UM Sanitation Claims", *Guardian*, 25 de abril, 2010.

ÁGUA – FUTURO AZUL     265

3. "General Assembly, Human Rights Council Texts Declaring Water, Sanitation Human Right 'Breakthrough'", comunicado de imprensa, Departamento de Informações Públicas da ONU, 25 de outubro, 2010.
4. United Nations Environment Programme, *Africa Water Atlas* (UNEP, 2010).
5. "Access to Water: A Human Right or a Human Need?" *Environment News Service*, 27 de março, 2009, http://www.ens-newswire.com/ens/mar2009/2009-03-27-03.asp.
6. Steven Shrybman, "In the Matter of the United Nations Human Rights Council Decision 2/104: Human Rights and Access to Water: Preliminary Submissions of the Council of Canadians Blue Water Project", 15 de abril, 2007.
7. Assembleia Geral das Nações Unidas, *Annual Report of the United Nations High Commissiner for Human Rights on the Scope and Content of the Relevant Human Rights Obligations Related to Equitable Access to Safe Drinking Water and Sanitation under International Human Rights Instruments,* Nações Unidas A/HRC/6/3, 16 de agosto, 2007.
8. "UN's Watchdog Says the General Assembly Needs to Rein in 'Self-Expanded' Global Compact Initiative", Fox News, 15 de março, 2011.
9. Julie Larsen, *A Review os Private Sector Influence on Water Policies and Programmes at the United Nations* (Ottawa: Conselho de Canadenses, 2011).
10. Como calculado por Brent Patterson, Diretor de Campanhas e Comunicações para o Conselho de Canadenses.

## 3. IMPLEMENTANDO O DIREITO À ÁGUA

1. Maude Barlow, *Our Right to Water: A People's Guide to Implementing the United Nation's Recognition of the Right to Water and Sanitation* (Ottawa: Conselho de Canadenses, 2010): 16.
2. Ibid.: 14.
3. COHRE, WaterAid, Agência Suíça para o Desenvolvimento e Cooperação, e UM-HABITAT, *Sanitation: A Human Rights Imperative* (Genebra, 2008).
4. "Vatican Official Says Cheap Access to Water a Right for All", *Catholic News Service*, 25 de fevereiro, 2011.
5. "Mediterranean Water Shortages: Greedy Tourists Bring Drought", revista *Ethical Corporation*, junho de 2008.
6. KRUHA, *Our Right to Water: An Export on Foreign Pressure to Derail the Human Right to Water in Indonesia* (Ottawa: Blue Planet Project, 2012).
7. Smriti Kak Ramachancran, "Water Privatisation Is Not for India", *The Hindu*, 20 de março, 2013.

8. Conselho de Canadenses, "Water Justice Activists Demand Action on 2nd Anniversary of UN Human Right to Water Resolution", comunicado de imprensa, 27 de julho, 2012.
9. Wenonah Hauter, "America's Poor and the Human Right to Water", blog, Food and Water Watch, 8 de março, 2011, www.foodand waterwatch.org/blogs/.
10. Food and Water Watch, "National Consumer Group Identifies Five Human Right to Water Hot Spots in the United States", comunicado de imprensa, 9 de maio, 2012; *Our Right to Water: A People's Guide to Implementing the United Nations' Recognition of the Right to Safe Drinking Water and Sanitation in the United States* (Washington, DC: Food and Water Watch, 2012).
11. Tomer Zarchin, "Court Rules Water a Basic Human Right", *Haaretz*, 6 de junho, 2011, http://www.haaretz.com/print-edition/news/court-rules-water-a-basic-human-right-1.366194.
12. James Workman, *Heart of Dryness: How the Last Bushmen Can Help Us Endure the Coming Age of Permanent Drought* (Nova York: Walker, 2009).
13. Survival International, "Victory for Kalahari Bushmen as Court Grants Right to Water", comunicado de imprensa, 27 de janeiro, 2011.
14. Instituto Internacional de Pesquisa da Paz de Estocolmo, "World Military Spending", abril, 2012.
15. Programa de Desenvolvimento das Nações Unidas, *Human Development Report 2006: Beyond Scarcity; Power, Poverty and the Global Water Crisis* (Nova York: UNPD, 2006).
16. Food and Water Watch, *Our Right to Water: A People's Guide to Implementing the United Nations' Recognition of the Right to Safe Drinking Water and Sanitation in the United States* (Washington, DC: Food and Water Watch, 2012).
17. Oganização de Desenvolviment e Meio Ambiente das Mulheres, "Water Is a Vital Natural Resouce and a Human Right", comunicado de imprensa, Dia Mundial da Água, 22 de março, 2011.

## 4. PAGANDO PELA ÁGUA PARA TODOS

1. Peter H. Gleick, *The World's Water, 2008-2009: The Biennial Report on Freshwater Resources* (Oakland, CA: Pacific Institute, 2009).
2. Oxfam International, "First Global Aid Cut in 14 Years Will Cost Lives and Must Be Reversed", declaração à imprensa, 4 de abril, 2012.
3. David Hall e Emanuele Lobina, "Financing Water and Sanitation: Public Realities" (Londres: Public Services International Research Unit, março, 2012).
4. Corporate Accountability International, *Shutting the Spigot on Private Water: The Case for the World Bank to Divest* (Boston: Corporate Accountability International, abril, 2012).

ÁGUA – FUTURO AZUL

5. Juliette Jowit, "Experts Call for Hike in Global Water Price", *Guardian*, 27 de abril, 2010.
6. Martine Ouellet, *The Myth of Water Meters* (Montreal: Coalition Eau Secours!, setembro, 2005).
7. Food and Water Watch, *Priceless: The Market Myth of Pricing Reform* (Washington, DC: setembro de 2010).
8. National Round Table on the Environment and the Economy, *Charting a Course: Sustainable Water Use by Canada's Natural Resource Sectors* (Ottawa: Mesa Redonda Nacional Canadense sobre o Meio Ambiente e a Economia, novembro, 2011).
9. Maude Barlow, *Paying for Water in Canada in a Time of Austerity and Privatization: A Discussion Paper* (Ottawa: Conselho de Canadenses, 2012): 15.

## PRINCÍPIO 2: A ÁGUA É UM PATRIMÔNIO COMUM

### ÁGUA – PROPRIEDADE PÚBLICA OU MERCADORIA?

1. Susan Berfield, "There Will Be Water", *Bloomberg BusinessWeek Magazine,* 11 de junho, 2008, http://www.businessweeek.com/stories/2008-06-11/there-will-be-water.
2. Jonathan Rowe, "Fanfare for the Commons", *Utne Reader*, Janeiro, 2002.
3. Richard Bocking, "Reclaiming the Commons" (Toronto: Canadian Unitarian Council, 2003).
4. Jonathan Rowe, *Society, Ethics and Technology,* editado por Morton Emanuel Winston e Ralph D. Edelbach (Independence, KY: Wadsworth Cengage Learning, 2011): 184.
5. *Collins v. Ghardt,* 237 Mich 38, 211 N. W. 115 (Suprema Corte de Michigan, 1926).
6. Oliver M. Brandes e Randy Christensen, "The Public Trust and a Modern BC *Water Act*", Legal Issues Brief 2010-1 (Victoria, BC: POLIS Water Sustainability Project, junho 2010).
7. Vandana Shiva, *The Enclosure and Recovery of the Commons: Biodiversity, Indigenous Knowledge, and Intellectual Property Rights* (Nova Déli: Research Foundation for Science, Technology and Ecology, 1997).
8. Garret Hardin, "The Tragedy of the Commons", *Science* 162, nº 3859 (13 de dezembro, 1968): 1243-48.
9. Fred Pearce, *The Coming Population Crash and Our Planet's Surprising Future,* (Boston: Beacon Press, 2011): 53-55.
10. David Bollier, *Silent Theft: The Private Plunder of Our Common Wealth* (Nova York: Routledge, 2002).
11. Jo-Shing Yang, "The New 'Water Barons': Wall Street Mega-Banks and the Tycoons Are Buying up Water at Unprecedented Pace", *Market Oracle*, 21 de dezembro, 2012, http://www.marketoracle.co.uk/article38167.html.

12. Gus Lubin, "Citi's Top Economist Says the Water Market Will Soon Eclipse Oil", *Business Insider*, 21 de julho, 2011.
13. WeiserMazars LLP, *2012 U.S. Water Industry Outlook*, agosto de 2012.
14. Shiney Varghese, *Water Governance in the 21st Century: Lessons from Water Trading in the U.S. and Australia* (Mineápolis: Instituto para Agricultura e Política Comercial, março 2013).
15. Kevin Welch, "Group Buys Mesa Water Rights", *Amarillo Globe-News*, junho 24, 2011.
16. Elizabeth Rosenthal, "In Spain, Water Is a New Battleground", *New York Times*, 3 de junho, 2008.
17. Deborah Snow e Debra Jopson, "Farmers Left Exposed to Water Trading Rorts", *Australian Dairyfarmer*, 7 de Setembro, 2010. (*Rort* é um termo australiano e neozelandês para um golpe ou fraude).
18. Deborah Snow e Debra Jopson, "Thirsty Foreigners Soak Up Scarce Water Rights", *Sydney Morning Herald*, 4 de setembro, 2010.
19. Australian Broadcasting Corporation, "Bitter Water Feud Grows in Queensland, NSW", 24 de fevereiro, 2004.
20. 'Matthew Cranston, "Cubbie's New Owners Look at Water Sale", *The Land*, 15 de março, 2013.
21. Rowan Watt-Pringle, "Water – The New Gold", *Water-Technology.net*, 25 de Março, 2011, http://www.water-technology.net/features/feature113479/.
22. Australian Broadcasting Corporation, "Who Owns Australia's Water?" *ABC Rural*, 24 de setembro, 2010.
23. Acacia Rose, "No Sweetening the Salty Taste of Water Privatisation", *On Line Opinion*, 25 de novembro, 2011, http://www.onlineopinion.com.au/view.asp?article= 12932.
24. Deborah Snow e Debra Jopson, "Liquid Gold", *Sidney Morning Herald*, 4 de setembro, 2010.
25. *Kootenai Environmental Alliance v. Panhandle Yacht Club, Inc.*, 105 Idaho 622,671 P.2d 1085 (Suprema Corte de Idaho, 1983).
26. *National Audubon Society v. Superior Court of Alpine County*, 33 cal.3d 419 (Suprema Corte da Califórnia, 1983), acessível em http://www.monobasinresearch.org/ legal/83nassupct.html).
27. *Michigan Citizens for Water Conservation v. Nestlé Waters North America Inc.*, 709 N. W. 2d 174 (Corte de Apelações de Michigan, 2005).
28. Thomas Cooley estava na realidade citando da obra seminal em quatro volumes, *Commentaries on the Laws of England* de Sir William Blackstone: "*For water is a moveable, wandering thing, and must of necessity continue common by the law of nature...*" (Do Livro II, Capítulo II, "Of Real Property").

29. James Olson, "All Aboard: Navigating the Course for Universal Adoption of the Public Trust Doctrine", *Vermont Journal of Environmental Law* 14 (Outono/Inverno 2013).

## 6. FOCANDO SERVIÇOS PÚBLICOS DE ÁGUA

1. "IFC Diversifies Its Water Lending Strategy", *Global Water Intelligence* 13, nº 6 (junho, 2012).
2. Bankwatch, "Overpriced and Underwritten: The Hidden Costs of Public-Private-Partnerships", *Bankwatch*, Junho de 2012, http://www.bankwatch.org/public-private-partnerships.
3. Jorgen Eiken Magdahl, *From Privatisation to Corporatisation: Exploring the Strategic Shift in Neolibera Policy on Urban Water Services* (Oslo: Foreningen for Internasjonale Vannstudier [FIVAS], 2012).
4. Para mais informações sobre os efeitos da privatização da água, por favor, ver *Blue Covenant: The Global Water Crisis and the Coming Battle for the Right to Water* (Toronto: McClelland & Stewart, 2007) ou para os websites da Public Services International (www.world-psi.org), the Public Services International Research Unit (www.psiru.org), ou Food and Water Watch (www.foodandwaterwatch.org).
5. Pacific Institute, *Guide to Responsible Business Engagement with Water Policy* (Oakland, CA: United Nations Global Compact and Pacific Institute, 2010).
6. Julie Larsen, *A Review of Private Sector Influence on Water Policies and Programmes at the United Nations* (Ottawa: Conselho de Canadenses, 2011).
7. "IFC Diversifies Its Water Lending Strategy", *Global Water Intelligence* 13, nº 6 (junho, 2012).
8. Corporate Accountability International, *Shutting the Spigot on Private Water: The Case for the World Bank to Divest* (Boston: Corporate Accountability International, abril, 2012).
9. '*Bottled Water: Global Industry Guide, World Market Overview*, Taiyou Research, maio, 2011.
10. Lisa McTique Pierce, "Bottled Water Poised to Flood Indian Market", *Packaging Digest*, 27 de junho, 2012.
11. Darcey Rakestraw, "Nestlé Targets Developing Nations fpr Botled Water, Infant Formula Sales", blog, Food and Water Watch, 24 de abril, 2012, www.foodandwaterwatch.org/blogs/. O artigo inclui um link para a declaração de Wenonah Hauter, divulgada no dia anterior.
12. Dermot Doherty, "Nestlé Taps China Water Thirst as West Spurns Plastic", *Bloomberg News*, 10 de janeiro, 2013.
13. Brian M. Carney, "Can the World Still Feed Itself?": entrevista com Peter Brabeck-Letmathe, *Wall Street Journal*, 3 de setembro, 2011.

14. Corporate Accountability International, "World Bank Partners with Nestlé to 'Transform Water Sector'", comunicado de imprensa, 25 de outubro, 2011.
15. Fórum Econômico Mundial, página na web de Questões sobre a Água, http://www.weforum.org/issues/water/index.html. O Grupo de Recursos Hídricos apresentou um conceito chamado "ACT" ("Analysis – Convening – Transformation") ao Fórum Econômico Mundial em 2010, onde ele foi discutido e aprovado. Esse "modelo ACT inovador" está sendo implementado agora na Índia, México, Jordânia, China e África do Sul.

## 7. A PERDA DA PROPRIEDADE PÚBLICA DA ÁGUA DEVASTA COMUNIDADES

1. Madhuresh Kumar e Mark Furlong, *Our Right to Water: Securing the Right to Water in India – Perspectives and Challenges* (Ottawa: Blue Planet Project, 2012).
2. Kshithij Urs, "Wars over Water: Your Access to Water Depends on Your Ability to Pay", *The Hindu*, 20 de março, 2011.
3. David Hall, "Nigeria: Impact on Lagos Water of WB Privatisation Plans, Union Response", Public Services International Research Unit, Universidade de Greenwich, julho, 2010.
4. Alex Abutu, "Nigeria, World Bank to Collaborate More on Water Issues", *Daily Trust*, 24 de janeiro, 2013.
5. Kemi Ajumobi, "Role of Business in Food Security, Nutrition", *Business Day*, 28 de setembro, 2012.
6. Nestlé Nigeria Plc, *Nestlé Manufacturing Operations in Nigeria: A Profile*, http://www.nestle.com/asset-library/documents/library/events/2011-nigeria-factory-opening/manufacturing-operations-in-nigeria.pdf.
7. David Hall e Emanuele Lobina, *Water Companies and Trends in Europe 2012* (PSIRU para a European Federation of Public Service Unions, agosto, 2012).
8. David Hall e Meera Karunananthan, *Our Right to Water: Case Studies on Austerity and Privatization in Europe* (Ottawa: Blue Planet Project, março de 2012).
9. Sindicato de Empregados da EYATH, "EYATH Employees: The Struggle Starts Now", comunicado de imprensa, 24 de janeiro, 2013.
10. Hall e Karunananthan, *Case Studies*.
11. Oscar Romero, "La privatitzacio d'Aigües Ter-Llobregat genera dubtes sobre el control democràtic de l'aigua", Aigua és Vida, setembro, 2012.
12. Louise Nousratpour, "Ofwat Gives Firms Free Rein to Waste Water", *Morning Star*, 8 de maio, 2012.
13. Daniel Boffey, Ian Griffiths e Toby Helm, "Water Companies Pay Little or No Tax on Huge Profits", *Observer*, 10 de novembro, 2012.
14. Will Hutton, "Thames Water: A Private Equity Plaything That Takes Us for Fools", *Guardian*, 11 de novembro, 2012.

ÁGUA – FUTURO AZUL

15. Norton Rose Fullbright, "Unfreezing the Water Market", setembro 2012, http://www.nortonrosefullbright.com/knowledge/publications/70219/unfreezing-the-water-market.
16. Sara Larrain e Colombina Schaeffer, eds., *Conflicts over Water in Chile: Between Human Rights and Market Rules* (Santiago: Chile Sustentable, 2010).
17. Alexei Barrionuevo, "Chilean Town Withers in Free Market for Water", *New York Times*, 14 de março, 2009.

## 8. RECUPERANDO A PROPRIEDADE PÚBLICA DA ÁGUA

1. David Hall e Emanuele Lobina, *The Birth, Growth and Decline of Multinational Water Companies* (Londres: PSIRU, maio, 2012).
2. Martin Pigeon, David A. McDonald, Olivier Hoedeman, e Satoko Kishimto, eds., *Remunicipalisation: Putting WaterBack into Public Hands* (Amsterdã: Transnational Institute, 2012).
3. Jorgen Eiken Magdahl, *From Privatisation to Corporatisation* (FIVAS, 2012): 53.
4. Food and Water Watch, *Public-Public Partnerships: An Alternative Model to Leverage the Capcity of Municipal Water Utilities* (Washington, DC: Food and Water Watch e Universiadde de Cornell ILR School Global Labor Institute, janeiro de 2012).
5. Gemma Boag e David A. McDonald, "A Critical Review of Public-Public Partnerships in Water Services", *Water Alternatives* 3, nº 1 (Fevereiro, 2010).
6. David Hachfeld, Phillip Terhorst e Olivier Hoedeman, eds., "Progressive Public Water Management in Europe: In Search of Exemplary Cases", Instituto Transnacional e Observatório Europa Corporativa, janeiro, 2009.
7. Food and Water Watch Europe, "Victory in Italian Referendum an Inspiration for Water Justice Movements", comunicado de imprensa, 14 de junho, 2011.
8. Rainer Buergin, "German States Oppose Privatization of Municipal Water Supplies", *Bloomber News*, 1º de março, 2013.
9. "EU Says It Will Not Privatize Water after Popular Uproar", *Europe Online Magazine*, 21 de junho, 2013.
10. Robyn Smith, "Abbotsford P3 Water Project Rejected by Voters", blog *The Hook*, *The Tyee*, 20 de novembro, 2011.
11. Essie Solomon, "Don't Bottle 13-Year-Old's Water Wisdom", *Financial Post*, 22 de agosto, 2012.
12. Kevin McCoy, "USA TODAY Analysis: Nation's Water Costs Rushing Higher", *USA TODAY*, 27 de setembro, 2012.
13. Food and Water Watch, "The Public Works: How the Remunicipalization of Water Services Saves Money", boletim informativo, 26 de dezembro, 2010.
14. Alexa Bradley, "Water Belongs to All of Us", *Commons Magazine*, 14 de dezembro, 2011.

272          MAUDE BARLOW

15. Lara Zielen, "The Plight of the Waterless in Detroit", *The Cutting Edge*, 28 de setembro, 2011.

## PRINCÍPIO 3: A ÁGUA TAMBÉM TEM DIREITOS

### 9. O PROBLEMA COM A "ÁGUA MODERNA"

1. Jamie Linton, *What Is Water? The History of a Modern Abstraction* (Vancouver: UBC Press, 2010).
2. Abraham Lustgarten, "Injection Wells; The Poison Beneath Us", *ProPublica*, 21 de junho, 2012, http://www.propublica.org/article/injection-wells-the-poion-beneath--us.
3. Suzanne Daley, "Botswana is Pressing Bushmen to Leave Reserve", *New York Times*, 14 de julho, 1996.
4. James Workman, *Heart of Dryness; How the Last Bushmen Can Help Us Endure the Coming Age of Permanent Drought* (Nova York; Walker, 2009).
5. Maranyane Ngwanawamotho, "America Exposes Gaborone's Unsafe Water", *The Monitor*. 18 de fevereiro, 2013.
6. C. M. Wong, C. E. Williams, et al., *World's Top 10 Rivers at Risk* (Gland, Suíça: Fundo Mundial da Vida Selvagem, março, 2007).
7. Ivan Lima et al., "Methane Emissions from Large Dams as Renewable Energy Resources: A Developing Nation Perspective", *Mitigation and Adaptation Startegies for Global Change* 13 (2008): 193-206.
8. Lori Pottinger, "How Dams Affect Wate Supply", *International Rivers*, 1º de Dezembro, 2009, http://www.internationalrivers.org/resources/how-dams-affect-water--supply-1727.
9. Julia Harte, Turkey's Dams Are Violating Human Rights, UM Report Says", *Green Prophet* , 4 de junho, 2011, http://www.greenpropeht.com/2011/06/turkeys-dams--are-vioating-human-rights-un-report-says/.
10. Olivier Hoedeman  e Orsan Senalp, "Turkey Plans to Sell Rivers and Lakes to Corporations", *AlterNet*, 23 de abril, 2008, http://www.alternet.org/story/83304/turkey_plans_to_sell_rivers_and_lakes_to_corporations. Turgut Özal é citado em Michaela Führer, "Water Superpower' Turkey Faces Challenges", *Deutsche Welle*, 25 de setembro, 2012, http://dw.de/p/16Do9.
11. Jonathan Watts, "China Crisis over Yangtze River Drought Forces Drastic Dam Measures", *Guardian*, 25 de maio, 2011.
12. Malcolm Moore, "More Than 40.000 Chinese Dams at Risk of Breach", *Telegraph*, 26 de agosto, 2011.

# ÁGUA – FUTURO AZUL

13. Denis Gray, "China Top Dam Builder, Going Where Others Won't", *Irrawaddy*, 20 de dezembro, 2012.
14. Matt Craze, "Desalination Seen Booming at 15% a Year as World Water Dries Up", *Bloomberg Markets Magazine*, 14 de fevereiro, 2013.
15. Food and Water Watch, *Desalination: An Ocean of Problems* (Washington, DC: Food and Water Watch, Fevereiro, 2009) .
16. Michael Smith, "South Americans Face Upheaval in Deadly Water Battles", *Bloomberg Markets Magazine*, 13 de fevereiro, 2013.
17. Vesela Todorova, "Desalination Threat to the Growing Gulf", *The National*, 31 de agosto, 2009.
18. Alexandra Barton, "Water in Crisis: Middle East", *The Water Project*, 3 de março, 2013, http://thewaterproject.org/water-in-crisis-middle-east.php.
19. Dave Levitan, "The Dead Sea Is Dying: Can a Controversial Plan Save It?" *Environment 360*, 12 de Julho, 2012, http://e360.yale.edu/feature/the_dead_sea_is_dying_can _a_controversial_plan_save_it/2551/.
20. "Yemen: Time Running Out for Solution to Water Crisis", *IRIN*, 13 de agosto, 2012, http://www.irinnews.org/report/96093/yemen-time-running-out-for-solution-to--water-crisis.
21. "NASA Satellites Find Freshwater Losses in Middle East", *NASA*, 12 de fevereiro, 2013, http://www.nasa.gov/mission_pages/Grace/news/grace20130212.html.
22. "Arabs Face Severe Water Crisis by 2015", *UPI.com*, 12 de novembro, 2013, http://www.upi.com/Business_News/Energy-Resources/2010/11/12/Arabs-face-severe--water-crisis-by-2015/UPI-64941289579090/.
23. Johann Hari, "The Dark Side of Dubai", *The Independent*, 7 de abril, 2009. O campo de golfe *Tiger Woods Golf Course*, incidentalmente, mal começara a ser usado no fim de 2010, e dizem ter sido permanentemente fechado em 2013.

## 10. O CONTROLE CORPORATIVO DA AGRICULTURA ESTÁ EXTINGUINDO A ÁGUA

1. Worldwatch Institute, *State of the World 2011: Innovations That Nourish the Planet* (Washington, DC: Worldwatch Institute, 2011).
2. Mathew Paul Bonnifield, *The Dust Bowl: Men, Dirt, and Depression* (Albuquerque: University of New Mexico Press, 1979).
3. "Columbia Scientists Warn of Modern-Day Dust Bowls in Vulnerable Regions", *Columbia University News*, 1º de maio, 2008, http://www.columbia.edu/cu/news/08/05/dustbowl.html.
4. Robert William Sandford, *Restoring the Flow: Confronting the World's Water Woes* (Surrey, BC, e Custer, WA: Rocky Mountain Books, 2009).
5. Sandra Zellmer, "Boom and Bust on the Great Plains: Déjà Vu All Over Again", *Creighton Law Review* 41(2008).

274 MAUDE BARLOW

6. Wenonah Hauter, *Foodopoly: The Battle over the Future of Food and Farming in America* (Nova York: New Press, 2012). A citação é da página 11.
7. Groundwater Foundation, "The Heat Is On for the American West", *The Aquifer*, Verão, 2008.
8. Michael wines, "Wells Dry, Fertile Plains Turn to Dust", *New York Times*, 19 de maio, 2013.
9. Sandra Zellmer, "Boom and Bust".
10. David W. Schindler e John R. Vallentyne, *The Algal Bowl: Overfertilization of the World's Freshwaters and Estuaries* (Edmonton: University of Alberta Press, 2008).
11. Nancy Macdonald, "Canada's Sickest Lake", *Maclean's*, 20 de agosto, 2009, http://ww2.macleans.ca/2009/08/20/canada%E2%80%99s-sickest-lake/.
12. Programa de Meio Ambiente das Nações Unidas, "How Bad Is Eutrophication at Present?" *Water Quality: The Impact of Eutrophication, Lakes and Reservois*, vol. 3, http://www.unep.or.jp/ietc/publications/short_series/lakereservoirs-3/2.asp.
13. *Growing Blue,* "Data Centers Are Huge Water Users", http://growingblue.com/case-studies/data-centers-are-huge-water-users/.
14. Arjen Y. Hoekstra e Mesfin M. Mekonnen, "The Water Footprint of Humanity", *Proceedings of the National Academy of Sciences* 109, nº 9 (28 de Fevereiro, 2012): 3232-37.
15. Vijay Kumar e Sharad Jain, "Status of Virtual Water Trade from India", *Current Science* 93, nº 8 (25 de outubro, 2007): 1093-99.
16. *Leaky Exports: A Portrait of the Virtual Water Trade in Canada*, pesquisa por Nabeela Rahman, ed. Meera Karunananthan e Maude Barlow (Ottawa: Conselho de Canadenses, maio de 2011).
17. "World Citizen Consumes 4.000 Litres of Water a Day: Measuring the Global Water Footprint", comunicado de imprensa da Universidade de Twente, 14 de fevereiro, 2012, http://www.utwente.nl/en/archive/2012/02/world_citizen_consumes_4000_liters_of_water_a_day.doc/.
18. Fred Pearce, "Virtual Water", *Forbes.com*, 19 de Dezembro, 2008, http://www.forbes.com/2008/06/19/water-food-trade-tech-water08-cx_fp_0619virtual.html.
19. Fair Water Use Australia, "The Driest Inhabited Continent on Earth – Also the World's Biggest Water Exporter!", comunicado de imprensa, 7 de junho, 2011.
20. Leaky Exports .


## 11. AS DEMANDAS DE ENERGIA TORNAM-SE UM FARDO INSUSTENTÁVEL PARA A ÁGUA

1. Como citado em Marianne Lavelle e Thomas K. Grose, "Water Demand for Energy to Double by 2035", *National Geographic*, 30 de janeiro, 2013.
2. Ibid.

# ÁGUA – FUTURO AZUL
275

3. União dos Cientistas Preocupados, "Environmental Impacts of Coal Power: Water Use", boletim informativo, 2012, http://www.ucsusa.org/clean_energy/coalvswind/co2b.html.

4. WASH News Africa, "South Africa; New Coal-Fired Power Stations Will Cause Water Crisis, Warns Greenpeace", 12 de julho, 2012, http://washafrica.wordpress.com/2012/07/12/south-africa-new-coal-fired-power-stations-will-cause-water-crisis-warns-greenpeace/.

5. Nathaniel Bullard, "China's Power Utilities in Hot Water", *Bloomberg New Energy Finance*, 25 de março, 2013, http://about.bnef.com/files/2013/03/BNEF_Exec-Sum_2013-03-25_China-power-utilities-in-hot-water.pdf.

6. Bryan Walsh, "Why Biofuels Help Push Up Word Food Prices", *Time*, 14 de fevereiro, 2011, http://www.time.com/time/health/article/0,8599,2048885,00.html.

7. Abubakar Jalloh, "The Scientist: David Pimentel", *Cornell Daily Sun*, 11 de fevereiro, 2009, http://cornellsun.com/node/34938.

8. George Monbiot, "A Lethal Solution", *Guardian*, 27 de março, 2007.

9. Yi Yang, Junghan Bae, Junbeum Kim e Sangwon Suh, "Replacing Gasoline with Corn Ethanol Results in Significant Environmental Problem-Shifting", *Environmental Science and Technology* 46, nº 7 (Março, 2012): 367-78.

10. International Water Management Institute, "Water Implications of Biofuel Crops", *Water Policy Brief* 30.

11. Navigant Research, *Biofuels Markets and Technologies*, 2011.

12. Lavelle e Grose, "Water Demand for Energy".

13. David Schneider, "Biofuel's Water Problem: Irrigating Biofuel Crops on a Grand Scale Would Be Disastrous", *IEEE Spectrum*, Junho de 2010, http://spectrum.ieee.org/greeb-tech/conservation/biofuels-water-problem.

14. Kenneth Mulder, Nathan Hagens e Brendan Fisher, "Burning Water: A Comparative Analysis of the Energy Return on Water Invested", *Ambio* 39, nº 1(Fevereiro 2010): 30-39.

15. Constanza Valdes, *Brazil's Ethanol Industry: Looking Forward* (Washington, DC: U.S. Department of Agriculture Economic Research Service Division, Junho 2011).

16. David Pimentel, ed., *Global Economic and Environmental Aspects of Biofuels* (Boca Raton, FL: CRC Press, 2012).

17. P. W. Gerbens-Leenes e A. Y. Hoekstra, *The Water Footprint of Sweeteners and Bio-ethanol from Sugar Cane, Sugar Beet and Maize,* Value of Water Research Report Series Nº 38 (Delft: UNESCO-IHE Institute for Water Education, Novembro 2009).

18. Karin E. Kemper, Eduardo Mestre e Luiz Amore, "Management of the Guarani Aquifer System: Moving Towards the Future", *Water International* 28, nº 2 (2003): 185-200.

19. Erik German e Solana Pyne, "Rivers Run Dry as Drought Hits Amazon", *GlobalPost*, 3 de novembro, 2010, htpp://www.globalpost.com/dispatch/brazil/101102/amazon--drought-climate-change.
20. Nature Canada, "Enbridge Northern Gateway Project: One Oil Spill Is All It Takes to Cause a Catastrophe", http://naturecanada.ca/enbridge_northern_gateway.asp.
21. "Kalamazoo River Spill Yields Record Fine", transcrito de entrevista com Lisa Song, *Living on Earth*, 6 de julho, 2012, http://www.loe.org/shows/segments.html?programID=12-P13-00027&segmentID=1.
22. Agência Internacional de Energia, *World Energy Outlook 2012*.
23. Ibid.
24. T. Colborn, C. Kwiatkowski, K. Schultz e M. Bachran, "Natural Gas Operatins from a Public Health Perspective", *Human and Ecological Risk Assessment: An Internacional Journal* 17, n° 5 (2011): 1039-56.
25. Andrew Nikiforuk, "Shale Gas: How Hard on the Landscape?" *The Tyee*, 8 de janeiro, 2013.
26. Wang Xiaocong, "Environmental Frets as Frackers Move In", *Caixin Online*, 20 de Novembro, 2012, http://english.caixin.com/2012-11-20/100462881.html.
27. "Fracking the Karoo", blog Schumpeter Business and Management, *The Economist*, 18 de Outubro, 2012, http://www.economist.com/blogs/schumpeter/2012/10/shale--gas-south-africa.
28. Food and Water Watch, *The Case for a Ban on Gas Fracking* (Washington, DC: Food and Water Watch, junho, 2011).
29. Ver http://www.change.org/petitions/premier-clark-don-t-give-away-our-fresh-water-for-fracking.
30. Marc Lee, *BC's Legislated Greenhouse Gas Target vs Natural Gas Development; The Good, the Bad and the Ugly*, Canadian Centre for Policy Alternatives BC Office, 10 de Outubro, 2012.
31. União dos Cientistas Preocupados, "Environmental Impacts of Solar Power", 3 de maio, 2013, http://www.ucsusa.org/clean_energy/our-energy-choices/renewable--energy/environmental-impacts-solar-power.html.

## 12. COLOCANDO A ÁGUA NO CENTRO DE NOSSAS VIDAS

1. Sandra Postel, "The Missing Piece: A Water Ethic", *American Prospect*, 23 de maio, 2008.
2. Jamie Linton, *What Is Water? The History of a Modern Abstraction* (Vancouver: UBC Press, 2010).
3. Roxanne Palmer, "Cutting Down Tropical Forests Means Less Rain, Study Says", *International Business Times*, 5 de setembro, 2012.

# ÁGUA – FUTURO AZUL

4. Michal Kravcik, ed., *After Us, the Desert and the Deluge?* (Kpsice, Eslováquia: MVO Ľudia a voda [ONG People and Water], 2012).
5. Tim Lloyd, "How the Driest State Can Walk on Water", *The Advertiser,* 20 de fevereiro, 2009.
6. Stephen Leahy, "Green' Approaches to Water Gaining Ground around World", Inter Press Service, 18 de janeiro, 2013.
7. Michael Kimmelman, "Going with the Flow", *The New York Times,* 13 de fevereiro, 2013.
8. "Rainwater Harvesting Could End Much of Africa's Water Shortage, UN Reports", *UN News Centre,* 13 de novembro, 2006, http://www.un.org/apps/news/story. asp?NewsID= 20581&Cr=unep&Cr1=water#.UdM4RRZ2n4g.
9. David R. Boyd, *The Right to a Healthy Environment: Revitalizing Canada's Constitution* (Vancouver: UBC Press, 2012).
10. Eduardo Galeano, "We Must Stop Playing Deaf to Nature", em *The Rights of Nature: The Case for a Universal Declaration on the Rights of Mother Earth* (Ottawa: Conselho de Canadenses, Fundación Pachamama, e Global Exchange, 2011).
11. Sandra Postel, "A River in New Zealand Gets a Legal Voice", *National Geographic,* 4 de setembro, 2012.
12. Cormac Cullinan, *Wild Law: A Manifesto for Earth Justice,* 2ª ed. (Totnes, Reino Unido: Green Books, 2011).
13. Shannon Biggs, correspondência pessoal, 21 de fevereiro, 2013.
14. Pacific Institute, "World Water Quality Facts and Statistcs", 22 de março, 2010, http://www.pacing.org/wp-content/uploads/2013/02/water_quality_facts_and_ stats3.pdf.
15. Gerard Manley Hopkins, "God's Grandeur", em *Poems of Gerard Manley Hopkins* (Londres: Humphrey Milford, 1918).

## PRINCÍPIO 4: A ÁGUA PODE NOS ENSINAR A VIVER JUNTOS

### 13. CONFRONTANDO A TIRANIA DOS UM POR CENTO

1. Simon Bowers, "Billionaires' Club Has Welcomed 210 New Members, Forbes Rich List Reports", *Guardian,* 4 de março, 2013.
2. Joseph E. Stiglitz, "Of the 1%, by the 1%, for the 1%", *Vanity Fair,* maio, 2011.
3. Gerard Ryle et. al., "Secrecy for Sale: Inside the Global Offshore Money Maze", *International Consortium of Investigative Journalist,* 3 de abril, 2013, http://www.icij.org/ offshore/secret-files-expose-offshores-global-impact.
4. Tracey Keys e Thomas Malnight, "Corporate Clout Distributed: The Influence of the World's Largest 100 Economic Entities", *Global Trends,* 2013, http://www.glo-

baltrends.com/knowledge-center/features/shapers-and-influencers/151-special-
-report-corporate-clout-distributed-the-influence-of-the-worlds-largest-100-eco-
nomic-entities.

5.  Stefania Vitali, James Glattfelder e Stefano Battiston, "The Network of Global Cor-
    porate Control", *PLoS ONE* 6, nº 10 (2011): e25995.

6.  Albert R. Hunt, "Big Money Still Had Destructive Role in 2012 Elections", *Bloom-
    berg.com*, 9 de Dezembro, 2012, http://www.bloomberg.com/news/2012-12-09/big-
    -money-still-had -destructive-role-in-2012-elections.html.

7.  Joseph Cumming e Robert Froelich, "NAFTA Chapter XI and Canada's Environ-
    mental Sovereignty; Investment Flows, Article 1110 and Alberta's Wate Act", *Uni-
    versity of Toronto Faculty of Law Review*, 22 de março, 2007.

8.  Kanaga Raja, "International Investment Disputes on the Rise", *South-North De-
    velopment Monitor*, 18 de abril, 2013, http://www.sunsonline.org/PRIV/article.
    php?num_suns=7568&art=0.

9.  Pia Eberhardt e Cecilia Olivet, *Profiting from injustices; How Law Firms, Arbitrators
    and Financiers Are Fuelling an Investment Arbitration Boom* (Bruxelas e Amsterdã:
    Corporate Europe Observatory and Transnational Institute, novembro, 2012).

10. Anthony Oliver-Smith, ed., *Development and Dispossession: The Crisis of Forced Dis-
    placement and Resettlement* (Santa Fé, NM: School for Adavanced Research Press,
    2009).

11. Tom Orlik, "Tensions Mount as China Snatches Farms for Homes", *Wall Street Jour-
    nal*, 14 de fevereiro, 2013.

12. Para se ter uma ideia da dura realidade dos "vilarejos fantasmas" ou "cidades fan-
    tasmas" da China, ver a reportagem de Lesley Stahl "Chinese Real Estate Bubble", *60
    minutes*, 3 de março, 2013, http;//www.cbsnews.com/video/watch/?id=50142079n.

13. Worldwatch Institute, "Despite Drop from 2009 Peak, Agricultural Land Grabs
    Still Remain Above Pre-2005 Levels", 21 de junho, 2012, http://www.worldwatch.
    org/despite-drop-2009-peak-agricultural-land-grabs-still-remain-above-pre-2005-
    -levels-o.

14. A Liga Cambojana para a Promoção e Defesa dos Direitos Humanos (LICADHO),
    "2012 in Review: Land Grabbing, the Roots Strife", 12 de fevereiro, 2013, http://
    www.licadho-cambodia.org/articles/20130212%2001:35:00/133/index.html.

15. Mike Pflanz, "Ethiopia Forcing Thousands Off Land to Make Room for Saudi and
    Indian Investors", *Telegraph*, 17 de janeiro, 2012.

16. John Vidal, "How Food and Water Are Driving a 21st Century African Land Grab",
    *Guardian*, 7 de março, 2010.

17. Peter Brabeck-Letmathe, "The Next Big Thing: H2O", *Foreign Policy*, 15 de abril,
    2009, http://www.foreignpolicy.com/articles/2009/04/15/the_next_big_thing_h2o.

ÁGUA – FUTURO AZUL 279

18. GRAIN, "Squeezing Africa Dry: Behind Every Land Grab Is a Water Grab", *GRAIN*, 11 de junho, 2012, http://www..grain.org/article/entries/4516-squeezing-africa-dry-behind-every-land-grab-is-a-water-grab.
19. Oakland Institute, "Understanding Land Investment Deals in Africa: Land Grabs Leave Africa Thirsty", dezembro de 2011, http://www.oakland Institute.org/sites/oaklandinstitute.org/files/OI_brief_land_grabs_leave_africa_thirsty_1.pdf.
20. Claire Provost, "Africa's Great 'Water Grab'", *Guardian*, 24 de novembro, 2011.
21. Shepard Daniel e Anuradha Mittal, *The Great Land Grab* (Oakland, CA: Oakland Institute, 2009).
22. Carin Smaller e Howard Mann, *A Thirst for Distant Lands: Foreign Investment in Agricultural Land and Water* (Winnipeg, MB: International Institute for Sustainable Development, 2009).

## 14. CRIANDO UMA ECONOMIA JUSTA

1. Ramesh Jaura, "Globalization Makes Poor More Vulnerable", *Palestine Chronicle*, 24 de abril, 2013.
2. Madelaine Drohan, "How the Net Killed the MAI: Grassroots Groups Used Their Own Globalization to Derail Deal", *Globe and Mail*, 29 de abril, 1998; Guy de Jonquières. "Network Guerrillas", *Financial Times*, 30 de abril, 1998.
3. Federico Fuentes e Ruben Pereira, "ALBA Giving Hope and Solidarity to Latin America", *Green Left Weekly*, 28 de novembro, 2011, http://www.greenleft.org.au/node/49622.
4. Thomas McDonagh, *Unfair, Unsustainabe, and Under the Radar: How Corporations Use Global Investment Rules to Undermine a Sustainable Future* (São Francisco: Democracy Center, maio, 2013).
5. John Cavanagh e Jerry Mander, eds., *Alternatives to Economic Globalization* (São Francisco: Berrett-Koehler, 2002).
6. Walden Bello, "The Virtues of Deglobalization", *Foreign Plicy in Focus*, 3 de setembro, 2009, http://www.fpif.org/articles/the_virtues_of_deglobalization.
7. Arjen Y. Hoekstra, "The Relation Between International Trade and Freshwater Scarcity", documento de trabalho da equipe ERSD-2012-05, Organização Mundial do Comércio, Divisão de Estatística e Pesquisa Econômica, janeiro, 2010.
8. Europeus em Defesa da Reforma Financeira, "Call to Action: Regulate Global Finance Now!" http://europeansforfinancial reform.org/em/petition/regulate-global-finance-now.
9. Anna Edwards, "Barclays Accused of Making £500 m out of Hunger after Speculating on Global Food Prices", *Mail Online*, 1º de setembro, 2012, http://www.dailymail.co.uk/news/article-2196707/Barclays-accused-making-500m-hunger-speculating-global-food-prices-html.

10. Ellen Kelleher, "Food Price Speculation Taken off the Menu", *Financial Times,* 3 de março, 2013.
11. Ver Antonio Tricarico e Caterina Amicucci, "Financialisation of Water", *Alternative World Water Forum (FAME),* 16 de Dezembro, 2011, http://www.fame2012.org/en/2011/12/16/financialisation-of-water/.
12. Food and Water Watch, "Don't Bet on Wall Street: The Financialization of Nature and the Risk to Our Common Resources", boletim informativo, junho, 2012, http://www.foodandwaterwatch.org/factsheet/don't-bet-on-wall-street/.
13. Arjen Y. Hoekstra, *Water Neutral: Reducing and Offsetting the Impact of Water Footprints,* Value of Water Research Report Series N° 28 (Delft: UNESCO-IHF Instituto para Educação da Água, março, 2008).
14. Food and Water Watch, "Pollution Trading; Cashing Out Our Clean Air and Water", nota informativa, dezembro 2012, http://www.foodandwaterwatch.org/briefs/pollution-trading-cashing-out-our-clean-air-and-water/.
15. George Monbiot, "Putting a Price on the Rivers and Rain Diminishes Us All", *Guardian,* 6 de agosto, 2012.
16. Richard Johnson, "UN Proposes Rescue Package to Halt Loss of Biodiversity", *IDN-InDepthNews,* 22 de setembro, 2010, www.indepthnews.info.
17. Herv Kempf, "According to the United Nations, Market Privatizations Would Be the Worst Scenario for the Environment", *Le Monde,* 27 de outubro, 2007.
18. Monbiot, "Putting a Price on the Rivers and Rain".
19. Matt Grainger e Kate Geary, "The New Forests Company and Its Uganda Plantations", *Oxfam International,* setembro, 2011, http://www.oxfam.org/sites/www.oxfam.org/files/cs-new-forest-company-uganda-plantations-220911-en.pdf.
20. Daan Bauwens, "Billions of Development Dollars in Private Hands", Inter Press Service, 1° de junho, 2012.

## 15. PROTEGENDO A TERRA, PROTEGENDO A ÁGUA

1. Ralph C. Martin, "Earth's Story Is Longer, Grander than Our Human Story", *Guelph Mercury,* 21 de fevereiro, 2012.
2. Jodi Koberinski, "The New Environmentalist and the Old Ideologies", Ontario Organic Blog, Organic Council of Ontario, 9 de janeiro, 2013, http://www.organic-council.ca/blog/the-new-environmentalist-and-the-old-ideologies.
3. Vandana Shiva, "Water Wisdom", *Common Dreams,* 14 de março, 2010, https://www.commondreams.org/view/2010/03/14-2.
4. Sandra Postel, "Grabbing at Solution; Water for the Hungry First", *National Geographic,* 14 de dezembro, 2012.

# ÁGUA – FUTURO AZUL                                      281

5. Oakland Institute, "Understanding Land Investment Deals in Africa: Land Grabs Leave Africa Thirsty", dezembro 2011, http://www.oakland Institute.org/sites/oaklandinstitute.org/files/OI_brief_land_grabs_leave_africa_thirsty_1.pdf.
6. John Vidal, "Water and Sanitation Still Not Top Priorities for African Governments", *Guardian*, 30 de agosto, 2012.
7. First Global Guidelines on Land Tenure Adopted in Rome", Rádio das Nações Unidas, 11 de maio, 2012, http://www.unmultimedia.org/radio/english/2012/05/first--global-guidelines-on-land-tenure-adopted-in-rome/.
8. GRAIN, "Responsible Farmland Investing? Current Efforts to Regulate Land Grabs Will Make Things Worse", *GRAIN*, 22 de agosto, 2012, http://ww.grain.org/article/entries/4564-responsibe-farmlan-investing-current-efforts-to-regulate-land-grans--will-make-things-worse.
9. Associação Nacional de Ambientalistas Profissionais (NAPE) e Amigos da Terra Uganda, *Land, Life, and Justice: How Land Grabbing in Uganda Is Affecting the Environment, Livelihhods and Food Sovereinty of Communities* (Amsterdã: Amigos da Terra Internacional, abril, 2012).
10. David Bollier, "Now Underway, and Outrageous International Land Grab", *David Bollier: News and Perspectives on the Commons* (blog), 23 de março, 2011.
11. Robert Stanford, *Restoring the Flow: Confronting the World's Water Woes* (Calgary, AB e Victoria, BC: Rocky Mountain Books, 2010): 176-7.
12. David W. Schindler e John R. Vallentyne, *The Algal Bowl: Overfertilization of the World's Freshwater's and Estuaries* (Edmonton: University of Alberta Press, 2008).
13. John R. Vallentyne, *The Algal Bowl: Lakes and Man* (Ottawa: Department of the Environment, Fisheries and Marine Service, 1974): 154, citado em Schindler e Vallentyne.
14. Postel, "Grabbing at Solutions".
15. Ramesh Jaura, "Droughts Do Not Happen Overnight", *IDN-InDepthNews*, 25 de julho, 2011, www.indepthnews.net/news/.
16. ETC Group, "Gene Giants Seek 'Philanthrology'", *ETC Group*, 7 de março, 2013, http://www.etcgroup.org/content/gene-giants-seek-philanthrogopoly.
17. Greenpeace International, "Corporate Control of Agriculture", *Greenpeace International*, maio, 2013, http://www.greepeace.org/international/en/campaigns/agriculture/problem/Corporate-Control-of-Agriculture.
18. Wenonah Hauter, *Foodpoly: The Battle Over the Future of Food and Farming in America*, (Nova York: New Press, 2012).
19. Ibid.
20. Gwen O'Reilly, "Orderly Marketing in Canada", *Canadian Organic Grower Magazine*, 1º de janeiro, 2008, http://magazine.cog.ca/orderly-marketing-in-canada/.

21. Christopher Gasson, "Don't Waste a Drop": Water in Mining", reimpresso da *Mining Magazine*, outubro, 2011, *Global Water Intelligence*, http://www.globalwaterintel.com/don-waste-drop-water-mining/.

22. Earthworks and MiningWatch Canada, "Waters of the World Threatened by Dumping of 180M Tonnes of Toxic Mine Waste", *Earthworks*, 28 de fevereiro, 2012, http://www.earthworksaction.org/media/detail/troubleed_waters_press_release#. UdShRZ2n4g .

23. Fiorella Triscitti, "More Gold or More Water? Corporate-Community Conflicts in Peru", Centro para Reslolução de Conflitos Internacionais, Universidade de Columbia, outubro, 2012.

24. Michael Smith, "South Americans Face Upheaval in Deadly Water Battles", *Bloomberg.com*, 13 de fevereiro, 2013, http://www.bloomberg.com/news/2013-02-13/south-americans-face-upheaval-in-deadly-water-battles.html.

25. Dominique Jarry-Shore, "Murders in Mining Country", *The Dominion*, 19 de fevereiro, 2010, http://www.dominionpaper.ca/articles/3166.

26. Shefa Siegel, "The Missing Ethics of Mining", *Ethics and International Affairs*, 14 de fevereiro, 2013, http://www.ethicsand internationalaffairs.org/2013/the-missing--ethics-of-mining-full-text/.

27. Michael Smith, "South Americans Face Upheavel in Deadly Water Battles", *Bloomberg.com*, 13 de feveiro, 2013, http://www.bloomberg.com/news/2013-02-13/south--americans-face-upheaval-in-deadly-water-battles.html.

28. Jeff Gray, "Amnesty International Weights in on HudBay Case", *Globe and Mail*, 5 de março, 2013.

29. Mariane Jarroud, "Chilean Court Suspends Pascua Lama Mine", Inter Press Service, 10 de abril, 2013.

30. Sarah Anderson, Manuel Pérez-Rocha, et al., *Mining for Profits in International Tribunals* (Washington, DC: Instituto para Estudos de Políticas, maio, 2013).

31. Lynda Collins, "Environmental Rights on the Wrong Side History: Revisiting Canada's Position on the Human Right to Water", *Review of European, Comparative and International Environmental Law* 19, n° 3 (Novembro, 2010): 351-65.


## 16. UM MAPA PARA O CONFLITO OU A PAZ?

1. "Water in the Middle East Conflict", http://www.mideastweb.org/water.htm.

2. *Global Water Security: Intelligence Community Assessment* (Washington, DC: Conselho de Inteligência Nacional, 2012).

3. Mike de Souza, "Future Wars to be Fought for Resources: DND", Postmedia News, 29 de junho, 2011.

4. Pau l Faeth e Erika Weinthal, "How Access to Clean Water Pervents Conflict", *Solutions* 3, n° 1 (Janeiro, 2012).

## ÁGUA – FUTURO AZUL

5. Aidan Jones, "Asia-Pacific Leaders Warn of Water Conflict Threat", Agence France--Presse, 20 de maio, 2013.

6. "Response from Beijing Needed", editorial, *Bankok Post*, republicado no website *China Digital Times*, 9 de março, 2010.

7. Parameswaran Ponnuduari, "Water Wars Feared Over Mekong", Radio Free Asia, 30 de setembro, 2012.

8. Denis Gray, "Water Wars? Thirsty, Energy-Short China Stirs Fear", Associated Press, 17 de abril, 2011.

9. Akbar Borisov, "Water Tensions Feared Over de Mekong", Agence France-Press, 20 de novembro, 2012.

10. Jay Cassano, "Dam Threatens Turkey's Past and Future" Inter Press Service, 10 de junho, 2012.

11. Karen Piper, "Revolution of the Thirsty", *Design Observer*, 12 de julho, 2012.

12. Thomas Friedman, "Without Water, Revolution", *New York Times*, 18 de maio, 2013.

13. Francesco Femia e Caitlin Werrel, "Syria: Climate Change, Drought and Social Unrest", Center for Climate and Security, 29 de fevereiro, 2012, http://climateandsecurity.org/2012/02/29/syria-climate-change-drought-and-social-unrest/.

14. Shahrzad Mohtadi, "Climate Change and Syrian Uprising", *Bulletin of the Atomic Scientists,* 16 de agosto, 2012.

15. Simba Russeau, "Water Emerges as a Hidden Weapon", Inter Press Service, 27 de maio, 2011.

16. "UM: Gaza Won't be 'Liveable' by 2020 Without Herculean Efforts", *Common Dreams*, 28 de Agosto, 2012, http://www.commondreams.org/headline/2012/08/28-3.

17. Victoria Britain, "Who Will Save Gaza's Children?" *Guardian*, 9 de dezembro, 2009.

18. Direitos Humanos das Nações Unidas, "How Can Israel's Blockade of Gaza Be Legal?", comunicado de imprensa, 13 de setembro, 2011.

19. Aaron Wolf, Annika Kramer, Alexander Carius e Geoffrey Dabelko, "Viewpoint: Peace in the Pipeline", *BBC News,* 13 de fevereiro, 2009.

20. Pacific Institute, "Climate Change and Transbouundary Waters", http://www.pacinst.org/reports/transboundary_waters/index.htm. Esta página da web introduz o relatório do instituto por Heather Cooley et al., *Understanding and Reducing the Risks of Climate Change for Transboundary Waters* (Oakland, CA: Pacific Institute, dezembro, 2009). Peter Gleick é um dos coautores do relatório.

21. Lynda Collins, "Environmental Rights on the Wrong Side of History: Revisiting Canada's Position on the Human Right to Water", *Review of European, Comparative and International Environmental Law* 19, n° 3 (Novembro, 2010), 351-65.

22. Flavia Loures, Alistair Rieu-Clarke, e Marie-Laure Vercambre, *Everything You Need to Know about the UN Watercourses Convention* (Gland, Suíça: Fundo Mundial da Vida Selvagem, janeiro, 2009).

23. David B. Brooks, "Governance of Transboundary Aquifers: New Challenges and New Opprtunities", ensaio de discussão, Fórum de Água Global, 24 de junho, 2013.
24. Nicole Harari e Jesse Roseman, *Environmental Peacebuilding Theory and Practice* (Amman, Bethlehem e Tel Aviv: EcoPeace/Amigos da Terra Oriente Médio, janeiro, 2008).
25. David Brooks e Julie Trottier, "Confronting Water in an Israeli-Palestinian Peace Agreement", *Journal of Hydrology* 382 (2010): 103-14.
26. Tony Perry e Richard Marosi, "U.S., Mexico Reach Pact on Colorado River Water Sale", *Los Angeles Times*, 20 de novembro, 2012.
27. Sandra Postel, "For World Water Day, Cooperation Brings More Benefit per Drop", *National Geographic*, 22 de março, 2013 .
28. "Egypt Warns Ethiopia Over Nile Dam", *Al Jazeera*, 11 de junho, 2013.
29. "Water Is a Main Factor of Integration in Central Asia", Comitê Executivo, Fundo Internacional para Salvar o Mar de Aral, 2007.
30. Gary Lee e Natalia Schurrah, *Power and Responsibility: The Mekong River Commission and Lower Mekong Mainstream Dams* (Sydney: Australian Mekong Resource Center, Universidade de Sidney, e Oxfam Australia, outubro, 2009).
31. Denis Gray, "Water Wars? Thirsty, Energy-Short China Stirs Fear", Associated Press, 17 de abril, 2011.
32. Agência Europeia de Meio-Ambiente, *Ten Years of the Water Framework Directive: A Toothless Tiger?* (Bruxelas: EEB, julho, 2010).
33. Maude Barlow, *Our Great Lakes Commons: A People's Plan to Protect the Great Lakes Forever* (Ottawa: Conselho de Canadenses, 2011).
34. Jim Olson, com Maude Barlow, em uma apresentação à Comissão Conjunta Internacional, 13 de dezembro, 2011.

# LEITURA ADICIONAL

Boyd, David R. *The Right to a Healthy Environment: Revitalizing Canada's Constitution*. Vancouver: UBC Press, 2012.

Brown, Lester R. *World on the Edge: How to Prevent Environmental and Economic Collapse*. Nova York: W. W. Norton, 2011.

Chartres, Colin, e Samyuktha Varma. *Out of Water: From Abundance to Scarcity and How to Solve the World's Water Problems*. Upper Saddle River, NJ: Pearson Education, 2011.

Conselho de Canadenses, Fundación Pachamama, e Global Exchange. *The Rights of Nature: The Case for a Universal Declaration on the Rights of Mother Earth*. Ottawa: Conselho de Canadenses, Fundación Pachamama, e Global Exchange, 2011.

Cullinan, Cormac. *Wild Law: A Manifesto for Earth Justice*. 2ª ed. Totnes, Reino Unido: Green Books, 2011.

Hauter, Wenonah. *Foodopoly: The Battle over the Future of Food and Farming in America*. Nova York: New Press, 2012.

Kravcik, Michal. After Us, the Desert and the Deluge? Kosice, Eslováquia: MVO L'udia a voda [ONG People and Water], 2012.

Linton, Jamie. *What Is Water? The History of a Modern Abstraction*. Vancouver: UBC Press, 2010.

Pearce, Fred. *The Coming Population Crash and Our Planet's Surprising Future.* Boston: Beacon Press, 2010.

Pigeon, Martin, David A. McDonald, Olivier Hoedeman, e Satoko Kishimoto, eds. *Remunicipalisation: Putting Water Back into Public Hands.* Amsterdã: Transnational Institute, 2012.

Sandford, Robert William. *Restoring the Flow: Confronting the World's Water Woes.* Surrey, BC, e Custer, WA: Rocky Mountain Books, 2009.

Schindler, David W., e John R. Vallentyne. *The Algal Bowl: Overfertilization of the World's Freshwaters and Estuaries.* Edmonton: University of Alberta Press, 2008.

Sultana, Farhana e Alex Loftus, eds. *The Right to Water: Politics, Governance and Social Struggles.* Londres e Nova York: Earthscan, 2012.

# AGRADECIMENTOS

Sou grata a tantas pessoas por terem me inspirado a escrever este livro. A extraordinária família internacional dos ativistas pela justiça sobre a água é grande demais para ser nomeada, mas me enche de admiração. Agradeço especialmente às grandes equipes do Conselho de Canadenses, ao Projeto Blue Planet e à Food and Water Watch. Susan Renouf, minha editora e amiga, agradeço a você por sua orientação e disciplina. Foi um prazer trabalhar com Janie Yoon e a equipe visionária na House of Anansi. A editora de texto Gillian Watts fez um trabalho incrível, assim como a revisora Cheryl Lemmens.

Agradeço a meu marido, Andrew, por seu apoio incansável e paciência, e aguardo o momento de passar mais tempo com os netos mais maravilhosos no mundo: Maddie, Ellie, Angus e Max.

# ÍNDICE

Abdelnour, Ziad, 82-83
Abitibi Bowater, 198-199
Academia Chinesa de Ciência Social, 202
acidificação, 164
Acordo de Comércio e Econômico Compreensivo Canadá-EU, 199
Acordo Geral de Tarifas e Comércio (*GATT — General Agreement on Tariffs and Trade*), 251
Acordo Multilateral sobre Investimentos, 209
acordos de livre comércio, 197, 200, 201, 209
acordos estado-investidor, 84, 199
ActionAid em Karnataka, 102
acumulando água, 79-80
Adelaide (AU), 179-180
Adelson, Sheldon, 196-197
Administração de Progresso e Obras, 147-48
administração Obama, 171
adubação de nuvens, 187
advogados, 41
África do Norte, 27
África do Sul, 43-44, 176, 138-40, 161, 161, 170, 171, 186, 216
África Ocidental, 25
África subsaariana, 20, 21, 27, 91, 230, 245

África, 19, 23, 25, 30, 51, 57, 96, 116, 119, 138, 154, 182, 202, 203-204, 205, 222, 227, 228, 230, 245, 247-250
AfriForum, 45
Agência de Proteção Ambiental (*Environment Protection Agency* — EPA), 126
Agência de Recuperação dos Estados Unidos, 147
Agência Internacional de Energia (*IEA — International Energy Agency*), 160, 161-75, 162-63, 169, 172
Agência Multilateral de Garantia de Investimentos, 94
agricultura com uso intensivo de água, 214, 227, 231
agricultura com uso intensivo de químicos, 149
agricultura de subsistência, 226-28
agricultura em terras secas, 132
agricultura industrial, 62, 76, 146-159, 149, 151, 204-207, 140, 233
agricultura intensiva, 228
agricultura orgânica, 65, 220, 225-228, 234
agricultura, 26-27, 111, 134, 142, 155-156, 176, 204, 205, 225, 226
agro-combustíveis, 230
agroindústria, 206
agromonocultura, 148

agronegócio, 20-21, 72, 77, 78, 81, 111-112, 113, 165, 173, 204, 206, 214, 219, 226, 237

agro-químicos, 165, 234

*Água – Pacto Azul* (Barlow), 14, 15, 76, 115

água apanhada, 131-32

água azul, 25, 155

água bruta, 66, 214

água cinza, 155

água da tempestade, reciclando, 57

água da torneira, 97, 140, 141

água de alta segurança, 83

água do mar, recuando, 142

água embutida nos alimentos, 155-56, 157

água fóssil, 134

água gratuita, 120, 214

água imperial, 132

água marrom, 155

água moderna, 131-45, 146, 181, 182-83, 207, 232

água potável, 13-14, 30, 34, 35, 39, 40, 41, 46, 47, 67, 88, 95, 96, 97, 105-106, 108, 111, 121-22, 123, 126, 131, 142, 171, 181, 184, 187

água residual ácida tóxica, 161

água residual, 67, 75, 77, 109, 156, 188

água subterrânea, 15, 23, 25, 26, 51, 65, 76, 80, 86, 102, 111, 112, 131-32, 134, 136, 142, 143, 151, 154, 170, 171, 172, 174, 175, 179, 188, 204, 233

água verde, 155

água virtual, 24, 64, 76, 112, 146, 154-59, 176, 184, 213, 214, 234

água

    comércio que protege, 213-15

    como a base da vida, 175-76, 176-78

    como bem comum, 33, 44, 51, 60, 67, 69, 92, 110, 115

    como um aspecto da história do lugar, 131

    como um direito, 53, 124

    como um serviço público, 44

    como uma abstração científica, 131

    como uma arma, 245-46

    como uma classe de ativo, 77, 220

    perda do respeito por, 145 (*Ver também* água moderna)

    produtividade econômica da, 132-33

    resistência ao direito a, 31-33

    roubada da natureza social, 131-32

Águas de Portugal, 108

Aigua és Vida, 108

ajuda estrangeira, 55-57, 66, 221-23, 235-36

Alberta, 84, 98, 159, 167, 198, 199

Alemanha, 38, 99, 122, 157, 173, 216

alga verde-azulada, 152, 154

Algae Bowl, 152-153

*Algae Bowl, The* (Schindler), 152

algas, 137, 238

algodão, 26, 82, 155, 157, 158, 212, 214

Aliança Bolivariana para os Povos da Nossa América (ALBA), 124

Aliança de Trabalhadores do Governo no Setor Hídrico, 116

Aliança Nacional de Movimentos Populares, 102

Aliança Nacional Hindu de Movimentos Populares, 46

alimentos modificados geneticamente (GE — *genetically modified*), 227, 234, 234

Allan, J. A., 154, 156, 157

Allianz, 77

Alternativa Azul, 178

Alternativas para a Globalização Econômica (Mander/Cavanagh), 210-212

Alwash, Azzam, 248

## ÁGUA – FUTURO AZUL

Amazônia, 164, 166, 178, 185
ambiente saudável, direito ao, 183-186
América do Sul, 138-52, 237
América Latina, 20, 26, 96, 115, 117, 138, 141, 202, 209, 237
Amsterdã, 120
Amu Darya (rio), 147, 145
AnglianWater, 77
Anglo American (companhia de mineração), 141
Anistia Internacional, 19-20
Annan, Kofi, 133
antibióticos, 151
Antígua, 124
apartheid, 186
Aquafed, 95
Aquífero das High Plains, 238
Aquífero Edwards, 233
Aquífero Guarani, 164-65, 238
aquífero Kalahari 134
Aquífero Ogallala, 26-27, 80, 151, 158, 169
aquíferos, 14, 96, 132, 141, 141, 142, 155, 159, 164-165, 177, 180, 181, 182, 233
Árabes dos Pântanos (Ma'dan), 248-49
Arábia Saudita, 141, 157, 203, 205, 206
arbitradores, 199, 200
Arbour, Lousie, 34
Área de Livre Comércio das Américas, 236
Área Experimental dos Lagos, 168
areias betuminosas, 166-170
Argélia, 25, 138
Argentina, 45, 93-95, 117, 165, 166, 170
arrendamento abusivo das terras, 148
arsênico, 236
Ashworth, Williams, 151
Ásia, 19, 96, 116, 117, 168, 202, 222, 245, 246-247
assassinatos, 238-239
Assembleia das First Nations, 47

Assembleia Geral da ONU, 13-13, 30, 31, 35-39, 41, 50
Associação Australiana de Corretores de Água, 81
Associação das Nações Unidas no Canadá, 37
Associação de Desenvolvimento Internacional, 94
Associação de Produtores Orgânicos Canadenses, 236
Associação Internacional de Água Privada, 170
Associação Internacional de Dessalinização, 140-41
Associação Norueguesa para Estudos Hídricos Internacionais. *Ver* FIVAS
Asurix Corp, 93
ATTAC Suíça, 98
Attawapiskat First Nation, 48
Audburn Society, 85
Austrália, 80-83, 85, 146, 158-59, 161, 179-181, 184, 210
Áustria, 216
autodeterminação, direito a, 52, 53
auxílio de dívida, 106, 108, 120
Avaliação Ecossistêmica do Milênio, 216-17
aviso para ferver a água, 93

Baby MilkAction, 99
Bacia Brahmaputra, 158, 246
Bacia do Rio Horn (BC), 171
bacia do rio Matanza-Riachuelo, 184
bacias hidrográficas, 50, 52, 62, 64, 70, 76, 101, 109, 129, 146, 154, 156-57, 159, 161, 172, 183, 204-05, 231-32, 251-252
Baggs, Martin, 110
Bahrain, 141
Baig, MoulanaUsman, 101

Baird, Ian, 138
Banco de Desenvolvimento Interamericano, 139
Banco Europeu de Investimentos, 222
Banco Europeu para Reconstrução e Desenvolvimento, 106
Banco HSBC, 77, 222
Banco Internacional para Reconstrução, 93
Banco Mundial, 20-21, 31-32, 32-33, 52, 56, 57, 57, 60, 72, 83, 88, 89, 90, 91, 92-93, 94-96, 97, 99, 102, 104-105, 116, 123, 138, 143, 165, 204-205, 206, 212, 222, 223, 229-30
bancos de investimentos, 31, 77-79, 203
bancos, 77-78, 81, 105-106, 110, 118, 136, 193, 194
Bankwatch Network, 89
Barbuda, 124
Barclays Bank, 77, 216
Barclays Capital, 216
Barghouti Shawki, 142
Barnier, Michel, 122
barrancos, 196
barreiras não-tarifárias, remoção de, 197
BASF, 234
Bassey, Nnimmo 51-51
Batalha em Seattle, 209, 210
Bayer, 234
Bechtel, 115
Belarus, 172
Bélgica, 44
Bello, Walden, 212, 223
bem estar, 53, 183, 201
bem público Ver água, como bem público
Benet, Etienne, 104
Bengala Ocidental, 202
benzeno, 171
Berlin Water, 121
Bermudas, 179

Berry, Thomas, 225-226
betume, 166, 167, 168, 199
Bierkens, Mark, 26
Biggs, Shannon, 186-8
bilionários, 20-21, 77, 193-194
biocombustíveis, 77, 161-166, 173, 203, 231
biodiversidade, 35, 73, 136, 146, 179, 204, 217, 221, 227
Biswas, Asit, 30
Blackhawk Partners, 83
Blackstone Group, 77
Bloomberg New Energy Finance, 161
BNP Paribas, 216
Boag, Gemma, 120
Bocking, Richard, 70
Boehm, Terry, 65
Boff, Leonardo, 36
Bolívia, 39, 43, 115, 117Bolkia, Sultão Hassanal, 246
Bollier, David, 15-75, 230
Bolsa Global, 187
bombeamento excessivo, 150
boom de arbitração de investimentos, 199
Bord Gáis (companhia de gás), 89-90
Bowers, Simon, 193
Boxímanes Kalahari, 50, 134
Boyd, David R., 183-184
Boys, David, 117
BP, 165
Brabeck, Peter, 95, 97-99, 102, 104, 204
Bradley, Alexa, 127
Brandes, Oliver, 71
Brasil, 25, 38, 157, 158, 164, 165-166, 179-210, 237
Brauer, David, 27
Brooklyn (NYC), 181
Brooks (AB), 151
Brown, Lester, 25, 162
Brunei, 246

Buiter, Willem, 77-78
Bulgária, 107
Bunge (companhia), 234
Burkina Faso, 227-28
Burma, 138, 246
Burundi, 228
Bush, Gerge H. W., 77

Califórnia, 44, 79-80, 126, 158, 187
Câmara de deputados das Filipinas, 212
Camarões, 228
Camboja, 203, 246
cana de açúcar, 134, 166
Canadá, 26, 123-25, 158, 159, 166-69, 184, 198, 235-36, 238
canais, 131
Canal de Isabel II (empresa de serviços públicos), 108
Canal de São Lourenço, 131
Canal de Suez, 123
câncer, 26, 113, 168, 169
capacidade de pagar, 32, 42, 50, 60, 61, 84, 107
Capítulo 11 (NAFTA), 199
Cargill (agronegócio), 165, 234, 236
caridade, 219, 234-35
Carolina do Norte, 151, 152
carros, 76, 163, 164
cartel de água, 13-14
Cassano, Jay, 248
Cataratas de Guaíra, 139
Causeway Water Fund, 82
Cavanagh, John, 210-11
Cazaquistão, 117
Centro Canadense para Alternativas de Políticas, 172
Centro de Agricultura Orgânica do Canadá, 225

Centro de Direitos à Moradia e Desapropriações, 40-41
Centro de Pesquisa do Golfo, 145
Centro do Terceiro Mundo para Manejo de Água, 31
Centro Internacional para a Arbitragem de Disputas sobre Investimentos, 94-95, 210
Centro Internacional para Agricultura Biosalina, 142
Centro para Ciência e Meio Ambiente, 179
CEO Water Mandate, 35-36, 92, 98
cerco às propriedades públicas, 72-78, 115, 206, 217
Cerrado (savana), 164
Chade, Lago, 25
Challinor, John, 125
Chamberlain, Joseph, 119
Chesapeake Energy, 170
Chile Sustentable, 111
Chile, 45, 77, 85, 141, 237-38
China, 24, 26, 37, 97, 103, , 179, 181, 185-6, 199, 202, 203, 205, 233, 246-247
chumbo, 234
chuva, 116, 147, 150, 156, 162, 227
cianeto, 77, 151, 236
ciclo hidrológico, 23, 86, 87, 101, 131, 147, 158, 178
ciclohidrosocial, 177
"círculos de safras", 158
Citigroup, 77
Clarke, Tony, 13
cláusula estado-investidor, 198
Clean WaterAct, 219
Clean WaterTrustFund, 126
cloro, 181
CNOOC (companhia de energia), 199
Coalizão de Organizações Mexicanas pelo Direito à Água, 44

Coalizão do Povo Indonésio para os Direitos à Água, 45

Coalizão Eau-Secours!, 60

cobrança de serviço orientado para a conservação, 61-63

cobranças de serviços, 59, 61-63

cobrando de grandes usuários, 62-64

cobre, 77, 112, 141, 185, 237-38, 242

Coca-Cola, 36, 95, 99, 218-19, 222

CodexJustinianus, 71

Código Ambiental (Itália), 121

Código de Água (1981), 110-11

códigos de conduta, 229

colapso da água, enquadramento global, 206-07

Cold Lake (AB), 167

colheita da água da chuva, 101, 132, 178, 179, 182-98, 227

Colômbia, 99, 115, 139

Columbia Britânica, 168, 171

combustível diesel, 171

comercialismo especulativo, 149

comércio de água, 20-21, 78-85, 97, 98, 214-15

comércio de grãos, 24, 65, 234-5, 236

comércio de poluição da água, 219

comércio global de alimentos, 159, 160

comércio virtual de água e alimentos, 156

comércio
    alternativo, 211-12
    e corporações, 197-26
    e desenvolvimento, modelo

*ComingPopulation Crash, The* (Pearce), 28

Comissão de Água e Esgoto de Boston, 46

Comissão de Reforma e Desenvolvimento Nacional Chinesa, 140

Comissão Europeia (*European Commission* — EC), 105, 120, 122

Comitê de Capital Natural, 147

Comitê de Direitos Econômicos, Sociais e Culturais da ONU, 43

Comitê sobre Direitos Econômicos, Sociais e Culturais, 51

commodities com uso intensivo de água, 156

*commodity* (mercadoria), definida, 70-71

companhias de água privadas, 56

companhias de seguro, 195

compartilhamento da água, 253-57

compartilhamento de água tradicional, 78

compensação corporativa, 198-99

compensações de biodiversidade, 220

computadores, 76

comunidades azuis, 124-25

comunidades de camponeses, 14, 20, 52, 69, 73, 115, 139, 165, 202, 203, 225

comunidades indígenas, 13, 45, 20, 67, 69, 70, 73, 78, 111, 113, 115, 132, 134, 139, 140, 164, 165, 168, 171, 186, 191, 201, 211, 217, 221, 225

comunidades locais, controle, 52

comunidades rurais, 20, 46, 52, 74, 111, 171, 236

conceito subsidiário, 211

Condor Highland, 185

conduto Enbridge, 167-68

Conduto Keystone XL, 168-169

Conduto Northern Gateway, 168

condutos, 76, 78, 93, 168-69, 199

conexão da ajuda estrangeira com o setor privado, 56

conexão das indústrias extrativas com as instituições financeiras, 195

conexão grandes bancos-grandes companhias de petróleo, 195

Confederação da Indústria Hindu, 102

conferência de Bonn (2013), 14-15

Conferência de Dublin (1992), 92

conflitos civis, 245

ÁGUA – FUTURO AZUL 295

Congo-Brazaville, 228
Conselho Canadense do Trigo, 236
Conselho de Água do Povo de Detroit, 115
Conselho de Água do Povo, 127
Conselho de Canadenses, 46, 47, 156
Conselho de Defesa dos Recursos Naturais, 150
Conselho de Direitos Humanos, 30, 34, 34, 38, 39, 40, 41, 50
Conselho de Energia, Meio Ambiente e Água, 103-4
Conselho de Recursos Naturais de Vermont, 85
Conselho do Futuro Mundial, 173
Conselho Mundial da Água, 116-17
Conselho Orgânico de Ontário, 227
*Conselho* Empresarial *Mundial* para o *Desenvolvimento Sustentável, 96*
conservação, 40, 53, 58, 62, 64, 98, 115, 126, 148, 176, 217, 227-28, 213
considerações sociais *vs* econômicas, 44
Consórcio Internacional de Jornalistas Investigativos, 193
consumo de água
    diário, 24
    para eletricidade gerada a carvão, 161-62
Continental (companhia de grãos), 234
Convenção Aarhus, 185
Convenção das Nações Unidas para Combater a Desertificação, 169, 233
Cooley, Thomas, 86
Cooperação,princípio da, 212
cooperativas, 119, 136
Coreia do Sul, 203, 205
Corpo de Engenheiros do Exército, 127
Corporação do Cobre Chilena, 112
Corporação Financeira Internacional do Banco Mundial, 103-104

Corporação Internacional de Finanças, 57, 93, 95, 206, 222
corporações de alimentos, 149-52, 159
corporações transnacionais, 15, 35-36, 42, 64, 69, 73, 76, 111, 113, 118, 146, 195-96, 206, 207, 210
corporações, 42, 46, 51, 52, 57, 72, 84, 93, 95, 107, 111, 187, 194-98, 206 (*Ver também* corporações transnacionais)
Corporate Accountability International, 57, 94, 98-99
corporatização vs remunicipalização, 119
corretores de água, 81
Corte Criminal Internacional, 51
cortes de água, 21-22, 45, 47, 60-61, 91, 104, 107, 108, 127-28
cortes de gastos ambientais, 57
cortes de gastos de serviços públicos, 58-59
Costa do Marfim, 157
Cotula, Lorenzo, 205-06
Cousteau, Jaques, 87
crateras, 142
Credit Suisse, 77
créditos de carbono, 218-19
créditos de poluição da água, 221, 222
crescimento populacional, 14, 21-22, 23-25, 27, 57, 143
criação de porcos, 151, 153
crianças, 14, 19, 19, 21, 22, 37, 46, 55, 99
crimes de guerra, 52
crise da água humana vs. crise da água ecológica, 127
crise financeira (2008), 21, 105, 106, 193, 195
crise global de alimentos, 216
Cristensen, Randy, 72
Cuba, 124
Cullinan, Cormac, 186
Cumming, Joseph, 198

Cuomo, Andrew, 181-82
Cúpula da Terra (1992), 95; (2002), 35-36, 209
*Cúpula da Terra do Rio (1992), 36*
*Cúpula da Terra Rio +10, 124, 209*
*Cúpula da Terra Rio +20, 39, 124*
Cúpula Mundial sobre Desenvolvimento Sustentável, 116-17

d'Escoto Brokmann, Miguel (Pai Miguel), 31, 34-36
dano, provando, 212, 214
Davos (Suíça), 95
de Albuquerque, Catarina, 30, 34, 36, 40, 47, 250-51
"debates abertos", 208-208
Declaração das Nações Unidas sobre os Direitos dos Povos Indígenas, 52-53
Declaração Universal dos Direitos da Mãe Terra, 186-87
Declaração Universal dos Direitos Humanos, 70-71, 212
Decreto de Direitos de Sustentabilidade, 187
dejetos animais, 151, 152, 153
democracia, 14, 75-76, 85, 98, 99, 102, 115, 119, 120, 121, 122, 127, 187-191, 194, 196, 199, 201, 206, 207, 211, 215, 220, 234
Departamento Canadense de Pescas e Oceanos, 152
Departamento de Agricultura dos Estados Unidos, 151, 164
Departamento de Comércio do Estados Unidos, 103
Departamento de Defesa Nacional (Canadá), 245
Departamento de Transporte dos Estados Unidos, 168

derramamento, 150, 152, 153, 155, 238
derramamentos de esgoto, 125-26
derramamentos de petróleo, 167, 169
desapropriação/reassentamento, 15, 25-26, 52, 108, 102, 107, 137, 139, 168, 182, 196, 200, 203, 206, 222, 225, 238
desastre de Chernobyl, 172
desenvolvimento da agricultura, vínculo para disponibilidade de água, 231
desequilíbrio de oxigênio, 164
desertificação, 25, 35, 142, 178, 179, 234, 236
Deserto de Mojave, 174
Deserto do Atacama, 141
Deserto do Saara, 25
desertos, 132, 158, 179-80
desglobalização, 212
desigualdade de pagamento, 193
desobediência civil, 188
dessalinização, 45, 76, 77, 131, 140-42, 145, 180
destruição do habitat, 135-36
desvios de água, 65, 85, 100, 132-33, 182-83, 237
Detroit, 46, 50, 126, 127
Deutsche Bank, 77
*Development and Dispossession* (Oliver Smith), 200
Dias Mundiais da Água, 44
dignidade, 20, 29, 34, 40, 40, 41, 53, 208
Dinamarca, 119
dióxido de carbono, 136, 162, 173, 226
direito à água
    implementação, 40-49
    *vs* água como um bem de mercado, 33
direitos a terra *vs* direitos à água, 79
direitos a terra, 148, 228-30, 230
direitos ambientais constitucionais, 183-188
direitos coletivos e de grupo, 52

direitos corporativos, 33, 210
direitos de concessão agrícola, 136
direitos de terceira geração, 52-53
direitos do trabalhador, 211 (*Ver também* sindicatos)
direitos estado-investidor, 197-98, 209
direitos humanos de segunda e terceira gerações, 32
direitos humanos, 17-66, 229
direitos prioritários, 65
direitos, noção Ocidental de, 52
disparidade de renda. *Ver* disparidade de renda/pobreza
disputas internacionais de investimento, 198-99
Distrito de Água de Mojave, 79-80
diversidade cultural, 211
diversidade econômica, 211
diversidade, 69, 70, 176, 211, 225, 233-234 (*Ver também* biodiversidade)
doença autoimune, 255
doenças transmitidas pela água, 13, 19, 134, 181-82
Dominica, 124
domínio, doutrina do, 220
Douglas, Ian, 158
Dow Chemical, 36, 234
drenos de superfície, 178
Dubai, 141, 144-45
Dudley Ridge Water District, 79-80
DuPont, 234
Dust Bowl, 147-48, 152, 153

Earth Institute, 147
Earth International, 229
Earth Law Center, 187
Earth Plicy Institute, 25, 161
Earth Watch, 222
Earthworks, 236

Eberhardt, Pia, 199
economia global justa, 208-223
economias rurais, 236
"economia verde", 217
ecossistema, definidos, 216-17
Egito, 24-25, 136, 248
El Salvador, 44, 209-210
eleições, e poder corporativo, 196-197
Emirados Árabes Unidos, 141, 143-45, 203
emissões de gás de efeito estufa, 96, 141, 161, 167, 168, 169, 172, 173, 184, 218, 226
empresas de serviços privadas, 58
EnCana, 170, 171
encanamento, economia de água, 176
enchentes, 112, 137, 139-40, 171, 182, 246
energia da maré, 173
energia de biomassa, 173
energia eólica, 162, 173
energia hídrica, 131-32
energia nuclear, 94, 172
energia solar concentrada (CSP), 174
energia solar, 64, 173, 174, 181
energia, 42, 76, 77, 160-74
enquadramento da lei internacional, 206
Enron Corporation, 93
Environment Probe, 125
Environmental Assessment Act, 168-69
Equador, 43, 45, 124, 185-86
equidade social, 178
Escócia, 111
Eskom (empresa de serviços públicos), 161
Eslováquia, 178
espaços alagáveis, 182
Espanha, 38, 108-9, 122, 193
especulação financeira, 84, 199, 210
estados corporativos, 210

## MAUDE BARLOW

Estados Unidos, 39, 46, 47, 71, 79, 125-28, 131, 153, 158, 161, 162, 164, 168-69, 170, 171, 184, 193, 194, 196-97, 199, 219, 233, 236-37

estilo de vida com uso intensivo de água do consumidor, 23

etanóis, 148, 162

etanol de milho, 132

ética da água, 176-78, 183

ética da dominação da natureza, 147

Etiópia, 43, 203-204, 205, 206

Europa Oriental, 95

Europa, 21, 27, 46, 105, 116, 120-22, 143, 147, 152, 200

Europeus por uma Reforma Financeira, 215

eutrofização, 152, 154, 154, 162, 169, 232

evaporação, 150, 158

evapotranspiração, 178

expulsão de camponeses, 202

expulsões. *Ver também* retirada / reassentamento

extinção das espécies, 135-36, 138-39, 154, 186, 209

extração de recursos naturais dependente da água, 22-23

extração excessiva, 14, 22-23, 25, 65, 113, 186, 204

Extremo Oriente, 153

ex-União Soviética, 26, 74

Exxon Mobil, 194

Fair World Project, 208

Fairtrade Foundation, 213

Fairtrade International (FLO), 213

FairWater Use Australia, 158-59

FalconOil and Gas, 171

falência, 109, 175, 198

Famiglietti, Jay, 144

Fauchon, Loïc, 31

favelas, 20-22, 25, 30, 69, 184, 202, 249

fazendas industriais, 65, 148, 149, 151, 159 (*Ver também* agricultura industrial)

fazendas provedoras, 155

Federação Nacional de Fazendeiros, 81

fertilizantes, 152, 165

Filipinas, 95, 99, 117

financialização 215, 216-20, 220

financiamento seletivo, 222-23

FirstNations, 46-47, 168

FisheriesAct, 169

FIVAS, 91, 119

Five Rivers Cattle Feeding Co., 151

floração de algas, 136, 154

floresta boreal, 168

florestas industriais, 218

florestas tropicais, 25, 136, 145, 162, 163, 185

florestas, 135, 153, 154, 162, 164, 165, 168, 178, 179, 181, 200, 218, 220, 229-30, 233 (*Ver também* florestas tropicais)

Flórida, 126, 180

fluxo de entrada da água, 139

fontes de água, exaurimento das, 22-27

Food and WaterWatch, 46, 64, 92, 97, 115, 120, 125-27, 140, 149, 171, 205, 218, 220, 221

*Foodopoly* (Hauter), 149

Força Tarefa de Mercados de Ecossistemas, 219

forças de segurança privadas, 196

Ford, 195

Forest Trends, 181-82

fórmula infantil, 96-97, 104

Fort Chipewyan (AB), 168

Fort McMurray (AB), 167

Fort Nelson FirstNation, 171

Fórum Árabe para o Meio Ambiente e o Desenvolvimento, 143

Fórum Econômico Mundial, 100

Fórum Internacional de Direitos do Trabalho, 98

Fórum Internacional sobre Globalização, 208-10, 212

Forum Italiano dei Movimenti per l'Acqua, 109, 121

Fórum Mundial Alternativo da Água, 34, 217

Fórum Mundial da Água de Istambul, 37

Fórum Mundial da Água, 31-32, 34, 35, 95, 96, 116

Fórum Progressivo Global, 215

Fóruns Sociais Mundiais, 116-17

fosfatos, 142, 152-53

França, 38, 44, 56, 88, 105, 120, 183, 199, 216

franquias de água, 104

fraturamento hidráulico, 42, 65, 161, 166, 168, 169-72, 198

fraude, 81

Friendsof the Earth, 51, 115, 218, 219, 221, 229, 230

Friendsto the Right to Water, 35

Froehlich, Robert, 198

Fundação do *Comitê Internacional* do Meio Ambiente, 154

fundo de agricultura, 216

Fundo Monetário Internacional, 89, 106, 212

Fundo Mundial da Vida Selvagem, 27, 135, 139, 222, 246

fundo público, 34, 36, 67, 69, 70-72, 78, 85-87, 115, 116, 127, 260-61

fundos de hedge, 77, 81, 84, 215

fundos de investimento focados na água, 77

fundos de investimento privado, 58

fundos de pensão, 107, 109, 203, 229

fundos de *private equity*, 78, 82, 111, 215, 223

Furacão Sandy, 181

futuro com segurança hídrica, princípios, 15-16

Gaborone (Botsuana), 134-35

Gaddafi, Muammar, 250

gado, 134, 152, 153, 159, 169-70, 232

Galeano, Eduardo, 185

Galvin, Mary, 90

Gana, 228

ganância, 220

garotas, 19, 51, 52

gasolina, 162, 164

gastos dos consumidores, 193

gastos militares, 51, 55

Gates, Bill, 193, 234

Gaza, 250-251

geleiras, 15

General Electric, 194

Geórgia, 125

Gerbens-Leene, P. W., 164

gerenciamento progressivo da água, 120

gestão da água em operações de gás de xisto, 170

gestão da terra/solo, 181

gestão holística de bacias hidrográficas, 231-32, 234

Glattfelder, James, 195

Gleick, Peter, 23, 55, 141

globalização econômica, 96, 188, 194-97, 201, 206, 208-213, 220

Gnacadja, Luc, 233-34

Goldman Sachs, 77

Golfo do México, 153, 162

Golfo Pérsico, 141

governo Harper, 199, 235

governos subnacionais, 44, 199

GRAIN, 205, 229
gramíneas, 178, 181
"Grande Rio Feito pelo Homem", 250
grandes extrações de água, 187
Grandes Lagos, 26, 152, 126, 127
Grandes Planícies, 146, 147, 148, 150
grandes usuários, 62-64
Gray, Denis, 138
Grécia, 107, 121-22
Greenpeace, 161, 234
greves de fome, 47
GroupedesEaux de Marseilles, 31
Grupo de Recursos Hídricos, 95, 102, 103
grupos ambientais neoliberais, 221
Guatemala, 209-10, 239-40
guerra Irã-Iraque, 248
guerras de água, 81, 115, 117, 146, 157
guerras de recursos, 246
*Guia para o Engajamento Corporativo Responsável em Políticas da Água*, 93

Hall, David, 56, 57, 106, 116, 118
Hamlyn, Joanne, 124
Hamlyn, Robin, 124-25
Hardin, Garret, 73-74
Hari, Joham, 144-145
Harper, Stephen, 35, 56, 123, 169
Hart, Denise, 175-76
Hart, Michael, 175
Hauter, Wenonah, 46, 97, 149, 151-52, 221, 234-35
*Heart of Dryness* (Workman), 133-34
Hemisfério Norte, 34, 69
Hemisfério sul, 20, 21, 27, 34, 38, 51, 56, 57, 59, 60, 65, 69, 73, 88, 94, 96, 132, 117, 188, 200, 206, 209, 212, 230, 234, 235
Henry, James, 193
herança da água, 165

herança, direitos à água, 79
herbicidas, 162
Herois do Meio-Ambiente (2009), 51
Hicks, Charity, 127-28
hierarquia de uso, 85
hierarquia de valores, 211
higiene segura, 20
HIV/AIDS, 133
Hobbs, Jeremy, 21, 56
Hoedeman, Olivier, 137
Hoekstra, Arjen Y., 24, 154-56, 156, 157, 164, 213-14, 219
Honduras, 209-10
Hopkins, Gerard Manley, 188
Hotel Atlantis (Dubai), 144
HumanRightsWatch, 204
Hunt, Albert, 196, 197
Hussein, Saddam, 247
Hutton, Will, 110

*Idle No More* (movimento), 47
Iêmen, 142-143
Ilhas Palmeiras (Dubai), 144
Ilhas Virgens Britânicas, 194
incapacidade de pagar, 91, 104, 127
Índia, 22, 23, 46-57, 96, 99, 101-4, 132, 248, 162, 201-202, 203, 205, 227, 233, 246
Indonésia, 45, 117, 161, 162
indústria da carne, 64, 151
indústria da construção, 180
indústria da mineração, 21, 45, 56, 76, 77, 102, 110, 112-113, 141, 161, 165, 181, 221, 236-244
Indústria de água engarrafada, 20, 51, 65, 76, 78, 85-86, 96, 99
indústria de laticínios, 149, 154
indústria do gás e do petróleo, 51-2, 60, 145, 161, 166-70, 181, 185

indústria do papel e celulose, 198
indústria do turismo, 22, 45, 51, 80, 84, 153, 200
indústrias com uso intensivo de água, 76
indústrias de recursos naturais, 62-64
indústrias extrativas, 51, 102, 110
infraestrutura, 58, 59, 60, 63, 76, 91, 102, 125, 132, 141, 176, 182-83, 194, 228
Iniciativa, 129, 122
inseticidas, 162
instalações sanitárias, 20, 40, 42, 43
Instituto Federal Suíço de Tecnologia, 195
Instituto Internacional para Desenvolvimento Sustentável, 206
Instituto Internacional para o Meio Ambiente e Desenvolvimento, 205
Instituto Nacional para Pesquisa Espacial, 136
Instituto para Estudos Políticos, 211
Instituto para Políticas Agrícolas e Comerciais, 79
Instituto Rosa Parks, 127
Instituto Transnacional e Observatório Europa Corporativa, 117, 120, 136, 199
Instituto Transnacional, 117, 120
interconexão, 175, 177, 185, 186-7, 254-57
International Rivers, 136, 137
*International Water Management Institute*, 162
Irã, 247-48
Iraque, 24, 137, 138, 142, 143, 233, 248
Irlanda, 89-91
irrigação por gotejamento, 65, 232-33
irrigação por inundação, 204
irrigação por pivô, 150, 154
irrigação, 26, 65, 77, 80, 82, 132, 134, 142, 150, 158, 159, 159, 163, 176, 180, 200, 204, 206, 226, 228, 233
Israel, 141-42, 250-51

Isseroff, Ami, 245
Itália, 27, 109, 120-21

Jacarta, 46, 118
Jain, Sharad, 156
Japão, 21, 157, 158, 161, 203
JBS (produtora de carne), 151
Johanesburgo, 50, 116, 208
JPMorgan Chase, 77, 194
Juiz Rajinder Sachar 46

Kansas, 150
Kapur, Shekhar, 22
Karoo, (Cabo Ocidental), 171
Karunananthan, Meera, 106, 156, 158
Kemper, Karen, 165
Khalfan, Ashfaq, 41
khat (planta narcótica), 143
Kimmelman, Michael, 182
Ki-moon, Ban, 186
King, Carey, 163
Koberinski, Jodi, 227
Kravick, Michal, 177-178
Kumamoto (Japão), 181
Kumar, Vijay, 156
Kuwait, 141
Kwakkenbos, Jeroen, 223
Kyoto (Japão), 116-17
Kyushu (Japão), 181

Lago Baikal, 154
Lago Mead, 160
Lago Pianchi, 158
Lago Taihu, 158
Lago Turkana (Quênia), 206
Lago Vitória, 154
Lago Winnipeg, 153

lagoas tóxicas, areias betuminosas, 167
Lagos Water Corporation, 104
Lagos, 103
lagos, 15, 26, 27, 127, 132, 136, 137, 152, 153, 154, 155, 169, 171, 172, 175, 177, 181, 182, 188, 205, 237, 237, 238
Laos, 147, 246
Larsen, Julie, 36, 92-3
Leahy, Stephen, 181
Lee KuangHae, 201
legislação da água, 44
legislação de tecnologia que poupa água, 58
lei da propriedade, 230 (*Ver também* direitos a terra)
Lei de Desenvolvimento de Recursos Hídricos, 126
Lei de Parceria Público-Privada Infraestrutura de Água Agora, 127
lei dos direitos da natureza, 185
leilões de água, 20-21, 50
leis anti-suborno, 196
leite em pó, 154
lençol freático em crise / demanda escalando, 102
Li Ka-shing, 77
Libéria, 229
Líbia, 229, 250
licenças, 20-21, 59-60, 65-66, 78, 79, 80, 83, 172, 198, 214
ligação direitos humanos e meio ambiente sadio, 183
Linton, Jamie, 131, 131, 132-133, 177
livre comércio, 65, 102, 159
lixo industrial, 131 (*Ver também* lixo tóxico)
lixo plástico, 96
lixo tóxico, 113, 132-33, 142, 151, 181, 188, 189, 200, 236
lixo. *Ver* lixo tóxico

Lobina, Emanuele, 56-57
Londres (Reino Unido), 109, 110
Lone Pine Resources, 198
Louis Dreyfus, 234
Louisiana, 126
lucro, direito ao, 197
Luxemburgo, 110

MacGillis, Miriam Theresa, 225
Macquarie Agribusiness, 81
Macquarie Bank, 77, 81
Magdahl, JorgenEiken, 91, 119
Magna Carta, 71-72
Maine, 85
Malásia, 117, 233
malversação, 81
Mandela, Nélson, 43
Mander, Jerry, 208-09, 210
Mann, Howard, 206, 207
maquiladoras, 200-202
Mar da Galileia, 142
Mar de Aral, 26, 214
Mar Morto, 142, 143, 153, 162
marca Pure Life, 96-97, 105
margens, 131
Marrocos, 25
Marselha, 31, 34, 95, 116, 217
Martin, Ralph, 225-26
matadouros, 151-52
McDonagh, Thomas, 210
McDonald, David, 119, 120
McKibben, Bill, 169
medição da água, 50, 58, 59, 89-90, 91, 110 (*Ver também* modelo de medição; medidores pré-pagos)
medidas de austeridade, 55, 58, 89, 91, 105-108, 122
medidores de água pré-pagos, 30-31, 45
Mediterrâneo, 27, 51, 109, 142

## ÁGUA – FUTURO AZUL    303

memorando de compreensão (MDC), 89-91

Mendoza, Beatriz, 184

mercado com fins lucrativos, 20, 32, 102, 218, 219

mercado de água original, 79

mercado de cultivo hidropônico, 65

mercado negro, 80

mercados da água, 98, 11-12, 221

mercantilização, 20, 33, 36, 50, 60, 67, 75, 78, 84, 89-92, 98negociantes de *commodities*, 203

mercúrio, 142, 234, 237

Mesa Redonda Nacional Canadense sobre o Meio Ambiente e a Economia, 63

metais pesados, 151, 165, 180, 237

metano, 136, 151, 169

México, 25, 44, 115-16, 132, 171, 193, 200, 209-11, 234, 238-39

migração, 26-27, 236-37 (*Ver também* remoção/reassentamento)

mineração de areia, 50

mineração de carvão, 161

mineração de diamantes, 133

MiningWatch Canada, 236

Ministério da Água (Nigéria), 103

Ministério do Meio-Ambiente de Ontário, 99

mito do setor privado, 120

Mittal, Anuradha, 206

Moçambique, 229

modelo comercial, 57

modelo de ajuda hídrica, 56

modelo de mercado de desenvolvimento, 100

modelo de serviço público, 56-57

modelo privado, desenvolvimento de água, 60-61

modelo público, serviços universais de água, 56

modelo sem fins lucrativos, 57, 67, 88

Mogae, Festus, 133-34

Monbiot, George, 25, 132, 219-20, 222

Monsanto, 234

Monte Aso (Japão), 181

Monte Shasta (CA), 187

Morales, Evo, 37

morte, estatísticas, 19

motivo do lucro, 16, 57-58, 60, 64, 75, 79, 82, 84, 89, 91, 93, 104, 106, 116, 120-21, 146, 149-50, 159, 191, 196, 200, 209, 220, 223

Motiwala, Azaz, 96

Movimento de Desenvolvimento Mundial, 215-16

movimento do comércio justo, 212-13

movimento eugênico, 74

movimento Tarun Bharat Sangh, 179

movimentos da água, 120-23

movimentos de base, 115-27

movimentos globais de base, 69

mudança climática, 13, 25, 35, 135, 136, 139, 143

mulheres, 19-20, 22, 27, 52, 97, 229

Müller, Alexander, 229

Munique, 120

Nação Athabasca Cree, 168

nacionalismo hídrico, 131

Naficy, Shayda, 95

NAFTA (*North American Free Trade Agreement*), 197, 199, 200-02, 208, 210

Naidoo, Anil, 34-35, 38

Namíbia, 237

Nandigram (Índia), 201-02

nanotecnologia, 76

natalidade, 27

natureza
    direitos de, 183-188

financialização da, 216-20, 221
visão legal de, 186-87
Navigable Waters Protection Act, 169
Navigant Research, 162
Navios-tanque, 22, 78, 103, 132, 142, 168, 199
necessidade vs direito, 31-32
necessidades da população vs necessidades de desenvolvimento, 102
negociação de emissões de carbono, 219
negociações de créditos de carbono, 230
Nestlé, 36, 85-86, 96, 96-99, 103, 104, 105, 125, 199, 204
neutralidade da água, 219
New Forests, 222
New River, 201
Newfoundland, processo Abitibi Bowater, 198-99
Nicarágua, 34, 124
Nichols, Peter, 248
Nigéria, 24, 36, 51, 103-05, 228, 237
Nikiforuk, Andrew, 170
nitratos, 151, 154, 162
nitrogênio, 152
nível de sal, 141-42
nível do mar, subindo, 23
Noruega, 112, 173
Nosso Mundo Não Está À Venda, 209
Nova Déli, 179
Nova York, 182
Nova Zelândia, 154, 186

O'Grady, Frances, 193
Oakland Institute, 205, 206, 227, 228
Obama, Barack, 196
Objetivos de Desenvolvimento do Milênio (*MDGs — Millennium Development Goals*), 20, 30, 51, 55, 57, 91, 105
obrigação de cumprir, 43, 50-51

obrigação moral e herança comum, 70
obrigações do governo, 41-43, 47-49
Observatório Latino-Americano de Conflitos Ambientais, 41
Oceano Pacífico, 141
oceanos, 70, 153, 173, 178, 236-37, 238
Ochekpe, Sarah Reng, 104
Oeste Norte-Americano, 79
Ogallala Blue, 151
óleo de palma, 162
Olivera, Oscar, 19
Oliver-Smith, Anthony, 200
Olivet, Cecilia, 199
Olson, Jim, 85-87
ONGs de água internacionais, 221-22
opções de energia com uso intensivo de água, 160-74
opções de posse costumeira, 230
operações de gás de xisto, 169, 170
Organização Mundial da Saúde, 13, 30-31, 54
Organização Mundial do Comércio (OMC), 33, 197, 201-02, 208, 209, 210, 214
Organização para Agricultura e Alimentação das Nações Unidas, (*FAO — Food and Agriculture Organization*), 153
Organização para Agricultura e Alimentação das Nações Unidas, 228-230
Organização para Cooperação Econômica e Desenvolvimento (OECD — *Organisation for Economic Co-operation and Development*), 55, 57, 59, 223
organizações de ajuda, 51, 55-57
Oriente Médio, 26, 48, 78, 140, 142, 143, 142-45, 147, 245, 247-54
Orlik, Tom, 202
Ortega, Amancio, 193
*Ouro Azul* (Barlow; Clarke), 14, 115
*Out of Water* (Chartres; Varma), 24
Oxfam, 21, 21, 55-56, 215, 222

## ÁGUA – FUTURO AZUL     305

óxido de nitrogênio, 227
Özal, Turgut, 136

Pachamama (Mãe Terra), 186
Pacific Institute, 23, 55, 92, 141
Pacto Global da ONU, 36, 99
Pacto Internacional de Direitos Econômicos, Sociais e Culturais, 32, 34
painço, 228
Painel de Alto Nível sobre a Sustentabilidade Global, 36
País de Gales, 109, 111
Países Baixos, 44, 182
países de mercados emergentes, 206
Pangilinan, Manuel V., 77
Pântanos da Mesopotâmia, 248-49
pântanos, 179, 181, 248-49
Paquistão, 24, 214, 233
Paraguai, 165, 166, 238
paraísos fiscais, 185, 206, 215, 222, 223
parceria corporativa da ONU, 36-37
*Parceria de Água Suíça, 97-98*
*Parceria Global da Água, 95-96*
parceria público-comunitária, 122
parcerias público-privadas, 37, 58, 77, 89-90, 96, 99-100, 104, 109, 120-21, 123, 125, 126, 222
Parlamento Europeu, 44, 173
Partido dos Trabalhadores do Curdistão, 248
Partido Republicano, 196-97
partidos políticos, 196
Patagônia, 112
patrimônio público, 15, 51, 67, 69, 70, 115
paz, 191, 245-61
PCBs, 198
Peace, Fred, 158
Pearce, Fred, 74

pegada da água, 155-56, 158, 162-63, 169, 172, 184, 232
Pensilvânia, 169, 170
PepsiCo, 36, 100
Pereira, Ruben, 209
permissões para poluição de dióxido de carbono, 218
Peru, 238
pesca, 70, 71, 152, 169, 229-30, 255
pesquisas do Earth Institute na Universidade de Columbia, 150
petróleo, 166
Pfizer, 96
Pflanz, Mike, 204
Philip Morris International, 93
Philips, Oliver, 166
Phnom Penh (Camboja), 203
Pickens, T. Boone, 69, 77, 80
Pimental, David, 162, 164, 167, 168-169
Piñera, Sebastían, 141
Pinochet, Augusto, 111
Pitman, Colin, 180-95
pivô central de irrigação, 150-52
planejamento do uso de terras, 147
Planície ao norte da China, 233
Planícies Altas norte-americanas, 233
Plano de Pensão dos Professores de Ontário, 78, 113
Plano Master de Água (Botsuana), 134
Plano Nacional de Ação para a Realização do Direito à Água e ao Saneamento, 42
plano nacional de restauração de bacias hidrográficas. *Ver* Paisagismo nativo Alternativa Azul, 176 (*Ver também* gramíneas)
poços de infiltração, 178
poços de injeção subterrânea, 132-33
poços ilegais, 80
poços, 104, 134
POLIS Water Sustainability Project, 71

Política de Saneamento e Água Potável Urbana do Estado, 103
Política Hídrica Nacional (Índia), 102-103
poluição atmosférica, 184
poluição da água, 14-15, 20, 23-24, 25, 57, 64, 65, 66, 90, 97, 99, 102, 112, 131-33, 137, 140, 141, 142, 151-52, 160, 171, 180, 181, 184, 200, 204, 213, 214, 238
poluição de nitrato, 164, 181
Pombina Institute, 167
população imigrante, 97
portadores de direitos mais antigos, 79
Portugal, 107-08, 179
Postel, Sandra, 176-78, 186, 232-33
potássio, 180
Povo Kayapo, 139
precificação da água, 57
precificação do custo total, 57, 60
precificação orientada pelo mercado, 59-61
precificação volumétrica, 64
precificação, 59-60, 61, 64-66
preços globais de alimentos, 203
Prêmio Goldman, 177
Primavera Árabe, 248
principais instituições financeiras, 195
princípio da não-discriminação, 214
princípio preventivo, 185, 212, 236
prioridades baseadas em princípios, 65-66
privatização, 20-21, 33, 45, 50, 51, 52, 59, 60, 74-75, 76, 77-79, 83, 84-85, 88-100, 101-4, 110-14, 159, 180, 199, 201, 218, 221, 221-45
processo carvão para eletricidade, 161
processo de ensino, 77
processo de fórum alternativo, 34, 34
produção agrícola em pequena escala, 146, 146, 227-28, 229, 230, 234, 255
produção agrícola local, 225-29
produção agrícola mundial, 206

produção agroecológica, 230
produção com uso intensivo de água para consumo doméstico, 156
produção com uso intensivo de água para exportação, 156-57
produção de alimentos com uso intensivo de água, 80, 150-51, 158
produção de alimentos controlada por corporações. *Ver* agricultura industrial
produção de alimentos, 155-59, 162-63, 231-36
produção de arroz, 158
produção de milho, 150, 161-63, 164
produção de soja, 136, 166
produção doméstica de alimentos, 206
produtores agrícolas, 14, 20, 45, 52-53, 65, 69, 79-80, 81, 98, 136-37, 146, 164, 201, 202, 203-04, 212, 225, 225-26, 229, 234
*ProfitingfromInjustice,* 200
Programa de Desenvolvimento da ONU, 51, 139
Programa de Direitos Comunitários (Bolsa Global), 186-7
Programa de Pesquisa do Clima Mundial, 26
Programa do Meio Ambiente das Nações Unidas (UNEP — *United Nations Environment Program*), 142, 154, 182-84, 229
Programa Hídrico do Sistema de Monitoramento Ambiental Global, 177
Programa Sienna Club GreatLakes, 126
Projeto Comunidades Azuis, 124
Projeto de hidrovia, 139
Projeto de Serviços Municipal, 118-19
*projeto* Espaço para o Rio, 183
Projeto Global de Políticas Hídricas,176
Projeto Land Matrix, 202-203
Projeto Planeta Azul, 34, 45, 106, 155

# ÁGUA – FUTURO AZUL

projetos de proteção de bacias hidrográficas, 181-96

propriedade não residente, 148

propriedade pública comum. *Ver* água, como bem público

propriedade pública da água, perda da, 101-14

propriedades agrícolas familiares, 65, 149, 151, 230, 234, 236-37 (*Ver também* comunidades rurais; economias rurais)

propriedades interligadas, corporações, 195

propriedades públicas
definição, 69-71
vs *commodity*, 69-87

ProPublica, 131-32, 132

proteger, obrigação de, 43-44, 50

Protocolo de Kyoto, 169

protocolo de precificação internacional, 214

Província de Henan (China), 137-38

Provost, Claire, 205

Public Services International, 48, 54, 56, 106, 16

Public Works Network (Espanha), 122

purificação da água, 76, 77, 96


Qatar, 142, 203

Quebec, 60, 77, 198

Queens (NY), 181

Quênia, uso da água da chuva, 43, 119, 183, 228


radiação ultravioleta, 182

Rahman, Nabella, 156, 157

Rajasthan, 179

Rao-Monari, Usha, 57, 88, 93

Raouf, Mohamemd, 145

reassentamento. *Ver* desapropriação/reassentamento

reciclagem de lixo, 57-58

reciclando, 57, 176

recursos naturais, direito a, 52

Rede de Segurança Alimentar Comunitária Negra de Detroit, 127

rede de servidores de dados, 155

Rede Europeia sobre Dívidas e Desenvolvimento, 222

redes de justiça da água, 115

reforma da água, 64-66, 223

refugiados ambientais, 26

refugiados da água, 14-15, 27-28

refugiados do clima, 19-20

refugiados rurais, 25-26

regatos, 96, 152, 164, 168, 176 , 177-78, 181, 188

Região oeste do Canadá, 79

Regulamente as Finanças Globais Agora!, 215

Reifsnyder, Daniel, 32

Reino Unido, 27, 44, 58, 109-110, 132-33, 157, 184, 219, 222

relação de custo-benefício, 55

"Relatora Especial", 34

relatório *Desalination: Na Oceanof Problems*, 140

relatório *Future of the Great Plains* 147-48

relatório *Land, Life and Justice*, 229

*Relatório Mundial de Desenvolvimento da Água*, 93

relatório *Shutting the Spigot on Private Water*, 94

relatório *Troubled Waters*, 236

remunicipalização, 117-19, 246

Reportagem Lado Negro de Dubai, 144

Represa Alta de Aswan, 24, 136

Represa de Belo Monte, 139-140

Represa de Três Gargantas, 137, 138

# 308 MAUDE BARLOW

Represa Gibe III (Etiópia), 206
Represa Hoover, 131, 160
represas, 50, 73-76, 102, 131, 134, 135-38, 139, 142, 130, 166, 176, 200, 206, 246
República Dominicana, 44
reputação corporativa, 36
Reservatório Nasser, 136
reservatórios de armazenamento, 178
resfriamento seco, 174
resgates, 106, 193
Residentes de Jacarta Opondo-se à Privatização da Água, 118
resolução da ONU (2010), 13-14
resolução de disputas, 210
resolução do direito à água e ao saneamento, 37-41
respeito, obrigação ao, 42, 50
responsabilidade social corporativa, 98, 99
responsabilidade, 43-47, 57, 71-72, 75, 99, 223, 229
restauração de bacias hidrográficas, 177-83
*Restoring the Flow* (Sandford), 147
Reunião de cúpula da APEC (2012), 246
Reunião de cúpula do clima de Copenhagen (2009), 186
reversões de privatizações, 117-19
revolução azul, 227
Revolução da água de Cochabamba, 19, 115, 117, 186
Ribeiro, Silvia, 234
Rift Valley Services Board, 120
Rio Amarelo, 147
Rio Athabasca, 167
Rio Cape Fear, 152
Rio Colorado, 147, 150, 158
Rio Darling, 147
Rio de Janeiro, 35, 39, 124, 166, 209
Rio Eufrates, 143, 146, 245, 248
Rio Ganges, 233

*Rio Grande, 147, 158*
Rio Indo, 146, 214-245
Rio Ipojuca, 164
Rio Jordão, 142, 245
Rio Kalamazoo, 168
Rio Limpopo, 134
Rio Mekong, 246-47
*Rio Negro, 188*
Rio Neuse, 125
Rio Níger, 205
Rio Nilo, 24, 245
Rio Notwane, 134
Rio Paraná, 139
Rio Peace, 167, 171
Rio Santa Lucia, 238
Rio Shattal-Arab, 141
Rio Tâmisa, 110
Rio Tigre, 143, 147, 245, 248
Rio Xingu, 139
Rio Yangtze, 138, 138
*rios*, 15, 25, 27, 30-31, 83, 84, 97, 132, 135-36, 137, 139, 153, 155, 159, 164, 168, 171, 175-76, 178, 179, 182, 186, 187, 188, 200, 205, 232, 236-37, 237, 238
riqueza/pobreza/disparidade, 13, 20-21-22, 24, 125, 132, 177, 193, 203, 208, 212
*Rocky Mountain Climate Organization, 150*
*Rojas, Isaac, 221*
*Ronchi Decree, 121*
*Ronchi, Andrea, 121*
Roosevelt, Franklin D., 147
Rose, Acacia, 83
Rosenthal, Elizabeth, 80
rótulo, produtos com uso intensivo de água, 214
roubo de água, 52-53
Rowe, Jonathan, 70-71
Royal Dutch Shell, 165, 171

## ÁGUA – FUTURO AZUL

Ruanda, 44, 229
Rússia, 39, 161, 172

S. D. Myers (empresa), 198
salários fixos, 193
Salazar, Mario, 132-33
SalisburyPlains (AU), 180
Salon Romero, Walter, 37
Salve a Água da Grécia, 122-23
Sana (Iêmen), 143
Sandford, Robert, 147, 148, 231
Saneamento
    direito ao, 34, 35, 40, 41-42, 43
    obrigação de proporcionar, 43
    resolução da ONU, 13-14, 37-38
Santa Cruz Valley, 181
Santa Monica (CA), 188
São Vicente e Granadinas, 124
SAUR (companhia de água), 119
Schindler, David, 150, 152, 154, 159, 167, 231-32, 234
Schurig, Stefan, 173
Seager, Benjamim, 150
seca, 13, 14, 26, 79, 99, 132, 137, 141, 147-48, 150, 154, 165-166, 183, 226
sedimentação, 181
segurança alimentar, 126, 211, 225, 227, 228, 230, 236
segurança da água, 225, 230, 234
sementes, 64, 73, 146, 149, 227, 234, 234
Senalp, Orsan, 136
sequestro de carbono, 218
Serra Leoa, 229
Serviço de Pesquisa do Ogallala, 26
serviços de ecossistemas, 216, 218, 219-220
serviços hídricos domésticos, 57-59, 60, 62
serviços hídricos municipais, 58-59, 62, 88

serviços públicos de água, 88-100
Shale Gale, 172
Shand, Jeff, 81
Sheehan, Linda, 187
Shell Oil, 36, 194
Shepard, Daniel, 206
Shiva, Vandana, 227-28
Shryhman, Steven, 33
Sibéria, 154
Sindicato de Municípios da Columbia Britânica, 168
Sindicato Nacional de Agricultores, 65
sindicatos, 52, 99, 107, 110, 116-17, 121, 124, 127, 193
Singh, Rajendra, 179
Sinopec, 194
Síria, 142, 143, 248
sistema bancário nas sombras, 215
sistema cardiovascular, 169
sistema de "limitação e comércio", 218, 219
Sistema do Rio Murray-Darling, 80, 82, 147, 158, 180
sistema imune, 169
sistema nervoso, 169
sistemas de ciclo fechado, 64
sistemas de gestão de propriedades públicas, 74
sistemas de oferta gerenciada, 236-37
sistemas de permissão, 86
sistemas de produção de alimentos com monoculturas, 204, 227, 230
Skinner, James, 205-6
Slater, Ann, 220
Slim, Carlos, 193, 234
Smaller, Carin, 206, 206
Smith, Michael, 141, 237
Smithfield (produtor / matadouro de suínos), 151, 152
Snow, Debra, 81

Snowy River Alliance, 83
sobre pastoreio, 229, 178
sobrecarga de nutrientes, 152
sociedades tradicionais, 73
solo, 148, 155, 162
Solón, Pablo, 13, 37-38, 39
sorgo, 228
South East Water, 77
Spence, Chefe Theresa, 47
Spinzi, Silvia, 238
*Sry Darya (rio), 147*
Staten Island, 181
Steiner, Achim, 182-98
Stevens, Michelle, 148
Stiglitz, Joseph, 194
Straus, Michael, 132
Suazilândia, 229
Subcomitê de Direitos Humanos (Parlamento Europeu), 44
Sudão, 205
Suécia, 172, 181, 183-84
Suez (empresa de serviços hídricos), 31, 36, 46, 56, 89, 95, 100, 107, 107, 108, 113, 116, 117, 118, 122
*Suíça, 99, 100, 124*
suicídio, 201
SummitWater Holdings, 81
Sunset Energy, 171
super entidade, 195
Suprema Corte da Argentina, 184
Suprema Corte de Michigan, 72
Suprema Corte dos EUA, 175, 196
Survival International, 133
Suzuki, David, 193
Swimme, Brian, 225-26
*Syngenta, 234*

Tailândia, 181, 246
TamaquaBorough (PA), 188

Tamera (Portugal), 179
tarifas, 30, 45, 46, 60, 107, 166-70, 197, 200
taxas de água, 46, 50, 58, 59, 91, 92, 108, 109, 121, 125
taxas em bloco, 65
taxas fixas, 61
técnicas agrícolas de permacultura, 179
tecnologia de perfuração de poços, 24
tecnologias hidrológicas, 132
tecnologias que poupam água, 219
tempestades de poeira, 146-47
terminais de gás, 168
Terra, história antiga da, 225
terras secas, 233-34
terras úmidas, 27, 112, 132, 135, 139, 150, 153, 178, 179, 181, 182, 182, 232
terremotos, 170
terrenos que retém a água, 178
Texas, 80, 126, 168-69, 233
Thames Water, 46, 110, 110-11
Thatcher, Margaret, 109-11
*The Tragedy of the Commons* ("A Tragédia da Propriedade Pública"), 74-75
Tibete, 246
títulos ambientais, 219
tomadas de água, 204-07, 229, 234 (*Ver também* Tomadas de terras)
tomadas de terra, 20, 202-204, 206-207, 227, 229-30, 234 (*Ver também* tomadas de água)
trabalhadores da água, 116
transações bancárias, 79
transferências de água, 132
transgênico, 234
transparência, 94, 99, 108, 109
Tranter, Kellie, 83
tratados de investimentos bilaterais, 209-210
tratados de investimentos, 197
Trenberth, Kevin, 25-26

tributação, 57, 58-59, 66, 90, 109-110, 193, 196, 200, 201, 215

*tributo Robin Hood, 215*

Tricarico, Antonio, 217

Truman, Harry, 131

Truong Tan Sang, 246

tsunamis, 182

Tunísia, 25, 27-28

Turquia, 27, 50, 136, 137-38, 143, 248

Turton, Anthony, 146

Tyson e Cargill, 151

UAE Industrial Bank, 143-44

UBS, 77

Ucrânia, 118, 173

Uganda, 24, 229

um por cento, os, 193-94, 206 (*Ver também* bilionários)

UM-HABITAT, 31

UNESCO, 164

União Canadense de Empregados Públicos (CUPE), 116, 124

União dos Cientistas Preocupados, 173-74

União Europeia (*European Union* — EU), 89, 122

Unidade de Inspeção Conjunta (JIU— *Joint Inspection Unit*), 36

United Utilities da Grã-Bretanh, 107

urbanização, 52-53, 57-58, 88, 132, 143, 177, 234, 146

Urs, Kshithij, 103

Uruguai, 44-45, 116, 117, 165, 238

USA Springs, 175

usina de osmose reversa, 142

usinas de energia a carvão, 102

usinas de energia a carvão, 161-62

uso de água essencial, 85

usuários de água de negócios, 61-64

Uzbequistão, 118, 214

Vallentyne, John R., 152

valor compartilhado, 100, 104-5, 116

valores comuns, 74

valores privados, 75

vanUexkull, Jakob, 173

Varghese, Shiney, 79

Vaticano, 44

vazamentos, 58, 110, 131, 106-107, 176

Venezuela, 124

Veolià (empresa de serviços públicos), 31, 56, 89, 95, 96, 100, 103, 106, 108, 116, 118, 122, 200

vida aquática, 136, 140, 142, 154, 155, 168, 180, 182

Viena, 120

Vietnã, 246

violações de direitos humanos, 144, 204

violência doméstica, 51

violência sexual, 204

volatilidade do mercado, 218

Walmart, 195

Water Aid, 222

Water Footprint Network,165

Water Project, The, 142, 144

Water Remunicipalization Tracker (site), 117-18

Water Utilities Corporation (Botsuana), 134-135

Webber, Michael, 163

*What is Water?* (Linton), 131

*Wild Law* (Cullinan), 186

Williams, George, 83

Workman, James, 133-35, 135

Worldwatch Institute, 25, 146, 147, 203

Yang, Jo-Shing, 77

Yuma (CA), 151

Zhuhai (China), 181

Zimbábue, 249, 250

zonas de livre comércio, 200-202 (*Ver também* zonas econômicas especiais)

zonas de processamento de exportações. *Ver* zonas de livre comércio

zonas econômicas especiais (SEZs —*special economic zones*), 201-202